应急管理部国家减灾中心委托任务
中国工程科技知识中心建设项目　　　　联合资助
江苏省地理信息资源开发与利用协同创新中心

洪涝灾害应对典型案例分析

王卷乐　李从容　陈加信 等　著

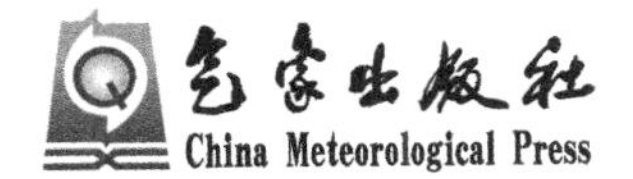

内容简介

全书主要内容包括典型洪涝灾害事件应对过程案例分析与共性做法提取、基于典型案例分析的洪涝灾害调查评估指标体系研究等上下篇章节内容。上篇聚焦于近年来我国频发的暴雨洪涝灾害，选取河南郑州“7·20”特大暴雨灾害、2019年6月上中旬广西、广东、江西等六省（区）洪涝灾害、2020年7月长江淮河流域特大暴雨洪涝灾害、2022年6月珠江流域性洪水、2008年南方低温雨雪冰冻灾害、2018年“山竹”台风、2017年“天鸽”台风灾害等典型案例，系统梳理了国内外洪涝灾害应对的经验与教训。下篇以应急管理部印发的《重特大自然灾害调查评估暂行办法》为指导，开展洪涝灾害调查评估理论与技术方法研究，初步形成灾害调查评估工作的内容体系、技术方法体系、组织实施体系等，评估指标体系涵盖预防与应急准备、监测与预警、应急处置与救援、恢复重建等各个阶段。

本书可供从事应急管理、防灾减灾、城市规划、水利工程、环境科学等领域的专业人员，以及相关学科领域的教师和研究生参考。

图书在版编目（CIP）数据

洪涝灾害应对典型案例分析 / 王卷乐等著. -- 北京 : 气象出版社, 2024. 10. -- ISBN 978-7-5029-8313-0

Ⅰ. P426.616

中国国家版本馆CIP数据核字第2024B1Z740号

洪涝灾害应对典型案例分析

Honglao Zaihai Yingdui Dianxing Anli Fenxi

出版发行：气象出版社

地　　址：北京市海淀区中关村南大街46号　　**邮政编码：**100081

电　　话：010-68407112(总编室)　010-68408042(发行部)

网　　址：http://www.qxcbs.com　　**E-mail：**qxcbs@cma.gov.cn

责任编辑：王萃萃　郑乐乡　　**终　　审：**张　斌

责任校对：张硕杰　　**责任技编：**赵相宁

封面设计：楠竹文化

印　　刷：北京中石油彩色印刷有限责任公司

开　　本：787 mm×1092 mm　1/16　　**印　　张：**13.75

字　　数：352千字　　**彩　　插：**4

版　　次：2024年10月第1版　　**印　　次：**2024年10月第1次印刷

定　　价：70.00元

前　言

在人类社会进入“风险社会”时代的今天，我们面临着日益增长的灾害风险。中国作为一个自然灾害多发且影响严重的国家，灾害应对形势尤为紧迫，必须正视灾害风险的严峻性。《洪涝灾害应对典型案例分析》一书正是在这样的背景下撰写，旨在通过深入分析典型洪涝灾害事件，提炼共性做法，探讨灾害调查评估指标体系及其应用方法，为提升我国的洪涝灾害应对能力提供参考和借鉴。

本书由王卷乐、李从容、陈加信等共同组织撰写，王卷乐统稿。全书分为上下两篇。上篇主要通过案例分析，详细介绍了近年来主要洪涝灾害的发生背景、物理过程、应对过程、经验教训总结等，包括河南郑州“7·20”特大暴雨灾害、2019年6月上中旬广西、广东、江西等六省(区)洪涝灾害、2020年7月长江淮河流域特大暴雨洪涝灾害、2022年6月珠江流域性洪水等重特大灾害、2008年南方低温雨雪冰冻灾害、2018年“山竹”台风灾害、2017年“天鸽”台风灾害，并对以上各典型洪涝灾害事件应对过程共性做法进行了提取分析。

下篇则基于这些案例分析，开展洪涝灾害调查评估指标体系研究，旨在梳理现今重大灾害应对调查评估指标体系，为提升未来洪涝灾害应对能力提供科学依据，包括灾害应对调查评估指标体系现状与提升能力思路、预防与应急准备能力评价指标、灾害监测与预警评估能力评价指标、应急处置与救援能力评价指标，以及在社区尺度的洪水灾害风险管理方法，并在河南郑州“7·20”特大暴雨灾害场景下开展了应用示范。

在编写本书的过程中，我们深刻认识到，灾害的破坏性不仅取决于其原发强度，更取决于人类社会的抵抗能力等因素。总结反思自然灾害的应对经验，对于优化防灾减灾工作，避免重蹈覆辙具有重要意义。通过开展重大灾害案例分析和调查评估研究，一方面可以深入了解重大自然灾害事件的发生经过和相关的各种事实，总结受灾地区防范应对工作的成功做法、主要问题和教训，为应急管理的体制、机制、法制的持续改进提供评价依据；另一方面可以及时发现和掌握防灾减灾救灾工作中的不足和薄弱环节，采取针对性的改进措施，强化地方各级党委和政府的责任意识，落实防灾减灾救灾措施，不断推进我国应急管理体系和能力现代化建设，持续提升我国应急管理和防灾减灾救灾水平。

本书的编写是集体努力的成果，得到了多方的支持和帮助。在此，我们要特别感谢国家减灾中心、国际工程科技知识中心等的课题资助，感谢国家减灾中心吴玮、王丹丹等专家在项目层面的指导。感谢在资料收集、数据分析、案例研究等方面给予支持的各案例数据来源机构和相关研究论文作者。感谢曲正、孙亚敏、江嘉伟、谭学玲、许晨、刘景选、许梦琼、张嘉仪等参与案例的编写。感谢卢凌雯、刘思彤、陆晓慧等参与社区灾害风险管理方法及应用章节的撰写。

相信通过我们的共同努力，本书能够为我国的洪涝灾害防治工作提供有价值的参考和启示，为保护人民生命财产安全、推动经济社会可持续发展贡献力量。限于专业领域覆盖面和写作能力，可能会有错误或不足，欢迎读者批评指正，以便更新时改进。

作者

2024 年 7 月于北京

目　录

上篇　典型洪涝灾害事件应对过程案例分析与共性做法提取

下篇 基于典型案例分析的洪涝灾害调查评估指标体系研究

第1章　引　言

1.1　研究背景

人类已经进入"风险社会"时代,"黑天鹅"和"灰犀牛"事件频发,世界面临的灾害风险越来越高。中国是世界上受自然灾害影响最为严重的国家之一,呈现出灾害种类多、发生频率高、受灾地域广和受灾损失重等特征。伴随着全球气候变化以及经济的快速发展和快速城市化的过程,极端自然灾害形成更加复杂,自然灾害应对以及防范形势更显严峻,这给我国的自然灾害防灾减灾工作带来了更大压力。例如,2023年7月台风"杜苏芮"带来了强风和暴雨,影响了多个省份,造成大量的人员伤亡和财产损失。这些灾害事件凸显了气候变化的严峻性和自然灾害防范工作的紧迫性。

城市地区是我国国民经济发展的重要载体,是财富和人口的聚集地。各类资源在城市空间内密度提升、相互联系增强的格局,使得灾害链不断延长,灾害的多元影响不断扩展并加剧。农村地区资源密度较低,灾害设防水平低,抗灾能力差,往往导致"小灾大害"的局面。城市和农村地区面临的自然灾害防治问题,暴露出我国防灾减灾能力亟须强化,与经济社会发展水平不匹配,难以满足人民日益增长的安全需求。

实践和理论证明,突发事件的破坏性不完全在于灾害的原发强度,还取决于人类社会自身应对各类灾害的抵抗能力和脆弱性。灾害损失＝灾害强度×脆弱性×集中度÷应急响应能力。以史为镜可以知兴替,以人为镜可以知得失,以自然灾害为镜可以使人类的文明得到延续。总结反思应对自然灾害的经验教训,可以找到应对自然灾害的妙招,是避免重蹈覆辙的良方。针对自然灾害多发、频发、重发的现状,党和国家领导人多次强调要"总结经验,吸取教训"。如何全面调查评估灾害及其应对工作,从危机中学习和总结经验得失,以优化防灾减灾工作,是一个备受关注的挑战。2021年河南郑州"7·20"特大暴雨灾害的发生及其调查报告的发布,展示了具有总结防灾减灾实践经验、从危机中学习特征的自然灾害调查评估的重要作用。

自然灾害是我国《国家突发公共事件总体应急预案》中规定的四类突发公共事件之一,常常具有突发性、非常规性和后果严重性的特点。在自然灾害应急管理工作中,及时总结经验教训、追究责任以及改善日常准备具有远超常规管理工作的重要性,自然灾害调查评估正是完成这些任务的必要手段。通过对现有防灾减灾救灾机制体制的考查和判断,可以逐步推动相关制度的改进,从而对自然灾害应急管理制度发展和完善产生良性的循环促进作用。

自然灾害调查评估得以快速发展,发达国家对此进行了越来越多的实际应用。2006年2月,美国政府发布了针对"卡特里娜"飓风的联邦应对工作经验教训的调查评估报告,总结了联邦政府响应行动在"卡特里娜"飓风登陆前后所暴露出来的问题和教训,并提出了17项有关改进政府救灾应急工作的建议和措施。2003年10月,日本中央防灾委员会组织成立灾害教训技术调查组，负责对灾害损失状况、当局应对情况、社会经济影响等信息进行分类归档，以供分析研究。日本政府通过大灾后的调查评估，总结经验教训，进一步改进完善法律法规、标准和预案，逐步提高应急管理的制度化、规范化和科学化水平。

在我国，灾害评估历史悠久，历朝历代对重大灾害事件的记录为我们研究历史灾害留下了宝贵的文献资料。过去，为服务于灾后恢复重建工作，自然灾害调查评估工作多局限于对于灾情损失的评估，缺少对灾害应对过程的评估。2006 年发布的《国家突发公共事件总体应急预案》中，第二部分"运行机制"第三款"恢复与重建"中专门规定了"调查与评估"条，指出"要对特别重大突发公共事件的起因、性质、影响、责任、经验教训和恢复重建等问题进行调查评估"。2008 年汶川地震的发生极大地促进了我国自然灾害调查评估工作的研究和发展。国务院颁布的《汶川地震灾害恢复重建条例》第三章明确要求要对地震受灾地区开展调查评估工作。2009 年 3 月，国家减灾中心与联合国开发计划署联合发布了《汶川地震救灾救援工作研究报告》，同月，联合国地域开发中心防灾规划兵库事务所发布《2008 年中国四川大地震调查报告书》，对汶川地震应急救灾救援工作的主要做法、基本经验和存在问题进行了总结和分析，并据此提出了目前救灾救援工作存在的问题和完善体制、改进工作的政策建议。2019 年 11 月 29 日，习近平总书记在中央政治局第十九次集体学习时强调，要建立健全重大自然灾害和安全事故调查评估制度，对玩忽职守造成损失或重大社会影响的，依纪依法追究当事方的责任。2018 年 3 月，应急管理部组建成立后提出建立健全自然灾害调查评估制度机制，来推进自然灾害防治体系建设。通过重特大自然灾害调查评估工作，系统梳理和分析灾害防治体系中的问题和短板，为制定工作规划和有效改进措施提供科学信息支撑。

近年来，应急管理部门与地方政府组织开展了 2018 年第 22 号强台风"山竹"、2019 年第 9 号台风"利奇马"、山西乡宁"3·15"山体滑坡、山西沁源"3·29"森林火灾、四川西昌"3·30"森林火灾、2020 年安徽洪涝灾害、广东第四轮"龙舟水"强降雨、甘肃"8·13"陇东南暴洪灾害等多次自然灾害事件的调查评估工作，为自然灾害调查评估积累了宝贵经验。2021 年 2 月，在总结历史工作经验的基础上，应急管理部形成了《重特大自然灾害调查评估暂行办法（征求意见稿）》，初步提出了调查评估工作实施方法。同年 7 月，国务院宣布成立河南郑州"7·20"特大暴雨灾害调查组，对此次灾害开展调查。调查组实事求是地复盘了灾害过程、查清问题短板、厘清相关责任，并着眼长远提出改进和完善的政策措施建议，同时对失职渎职者，依法依规移交纪检监察机关追责问责。2023 年 9 月，应急管理部印发《重特大自然灾害调查评估暂行办法》（应急〔2023〕87 号）。

重大灾害调查评估作为完善应急管理体系建设的重要组成部分，有助于加强对灾害防范应对工作的及时总结反思。通过开展重大灾害调查评估，一方面可以深入了解重大自然灾害事件的发生经过和相关的各种事实，总结受灾地区防范应对工作的成功做法、主要问题和教训，为应急管理体制、机制、法制的持续改进提供评价依据；另一方面可以及时发现和掌握防灾减灾救灾工作中的不足和薄弱环节，采取针对性的改进措施，强化地方各级党委和政府的责任意识，落实防灾减灾救灾措施，不断推进我国应急管理体系和能力现代化建设，持续提升我国应急管理和防灾减灾救灾水平。此次调查工作为《重特大自然灾害调查评估暂行办法》的修订完善提供了实战经验（刘美玉，2022）。

本书分为"上篇：典型洪涝灾害事件应对过程案例分析与共性做法提取"和"下篇：基于典型案例分析的洪涝灾害调查评估指标体系研究"，选择河南郑州 2021 年"7·20"特大暴雨灾害、2019年6月上中旬广西、广东、江西等六省(区)洪涝灾害、2020年7月长江淮河流域特大暴雨洪涝灾害、2022年6月珠江流域性洪水、2008年南方低温雨雪冰冻灾害、2018年“山竹”台风以及2017年“天鸽”台风灾害为典型案例,对洪涝灾害应对过程进行了详细的概述。同时开展基于典型案例分析的洪涝灾害调查评估指标体系的研究,梳理现今重大灾害应对调查评估指标体系,为提升未来洪涝灾害应对能力提供参考,包括灾害应对调查评估指标体系现状与提升能力思路、预防与应急准备能力评价指标、灾害监测与预警评估能力评价指标、应急处置与救援能力评价指标,以及在社区尺度的洪水灾害风险管理方法,并在河南郑州“7·20”特大暴雨灾害场景下开展了应用示范。

1.2 相关概念

根据2023年9月应急管理部印发的《重特大自然灾害调查评估暂行办法》(应急〔2023〕87号)文件中要求,灾害调查评估旨在规范重特大自然灾害调查评估工作,总结自然灾害防范应对活动经验教训,提升防灾减灾救灾能力,推进自然灾害防治体系和能力现代化。灾害调查评估与自然灾害领域的风险评估、风险普查、灾害损失评估(刘文斌 等,2023)等概念界定既有相同点,又有不同之处。从概念定义、应用对象和应用价值等维度对相关概念进行界定和对比见(表1-1)。

表1-1 概念界定对比

概念	概念定义	应用对象	应用价值
灾害风险评估	通过分析识别出风险源和风险地区,并评价自然灾害造成人员经济损失的风险,动态掌握自然灾害的发展过程	致灾因子、承灾体、孕灾环境	风险管理的首要工作,为防灾减灾提供理论依据,减少灾害损失,使政府部门能够在灾前完善应急预案,灾中有效应对,提高政府部门的应急管理能力
灾害风险普查	在灾害风险科学理论的基础上,调查我国自然灾害隐患状况,对各类致灾因子、承灾体、孕灾环境进行普遍性、全局性调查	致灾因子、承灾体、孕灾环境	抑制自然灾害风险上升趋势,减少自然灾害损失,为政府部门规避灾害风险、实现可持续发展提供支撑。为合理配置和调度救灾资源,科学制定救援、转移安置和生活保障方案提供依据
灾害损失评估	对自然灾害导致的承灾体的直接和间接损失的类型、数量、规模进行统计调查并核实定级	承灾体	是科学开展应急处置和恢复重建的前提,是确定恢复重建资金需求和重建日程的前提和基础
灾害调查评估	自然灾害事件发生后,利用一定手段,搜集自然灾害事件的有关数据和信息等,对自然灾害事件的基本情况、预防与应急准备、监测和预警、应急处置与救援等情况依法进行分析判断,作出客观、深入、全面、科学的分析结论。并针对灾害防治和应对处置效果等,提出自然灾害防治措施和完善应急管理工作意见和建议的专业性调查评估活动	致灾因子、承灾体、应对主体	灾害调查评估是灾害应对、灾后恢复和危机学习的重要依据。自然灾害调查评估的结果是制定应急救援、转移安置方案和恢复重建规划的科学依据

从概念定义来看,灾害风险评估、灾害风险普查、灾害损失评估以及灾害调查评估均是对自然灾害的某些方面,进行调查了解并加以判断分析,以掌握有效的灾害信息。以灾害发生时

间为基准，灾害调查分为灾前调查类和灾后调查类。灾前调查以风险调查为主，包括风险评估和风险普查，其重点在于寻找潜在风险源并进行有效的预管理。灾后调查关注灾害损失和应对情况，灾害调查评估属于此类。灾害调查评估包括调查和评估两个环节：调查灾害发生经过、灾情和灾害应对过程，准确查清问题原因和性质；评估关注防灾减灾行动，依据一定的标准和原则对灾害应对能力进行评价，总结经验教训，提出防范和整改措施建议。

防灾减灾工作的目的在于保护人类社会这一承灾体免受灾害的威胁。"承灾体"是各类调查、评估共同的应用对象，但不同的调查评估关注承灾体的方面不同。风险评估及风险普查针对承灾体可能面临的灾害进行预分析，结合诸多相关的社会和人文因素，估量灾害可能的发生过程和潜在影响。损失评估关注承灾体受损及保护情况，即统计受灾损失。灾害调查评估关注应对主体，评估应对能力和不足，总结经验教训，提出防范和整改措施建议，从对灾害开展应对工作中学习提升综合防灾减灾能力。

从应用价值来看，防灾减灾工作包括疏缓、准备、应对、恢复等环节的完整过程。风险类调查、普查的价值在于疏缓、准备这些前期环节，有助于形成风险地图掌握风险概况，并为完善应急救灾预案提供科学依据。灾害调查评估统计受灾损失，评估开展救援和灾后恢复应对能力经验得失，为后来的疏缓和准备工作提供科学理论支撑。

上篇

典型洪涝灾害事件应对过程案例分析与共性做法提取

第 2 章　河南郑州“7・20”特大暴雨灾害

2.1　郑州市基本情况概述

2.1.1　自然地理情况

郑州市位于中国河南省中部偏北，地处黄河和长江之间，34°16′—34°58′N，112°42′—114°14′E。全市总面积 7576.92 km^2，是河南省省会，也是华中地区的重要城市之一，《促进中部地区崛起“十三五”规划》明确支持建设的国家中心城市。郑州市地理位置优越，交通便利，是中国的中部交通枢纽城市，地处黄河中、下游分界处，地跨黄河、淮河两大流域。截至 2022 年 12 月，郑州市辖 6 个区、5 个县级市、1 个县，常住人口 1282.8 万人。

郑州市地处河南平原腹地，地形主要由山地、丘陵、河流和平原组成。郑州市地势特征为西南高、东北低，地势起伏不平。全市平均海拔 113 m，最高点位于市境东部的龙门山，海拔 1683.3 m，是河南省的最高峰。市区东、西两面有两条水系贯穿，东临黄河，西濒伊洛河，这两条河流为郑州市提供了丰富的水资源。境内有大小河流 124 条，此外，郑州市还有许多湖泊，如西南的荥阳湖、东北的新郑湖等。

郑州市属于温带大陆性季风气候，四季分明，年平均气温 14.2 ℃，年降水量 665.5 mm。夏季炎热潮湿，冬季寒冷干燥，春季多风沙。全市气候适宜，四季分明，适宜农业发展。郑州市的自然条件非常适宜农作物生长，盛产小麦、玉米、棉花、水稻等农作物。此外，郑州市的果树种植也相当发达，如苹果、葡萄、桃子等。

郑州市拥有丰富的自然资源。市区东部的龙门山是中国重要的森林资源保护区之一，这里的森林覆盖率达到了 70%以上。郑州市还拥有大量的矿产资源，如煤炭、铁矿石、大理石等。此外，郑州市还有许多矿泉水资源，如龙门泉、昆仑泉等，这些泉水不仅滋润了郑州市的土地，也成为当地著名的旅游景点。

郑州市的自然地理情况不仅有利于农业和旅游业的发展，也促进了工业的快速发展。郑州市拥有黄金水道黄河，便利的水陆交通为市区的工业发展提供了便利条件。郑州市还是中国铁路的重要枢纽，有多条铁路线路在这里交汇，使得郑州成为中国铁路货运的集散中心。

2.1.2　公共安全风险情况

(1)郑州市应急管理体系建设发展历程

受到 2002—2003 年非典(SARS)事件的影响，郑州市对于突发公共事件的危害有了新的认知。在市委市政府的高度关注下，郑州市应急管理体系的建设初具规模。2003 年 4 月，郑州市正式成立了专门的领导小组，由有关局委、街道办事处和乡镇的官员组成。2005 年，成立了全市紧急医疗救援中心，加强传染病、流行病等疫情的处置和救援。2007 年，在基层开展应急管理的全面推广。2008 年，要求全市各主管部门和单位积极探索自然灾害事件防控、公共安全事件应对的长效机制。在 2009 年郑州市抓住安全生产监督管理局成立这一机遇，部署安全生产事故调查处理和责任追究协调机制。在 2011—2013 年也分别设立了市应急管理委员会以及环境突发事件应急指挥中心。2014 年开展工程设施以及危险化学品等领域的整治活动。近年来，应急管理工作涉及重大动物疫情防疫以及火灾防控等诸多层面，对于人民群众的生命财产安全进行了有效的保护，也使政府的职能真正得到贯彻落实。郑州市在实践过程中尽管取得了突破性的成就，但是在实践过程中存在的问题依旧需要高度关注。

(2)郑州市应急管理体系存在问题

2022 年 1 月，国务院灾害调查组公布郑州"7 · 20"特大暴雨灾害调查报告，经调查认定这是一场"因极端暴雨导致严重城市内涝、河流洪水、山洪滑坡等多灾并发，造成重大人员伤亡和财产损失的特别重大自然灾害"(国务院灾害调查组，2022)，反映出"郑州市委市政府及有关区县(市)、部门和单位风险意识不强，对这场特大灾害认识准备不足、防范组织不力、应急处置不当，存在失职渎职行为"等问题。这次暴雨灾害集中暴露出郑州市预警发布能力、应急指挥能力、抢险救援能力、社会动员能力、科技支撑能力不足等诸多短板(图 2-1)(李晰睿 等，2022)。这些问题一定程度上反映了我国应急管理工作系统治理不强，尚未建立起一整套系统化的制度和能力体系，基层基础尤为薄弱，还难以做到科学高效响应、分层分级处置、有力有序应对，应急管理体系和能力现代化建设任务仍然艰巨繁重。

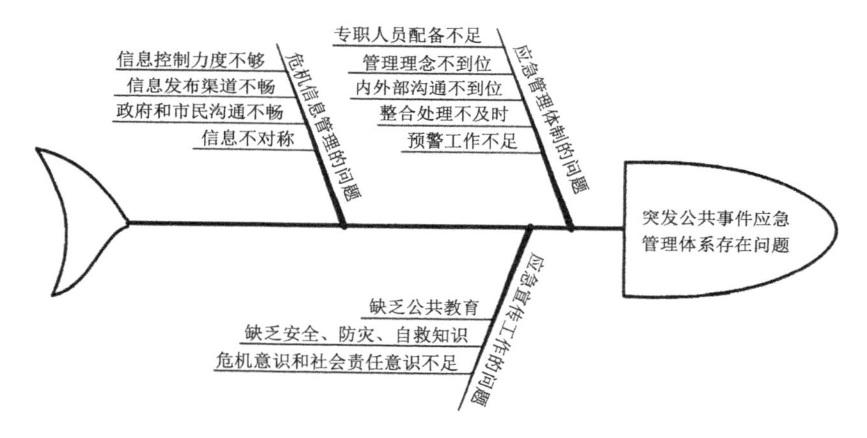

图 2-1　郑州市应急管理体系问题鱼骨图

2.2 "7 · 20"特大暴雨灾害调查分析

2.2.1 灾害物理过程

2021 年 7 月 17—23 日，河南省遭遇历史罕见特大暴雨。降雨过程 17—18 日主要发生在豫北(焦作、新乡、鹤壁、安阳)；19—20 日暴雨中心南移至郑州，发生长历时特大暴雨；21—22 日暴雨中心再次北移，23 日逐渐减弱结束。过程累计面雨量鹤壁最大(589 mm)、郑州次之(534 mm)、新乡第三(512 mm)；过程点雨量鹤壁科创中心气象站最大(1122.6 mm)、郑州新密市白寨气象站次之(993.1 mm)；小时最强点雨量郑州最大，发生在 20 日 16—17 时(北京时，下同。郑州国家气象站 201.9 mm)，鹤壁、新乡晚 1 d 左右，分别发生在 21 日 14—15 时

(120.5 mm)和 20—21 时(114.7 mm)。特大暴雨引发河南省中北部地区严重汛情,12 条主要河流发生超警戒水位以上洪水。全省启用 8 处蓄滞洪区,共产主义渠和卫河新乡、鹤壁段多处发生决口。新乡卫辉市城区受淹长达 7 d。灾害发生后,应急管理部及时组织专家组开展灾害损失综合评估和灾害范围评估,形成评估报告,并会同国家发展和改革委员会、财政部、水利部上报国务院同意,作为指导河南省编制灾后恢复重建规划的重要依据。据核查评估,河南省共有 150 个县(市、区)1478.6 万人受灾,直接经济损失 1200.6 亿元,其中郑州 409 亿元,占全省的 34.1%。这次特大暴雨是在西太平洋副热带高压异常偏北、夏季风偏强等气候背景下,同期形成的 2 个台风汇聚输送海上水汽,与河南上空对流系统叠加,遇伏牛山、太行山地形抬升形成的一次极为罕见特大暴雨过程,对河南全省造成严重冲击(图 2-2)。

图 2-2　河南郑州“7·20”特大暴雨救灾现场(央视新闻,2021)

2.2.2　灾害归因分析

大气环流形势稳定。副热带高压(简称“副高”),一般是指对我国影响较大的位于北半球西北太平洋上的副热带高压,它常年存在,是一个稳定而少动的暖性深厚系统。西太平洋副热带高压和大陆高压分别稳定维持在日本海和我国西北地区,导致两者之间的低压天气系统在黄淮地区停滞少动,这种稳定的大气环流造成河南中西部长时间出现降水天气。

水汽条件充沛。7 月 18 日,当年第 6 号台风“烟花”在西北太平洋洋面上生成,虽然距离我国大约 1000 km,但是远程控制了这次河南的暴雨。河南处于副高边缘,对流不稳定、能量充足,受台风外围和副高南侧的偏东气流引导,大量水汽向我国内陆地区输送,为河南强降雨提供了充沛的水汽来源,降水效率高。

地形降水效应显著。河南地势西高东低,北、西、南三面有太行山、伏牛山、桐柏山、大别山四大山脉环绕。位于河南的太行山脉是整个太行山脉西南段的尾间部分,构成了山西高原与华北平原天然分界线。从秦岭延伸到河南的伏牛山脉,构成了黄河、淮河和长江三大水系的重要分水岭。受深厚的偏东风急流及低涡切变天气系统影响，再加上太行山区、伏牛山区特殊地形对偏东气流起到抬升辐合效应，强降水区在河南省西部、西北部沿山地区稳定少动，地形迎风坡前降水增幅明显。

对流"列车效应"明显。这次的降水过程中，中小尺度对流反复在伏牛山前地区发展并向郑州方向移动，形成了"列车效应"，导致降水强度大、维持时间长，引起局地极端强降水。降水"列车效应"可以通俗解释为，火车有很多节车厢，当其经过时，肯定是很多节车厢一节一节地经过。这如同排列成串的对流云降水，每一朵对流云都会产生短时强降水。当多个对流云团依次经过某地时，其所产生的降水量累积起来，就会导致大暴雨，甚至特大暴雨。

2.2.3 灾害损失统计

2021 年 7 月 17—23 日，河南省遭遇历史罕见特大暴雨，发生严重洪涝灾害，特别是 7 月 20 日郑州市遭受重大人员伤亡和财产损失。灾害共造成河南省 150 个县(市、区)1478.6 万人受灾，因灾死亡失踪 398 人，其中郑州市 380 人，占全省的 95.5%；直接经济损失 1200.6 亿元，其中郑州市 409 亿元，占全省的 34.1%。

2.3 "7·20"特大暴雨灾害应对过程

2.3.1 灾前预警及应对准备

7 月 17 日下午，郑州市城市防汛指挥部召开紧急会议，全面部署应对工作，组建 57 支防汛应急抢险队伍，全面备战 2021 年城市防汛。7 月 19 日河南启动水旱灾害防御Ⅳ级应急响应，7 月 19—20 日，郑州市气象局曾连续发布 6 次红色预警。7 月 20 日上午，郑州市气象局发布《气象灾害预警信号》，提出暴雨红色警告，同时提出了相关预警应对措施。

2.3.2 多部门协调联合抗洪救灾

灾情发生后，政府部门迅速反应，建立起抗洪救灾的紧急队伍。7 月 20 日 20 时，国家防汛抗旱总指挥部(简称国家防总)启动防汛Ⅲ级应急响应，国家防总河南工作组已紧急赶赴现场协助开展抗洪抢险工作。武警河南总队郑州支队出动 150 余名官兵，救援装备 5800 余件，紧急参与抢险救援任务。国家财政部 21 日紧急下达 1 亿元救灾补助资金，支援灾区开展应急抢险救援和受灾群众救助工作、灾后农业生产恢复和水毁水利工程设施修复等工作。河南省也启动临时救助备用金，对生活困难群众进行临时救助，截至 27 日，郑州市已经划拨临时生活补助资金 2.07 亿元，覆盖受灾群众 82.1 万余人。

由于洪灾导致电线损毁、树木倒伏，对人民生命安全带来威胁，21 日起，国家电网统筹调集北京、天津、河北、江苏、安徽等 14 个省份电力保障队伍，共计 181 辆发电车、1600 多名运维抢修人员，分别赶赴河南郑州、新乡、焦作、鹤壁等地区支援防汛抢修，保障供电。针对通信基站大面积退服情况，2 支国家应急通信类保障队伍以及多支应急抢修队伍抵达米河镇等受灾较重地区，在道路中断、电力供应中断等艰难条件下，积极开展通信抢修恢复工作，做好防汛救灾应急通信保障。铁路部门启动极端天气应急预案，加强对设备、线路的检查维修，确保旅客、列车和铁路安全。在常庄、郭家嘴、五星水库出现险情，卫辉城区发生严重内涝等汛情后，河南省水利厅累计派出 200 多名水利专家第一时间赶赴现场，对出现的松动滑坡、裂缝、漫坝等险情现场指导实施解决措施，为防汛抢险提供了强有力的技术支撑。应急管理部连夜调派北京、上海、江苏、山东、湖南 5 省(市)510 名消防指战员驰援河南，全力开展排水排涝、清淤除障和灾民救助、防疫消杀等恢复生产生活工作。

25 日，河南启动自然灾害救助Ⅰ级响应，省防汛抗旱指挥部办公室不间断进行视频调度，了解各地防汛救灾情况，强化工作举措。针对台风“烟花”近岸的情况，7 月 26 日，河南省防汛抗旱指挥部下发了指挥长 2 号令，部署防范工作。水利部门保持对小型水库、病险水库、河道险工险段、在建工程等重点领域的巡查值守，组织摸排风险底数，完善应对方案，确保常庄、郭家咀等已出险水库安全。随着抢险救援工作的进一步开展，许多被困人员成功救出，抢险工作取得一定的成果。为巩固取得的抗洪成果，河南省 27 日召开发布会宣布严格执行 24 小时值班制度，实行城市汛情“一日一报”制度，明确专人 24 小时值守易涝点、积水点，加强汛情应对和预警能力，保障人民生命安全。

2.3.3　善后处理与重建工作

7 月 27 日，郑州市委在主持召开灾后恢复重建工作例会时指出，当前全市已整体转入灾后恢复重建关键阶段，各项任务很重，挑战很大。要加大推动力度，尽快实现通水、通电、地下空间排水“两通一排”任务全面清零；要聚力聚焦严重影响人民生活的水毁工程，尽快完成修复；在建或拟建工程要让位于修复工程，工程修复要最大限度减少对地面交通影响，对道路交通要加强组织调度，确保出行有序的城市交通得到较快恢复。经过全国各族人民、各部委机关的不懈努力和齐心合作，河南洪灾已经得到有效控制。河南洪灾已经转入善后处理与重建工作阶段，政府从多个方面为恢复正常生产生活秩序做出了不懈努力。居民日常生活需求方面，自灾情发生以来，河南市场监管部门就大力加强全省重要民生商品、防疫物资、防汛物资以及相关服务的价格监管，助力全省生产生活秩序的恢复。城市生活交通方面，7 月 29 日，郑州地铁 1 号线全线抽排水、清淤、清洁拓荒、消毒消杀等工作已完成；供电、通信信号、机电等专业系统功能已恢复。7 月 31 日郑州地铁 1 号线实现空载运行。除地铁 1 号线外，其他受损铁路也将在修复后实现空载运行。此外，由于洪水中大量机动车被淹，车载 ETC 设备受损，河南省交通运输厅宣布组织 ETC 发行单位河南省视博电子股份有限公司进驻受灾社区，集中对暴雨期间受损车辆的 ETC 设备开展免费检测和更换的上门服务，方便交通工具的修复和正常生活秩序的恢复。住房安全与生活安全方面，河南省在灾后迅速组织人员对受灾的农村、城镇房屋开展安全性应急评估或鉴定，认真研究安排灾后重建各项工作，每日参与房屋评估的技术人员 4300 余人，截至 8 月 3 日 17 时，全省已评估农房 16.96 万户、涉及行政村 5560 个。在保障农村住房安全方面，住房和城乡建设厅第一时间印发灾后农房安全隐患排查要点，对受灾农房进行安全性应急评估，加快农房灾后重建进度，提高房屋建设质量；在城镇房屋安全鉴定方面，针对受灾城镇既有房屋、在建房屋建筑开展排查整治，确保不漏“一房一项目”。累计排查整治城镇既有房屋 265315 栋，其中受灾房屋 3652 栋，已整治 905 栋；在建房屋市政工程 7960 个，其中受灾 865 个，已整治 312 个。

2.4　“7・20”特大暴雨灾害舆情过程

2.4.1　舆情信息收集

暴雨期间，由于暴雨积水导致的救援人员进出困难、群众受困家中等问题，人们通过社交媒体传播等相互了解相关的外界信息。随着郑州暴雨事件的不断发酵，影响的群体不断增多，传播速度也逐渐加快，从而引起社会大众的心理及情绪变化。对灾害公众舆情挖掘，了解公众的关注、渴求等信息可为制定和调整应急响应策略做重要参考。

本研究团队基于新浪微博，利用 Python 网络爬虫，收集从 2021 年 7 月 17 日 00 时—28 日 24 时，以“郑州”为关键词的微博文本数据。微博信息包括用户名、用户 ID、微博文本、地理位置、发布时间等属性字段。为消除噪声并提高分词效率，须对原始数据进行文本过滤。研究使用 Python 正则表达式对原始社交媒体文本进行过滤，去除干扰信息（例如 http 链接、标点符号）、停用词、低质量文本、重复的文本，最终留下微博数据 2124162 条。在数据采集和预处理后需要进行文本分词，采用中文文本分割的 Python 包（结巴分词）进行微博数据分词。结合相关领域知识，补充暴雨类型的特征词汇，如“特大暴雨”“雷阵雨”“暴风雨”“大雨”“中雨”“暴雨红色预警”等，创建适用于暴雨灾害的分词词典。去除部分标点符号、介词、广告等无关词汇，完成数据的有效处理。

基于 LDA 模型收集和处理数据。LDA 模型是由 Beli 等提出的一种贝叶斯概率模型，它具有三层“文档－主题－词”，从海量文本信息中，通过聚类形成话题。其中文档被表示为潜在主题上的随机混合物，每个潜在主题都由单词的分布来表征。这种无监督机器学习技术近来成为处理数量较多的文本文档的首选方法。使用 Python 中的“Gensim”包实现 LDA 模型。对于 LDA 模型重复实验，初始主题的最优数量为 10 个，在主题术语表的基础上，通过合并相似的主题，剔除不相关的主题，最后概括为 6 个一级主题（二级主题 14 个）。

采用基于黄土（Loess，STL）的季节趋势分解方法，分析了郑州暴雨相关微博话题的总体时间趋势。STL 算法使用 Loess 在两个循环中对时间序列执行平滑处理；内循环在季节性平滑和趋势平滑之间进行迭代，外循环将异常值的影响最小化。在内循环期间，首先计算季节分量，然后将其移除以计算趋势分量；余数分量是通过从时间序列中减去季节和趋势分量来计算的。利用 STL 从数量的时间序列中提取季节趋势暴雨相关微博，使用 SPSS 软件。如式（2-1）所示，时间序列可以被认为是三个分量的总和：一个趋势分量，一个季节分量，一个 STL 中的余数：

$$X_t = T_t + S_t + R_t \tag{2-1}$$

式中，X_t 是原始时间序列，T_t 是趋势分量，S_t 是季节性成分，R_t 是残余成分。

点核密度分析工具用于计算每个输出栅格像元周围点要素的密度。从概念上讲，邻域是围绕每个栅格像素的中心定义的，将邻域内的点数相加，除以邻域的面积，得到点特征的密度。基于 ArcGIS 软件中的核密度分析法，分析了郑州暴雨相关微博话题的空间分布特征，其搜索半径（带宽）计算原理见式（2-2）：

$$\mathrm{SearchRadius} = 0.9\min\left(\mathrm{SD}, \sqrt{\frac{1}{\ln(2)}} \times D_{\mathrm{m}}\right) \times n^{-0.2} \tag{2-2}$$

式中，SD 是标准距离，D_{m} 是中值距离。

郑州暴雨的相关微博文本数据如图 2-3 所示（Qu et al.，2023）。图 2-3a 是暴雨相关微博数量按天划分的原始时间序列。可以看出，7 月 20 日之前，尚未确定郑州降雨将会发展成为特大暴雨时（图 2-4），“郑州”话题几乎没有用户讨论。20 日郑州市出现大暴雨、局部特大暴雨，舆情热度急剧攀升，21 日当天共爬取 1038503 条微博数据，达到数据统计的峰值。22 日 13 时，郑州市防汛指挥部决定将防汛Ⅰ级应急响应降至Ⅲ级，数据开始持续下降。图 2-3b 是暴雨相关微博数量按小时划分的原始时间序列，从图中可以发现相关微博数量在 20 日 16 时数据小幅度攀升，在 19 时达到第一个小高峰，而后数据大幅度攀升。郑州气象台 21 日 00 时 25 分发布暴雨红色预警，微博数据在 21 日 00 时达到峰值，仅一小时收集到的微博数据量为 127581 条，而后循环波动下降。由于原始的时间序列不存在长期趋势(在相当长的一段时间内，持续性上升或减少的趋势现象)，因此判断其存在季节变动，利用 SPSS 软件中季节性预测的方法，将原始序列分解为季节分量、趋势分量和残余成分。图 2-3c 为经季节调整的时间序列，显示了去除季节因素后与洪水相关的微博数量变化趋势。图 2-3d 显示了洪水相关微博数量周期性变化的部分，随着事件本身的发展情况和人的作息影响，微博每天的发送量有两个高峰。早晨的高峰通常出现在 10 时左右，晚上的高峰通常出现在 23 时左右，每日 00—06 时为低谷期。图 2-3e 为趋势分量，反映了灾害相关微博数量的趋势。

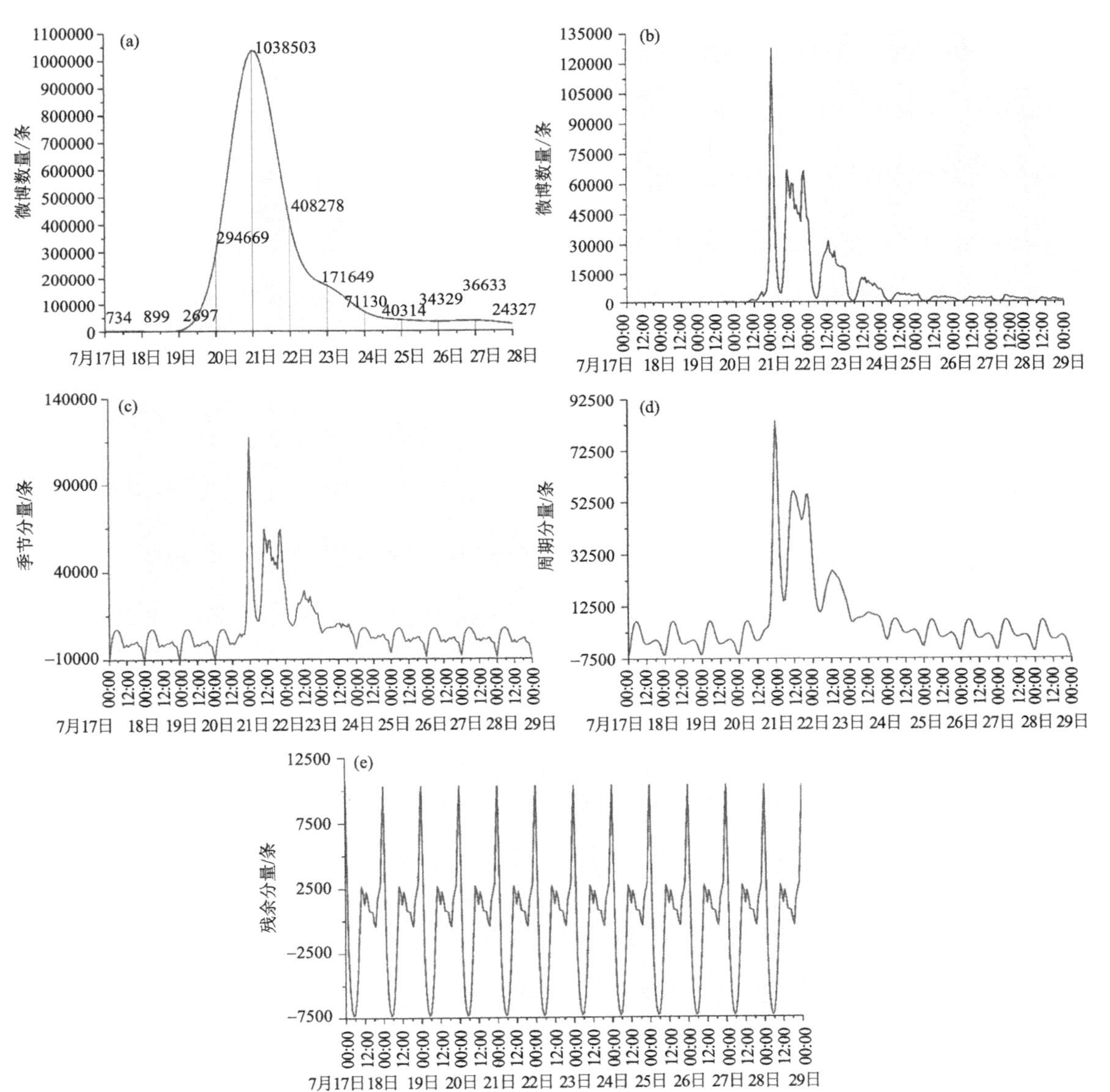

图 2-3　郑州“7·20”特大暴雨时间趋势季节性分解

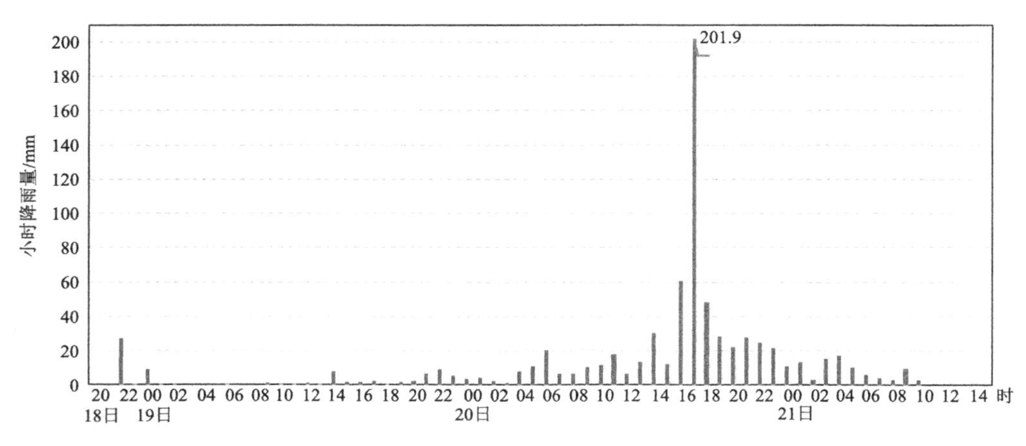

图 2-4　7 月 18—21 日郑州站逐小时降水量[“生态水文遥感前沿”公众号(王晓雅,2021)]

2.4.2　舆情信息分析

极端暴雨对城市的影响逐渐加大。洪水灾害演变过程中的舆情信息,为应急管理决策提供支持。利用新浪微博数据提取了洪水灾害的 6 类一级主题(表 2-1)和 14 类二级主题[图 2-5(彩)],并分析其内容和时空分布[图 2-6(彩),图 2-7(彩),图 2-8](Qu et al.,2023)。舆情信息整体分析结果表明,第一,与沿海地区相比,暴雨各主题的整体趋势具有周期性和显著滞后性。第二,公众情绪逐渐从恐惧转向对物资的迫切需求。从内容挖掘中,可以获得更详细的信息,例如女性等特殊群体的需求和地铁 5 号线淹没等事件的新闻。第三,这次特大暴雨事件不仅影响了主要受灾地区河南省,也引起了中国其他主要城市群和相关的沿海易发灾害地区的高度关注。第四,社区层面的救灾信息也得到了识别,表明在特定的城市内部区域,建筑大面积停电、地下室淹水、隧道被困和饮用水短缺是常见的重复话题。这些详细的信息将有助于未来准确的基于位置的救援。最后,在此基础上,提出了防灾意识、基础设施建设、监管机制、社会包容、媒体传播等一系列城市防洪措施。

表 2-1　微博不同主题分类统计

主题名称	微博数量	占比
公众情绪	747679	36.88%
求援信息	581201	28.67%
援助信息	329091	16.23%
天气状况	185808	9.16%
官方通报	139882	6.90%
交通情况	43853	2.16%

经过反复检验最终确定 6 个一级微博话题主题(表 2-1)。因 LDA 为无监督主题模型,因此需要人工根据关键词信息进行归纳总结。例如将含有“降雨量”等关键词的信息分类为“天气状况”、含有“求助”的为“求援信息”、含有“公益”的为“救援信息”、含有“悲伤”的为“公众情绪”、含有“人民日报”的为“官方通报”和含有“路段”的为“交通情况”。分别统计其微博数量及所占比例发现,“公众情绪”占微博总量的 36.88%;其次是“求援信息”和“援助信息”,分别占

28.67%和 16.23%;“天气状况”“官方通报”和“交通情况”所占比例分别为 9.16%、6.90%和 2.16%。

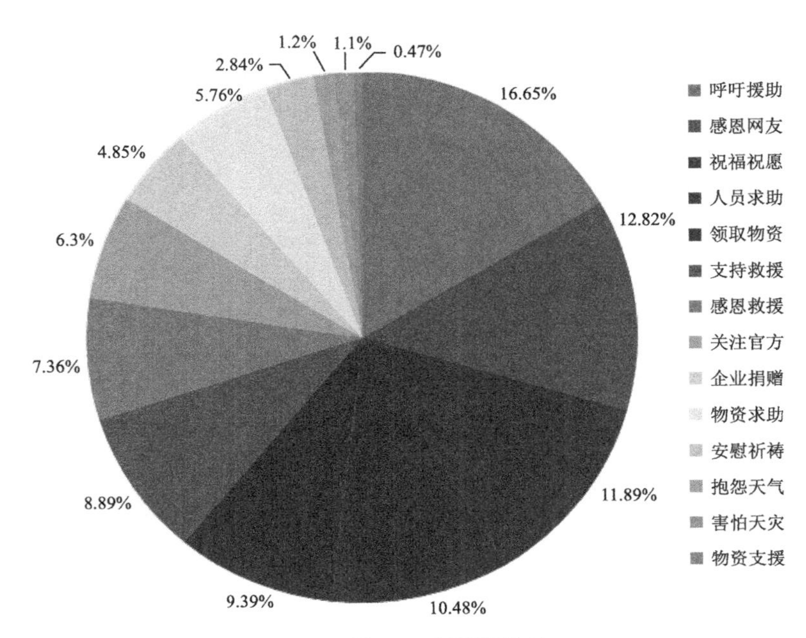

图 2-5(彩)　二级话题统计

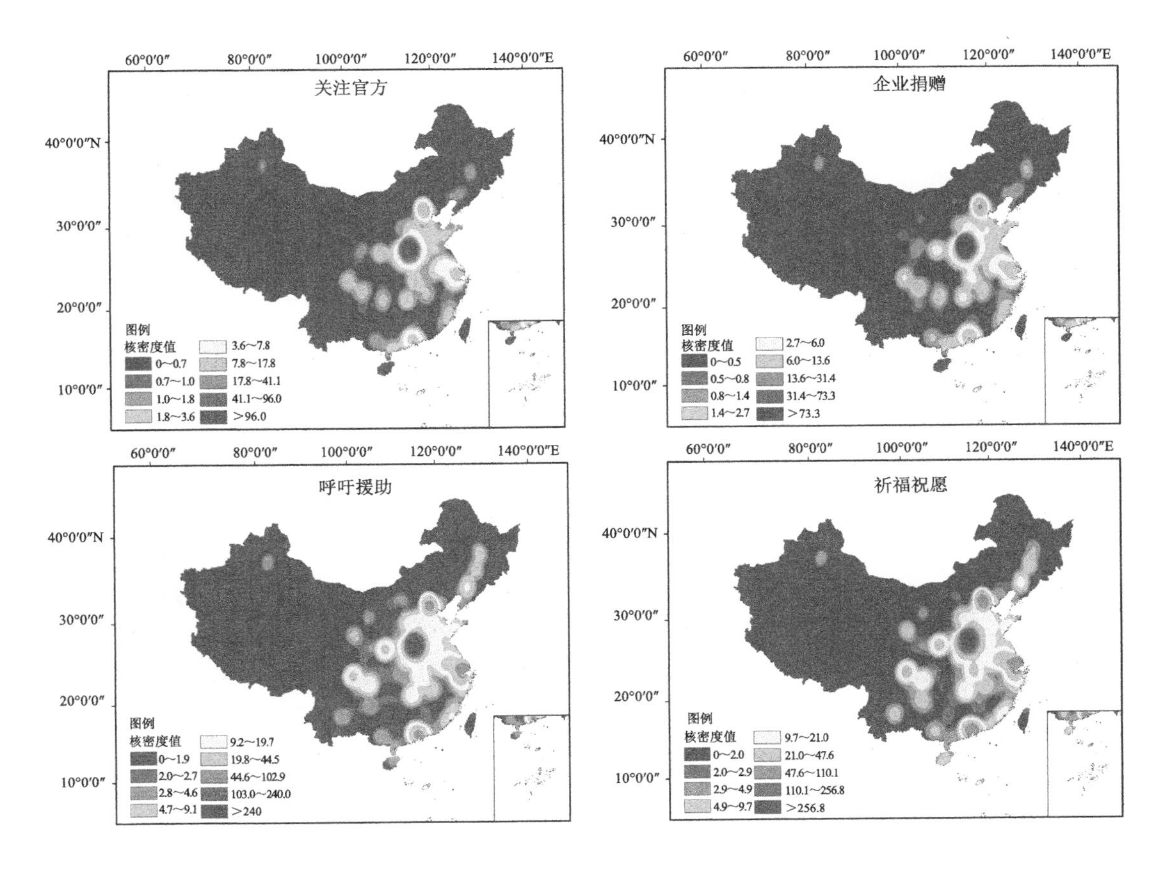

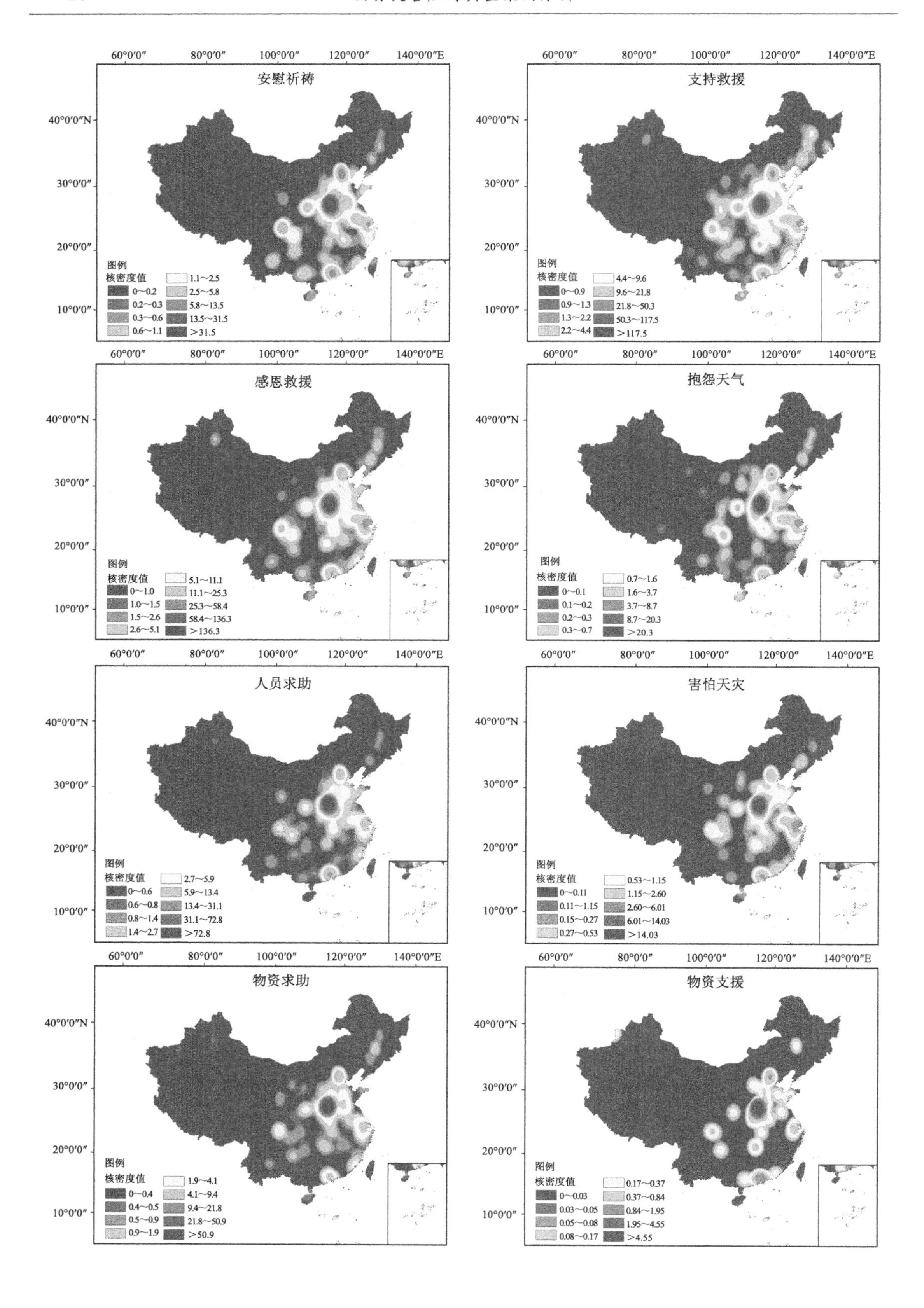
安慰祈祷
图例
核密度值
0~0.2
0.2~0.3
0.3~0.6
0.6~1.1
1.1~2.5
2.5~5.8
5.8~13.5
13.5~31.5
>31.5
支持救援
图例
核密度值
0~0.9
0.9~1.3
1.3~2.2
2.2~4.4
4.4~9.6
9.6~21.8
21.8~50.3
50.3~117.5
>117.5
感恩救援
图例
核密度值
0~1.0
1.0~1.5
1.5~2.6
2.6~5.1
5.1~11.1
11.1~25.3
25.3~58.4
58.4~136.3
>136.3
抱怨天气
图例
核密度值
0~0.1
0.1~0.2
0.2~0.3
0.3~0.7
0.7~1.6
1.6~3.7
3.7~8.7
8.7~20.3
>20.3
人员求助
图例
核密度值
0~0.6
0.6~0.8
0.8~1.4
1.4~2.7
2.7~5.9
5.9~13.4
13.4~31.1
31.1~72.8
>72.8
害怕天灾
图例
核密度值
0~0.11
0.11~1.15
0.15~0.27
0.27~0.53
0.53~1.15
1.15~2.60
2.60~6.01
6.01~14.03
>14.03
物资求助
图例
核密度值
0~0.4
0.4~0.5
0.5~0.9
0.9~1.9
1.9~4.1
4.1~9.4
9.4~21.8
21.8~50.9
>50.9
物资支援
图例
核密度值
0~0.03
0.03~0.05
0.05~0.08
0.08~0.17
0.17~0.37
0.37~0.84
0.84~1.95
1.95~4.55
>4.55
60°0′0″
80°0′0″
100°0′0″
120°0′0″
140°0′0″E
40°0′0″N
30°0′0″
20°0′0″
10°0′0″

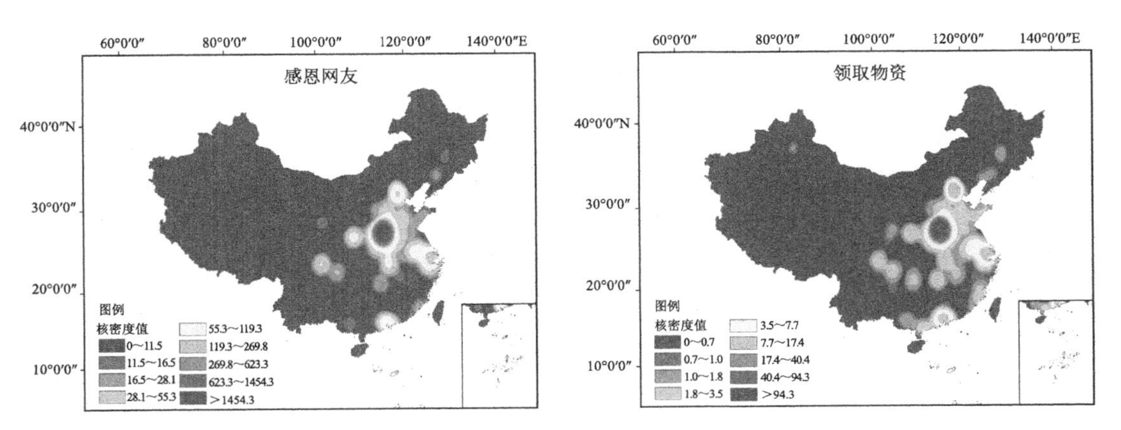

图 2-6(彩)　二级话题的时间序列(注:基于自然资源部标准地图服务网站审图号为 GS(2019)1831 号的标准地图制作,底图无修改。全文中出现的中国地图均采用该底图)

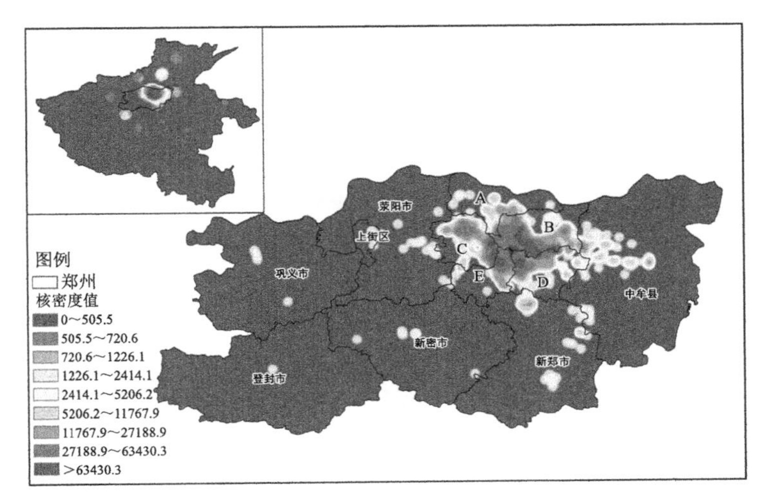

图 2-7(彩)　灾情信息的空间分布(搜索半径 2 km)

图 2-8　社区灾情位置和需求信息

2.5 典型亡人事件推演

2.5.1 郑州地铁5号线亡人事件场景推演

7月20日，地铁5号线04502次列车行驶至海滩寺站至沙口路站上行区间时遭遇涝水灌入、失电迫停，经疏散救援，953人安全撤出、14人死亡。《河南郑州“7·20”特大暴雨灾害调查报告》(国务院灾害调查组，2022)认定这是一起由极端暴雨引发的严重城市内涝，涝水冲毁五龙口停车场挡水围墙、灌入地铁隧道，郑州市地铁集团有限公司和有关方面应对处置不力、行车指挥调度失误，违规变更五龙口停车场设计，对挡水围墙建设质量把关不严，造成重大人员伤亡的责任事件。

根据报告内容，研究提取了“突发事件”要素、“危险因素”要素、“应急响应”要素、“灾害后果”要素4类要素共11个情景要素作为“郑州暴雨地铁灾害事件”情景节点(任永存 等，2023)，具体如表2-2所示。

表2-2 郑州地铁5号线亡人事件场景推演要素表

要素类型	要素	情景
突发事件	暴雨	20日郑州国家气象站出现最大日降雨量624.1 mm，属于特大暴雨
	城市内涝	20日郑州城区24 h面平均雨量是排涝分区规划设防标准的1.6～2.5倍，形成城市内涝
	洪水灌入地铁隧道	20日17时左右涝水冲倒停车场出入场线洞口上方挡水围墙、急速涌入地铁隧道。18时洪水开始漫入车厢。18时40分洪水已完全淹没地铁应急通道
	人员被困	18时04分发布线网停运指令，此时列车已失电迫停。18时37分乘客疏散被迫中断。18时40分列车长及防汛工作人员带领乘客开始自救。18时50分左右，由于应急通道被洪水淹没，乘客自救失败被迫返回车厢
危险因素	城市道路基础设施	停车场处于较深的低洼地带、停车场挡水围墙质量不合格。20日15时09分五龙口停车场多处临时围挡倒塌、16时地铁5号线多处进水
	周围环境	郑州“7·20”特大暴雨灾害16—17时出现201.9 mm的极端小时降雨量
应急响应活动	检查巡视，隐患排查	7月19—20日，郑州地铁集团有限公司未按有关预案要求加强检查巡视，对运营线路淹水倒灌隐患排查不到位
	排水	五龙口停车场附近明沟排涝功能严重受损
	发布预警，引导人员	郑州地铁集团有限公司应对处置管理混乱，未执行重大险情报告制度，事发过程未启动应急响应
	疏散救援	19时48分地铁运营分公司向郑州地铁集团有限公司值班处报告。20时45分左右，列车车内被困人员被转移出隧道
造成后果	人员死亡	14人死亡

根据上述要素，建立了场景推演图，如图2-9所示。

根据郑州国家气象站7月20日降雨监测数据，制作小时降雨量过程图，如图2-10所示。

郑州地铁5号线亡人事件具体经过如下。

(1)20日郑州国家气象站出现最大日降雨量624.1 mm，属于特大暴雨。

(2)郑州“7·20”特大暴雨灾害16—17时出现201.9 mm的极端小时降雨量，7月1—20

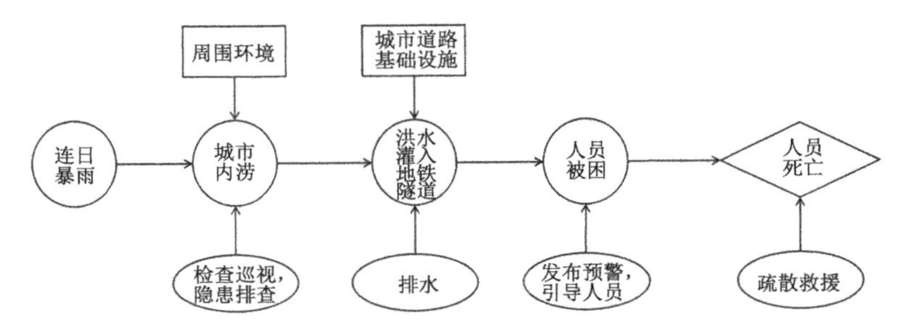

图 2-9　郑州地铁 5 号线亡人事件场景推演图

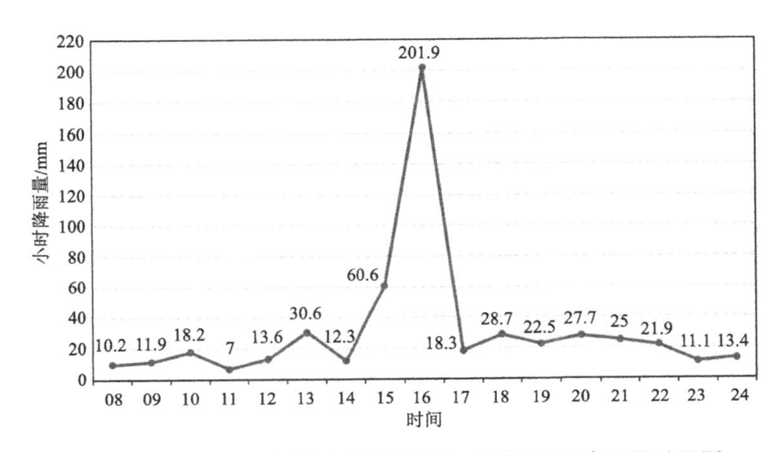

图 2-10　7 月 20 日郑州国家气象站小时(北京时)降雨量过程图

日，气象部门多次发布暴雨红色预警后，郑州地铁集团有限公司未按有关预案要求加强检查巡视，对运营线路淹水倒灌隐患排查不到位。再者，20 日郑州城区 24 h 面平均雨量是排涝分区规划设防标准的 1.6～2.5 倍，形成城市内涝。

(3)在此次事件中，停车场处于较深的低洼地带、停车场挡水围墙质量不合格。20 日 15 时 09 分五龙口停车场(图 2-11)多处临时围挡倒塌、16 时地铁 5 号线多处进水。五龙口停车场附近明沟为片区内唯一排涝河道，其排涝功能严重受损(图 2-12)。明沟西侧因道路建设弃土形成长约 300 m、高 1～2 m 带状堆土，没有及时清理，阻碍排水(图 2-13)。有关单位违规将部分明沟加装了长约 58 m 的盖板，降低了收水能力。20 日 17 时左右涝水冲倒停车场出入场线洞口上方挡水围墙、急速涌入地铁隧道。

(4)郑州地铁集团有限公司应对处置管理混乱，未执行重大险情报告制度，事发整个过程都没有启动应急响应，严重延误了救援时机。18 时 04 分发布线网停运指令，此时列车已失电迫停，此时隧道入口周围积水已超过 0.5 m，仍在不断涌入地铁隧道(图 2-14)。18 时 37 分乘客疏散被迫中断，400 余名乘客被困。18 时 40 分列车长及防汛工作人员带领乘客开始自救。18 时 50 分左右，由于应急通道被洪水淹没，乘客自救失败被迫返回车厢，由于车厢被洪水灌入，且由于混乱，乘客未能寻获破窗器械，车厢内氧气不断被消耗，失温、缺氧和体力不支是造成乘客伤亡的主要原因。

(5)19 时 48 分地铁运营分公司向郑州地铁集团有限公司值班处报告。400 多名乘客已被

图 2-11　五龙口停车场位置图(臧文斌 等,2022)

图 2-12　五龙口停车场 DEM 数据图(臧文斌 等,2022)

图 2-13　五龙口明沟违规盖板暗渠及临时堆土(臧文斌 等,2022)

困车厢 1 个多小时。20 时 45 分左右，列车车内被困人员被转移出隧道。事件共造成 14 人死亡(图 2-15)。

图 2-14　五龙口停车场附近积水深度模拟图(臧文斌 等,2022)

图 2-15　地铁 5 号线乘客被困车厢(龙岗区应急管理,2023)

在郑州地铁 5 号线亡人事件中，郑州市地铁集团有限公司和有关方面应对处置不力、行车指挥调度失误，违规变更五龙口停车场设计、对挡水围墙建设质量把关不严是造成人员伤亡的主要原因。其中，郑州地铁集团有限公司不按国家标准《地铁设计规范》(GB 50157—2013)要求，擅自变更五龙口停车场设计，使停车场处于较深的低洼地带，导致自然排水条件变差，停车场挡水围墙质量不合格，道路建设弃土严重损害五龙口停车场附近明沟排涝功能是导致地铁 5 号线进水停运的主要原因。而郑州地铁集团有限公司没有对红色暴雨预警引起高度重视，没有领导在线网控制中心和现场一线统一指挥、开展有效的应急处置，未执行重大险情报告制度，事发整个过程都没有启动应急响应，将地铁乘客置于险境，严重延误了救援时机，是地铁5号线亡人事件的重要原因。

综上得到的初步启示是，落实地铁相应施工政策，坚决打击违法变更设计施工行为，严格按照城市设计要求对地铁相关设施进行施工，可以有效减小甚至直接避免洪水漫入地铁隧道的风险；健全地铁运营公司突发灾害应急管理措施，定期展开灾害应急演习，排查灾害风险隐患，加强地铁运营公司管理层灾害应急教育，使地铁运营公司相关人员正确认识自然灾害的危险性，积极履行地铁运营相应责任，能够有效减少地铁5号线亡人事件及类似事件造成的人员伤亡。

2.5.2 郑州京广快速路北隧道亡人事件场景推演

7月20日，郑州京广快速路北隧道发生淹水倒灌，查实6人死亡，其中2人逃生时在隧道引坡段溺亡、1人横穿京广快速路时滑入隧道引坡段溺亡、1名郑州市城市隧道综合管理养护中心人员在隧道内值守时因公殉职、2名中学生骑同一辆电动自行车驶入隧道后被困溺亡；查实247辆汽车被淹，其中隧道内18辆、引坡段87辆、隧道出口道路142辆，车内均无遇难人员，隧道内没有公交车。《河南郑州“7·20”特大暴雨灾害调查报告》认定这是一起由极端暴雨引发，郑州市隧道管理单位和有关部门封闭隧道、疏导交通不及时，造成较大人员死亡和重大财产损失的责任事件(国务院灾害调查组，2022)。

根据报告内容，研究提取了“突发事件”要素、“危险因素”要素、“应急响应”要素、“灾害后果”要素4类要素共12个情景要素作为“郑州京广快速路北隧道灾害事件”情景节点(任永存等，2023)。具体如表2-3所示。

陇海路京广路西北角积水监测点为距京广快速路北隧道最近监测点。取此积水点四周最近的4个气象观测站的加权平均雨量作为此监测点的降水，制作陇海路京广路西北角积水监测点积水深度和其周边雨量站加权平均雨量时间变化图(王振亚 等，2022)，具体如图2-16所示。

表2-3　郑州京广快速路北隧道亡人事件场景推演要素表

要素类型	要素	情景
突发事件	暴雨	20日郑州国家气象站出现最大日降雨量624.1 mm，属于特大暴雨
	城市内涝	20日郑州城区24 h面平均雨量是排涝分区规划设防标准的1.6～2.5倍，形成城市内涝
	出口路面积水	20日15时38分，北隧道西洞匝道出口路面积水超过40 cm。隧道旁的涵唐酒店大堂外墙壁上有约1 m高的渍水痕迹，表明隧道上方路面积水最极端情况可达1 m
	车辆被困	20日15时38分，因隧道出口路面积水，无法冒险趟水通过，并排停在三个车道上，发生拥堵
	洪水灌入京广隧道	17时—17时15分，洪水开始灌入京广隧道，并在隧道中部最低处形成积水。南—北方向的行车中断，部分南—北方向车辆掉头逆行，在隧道南出口附近与进入的车辆互相阻塞，形成拥堵。17时30分隧道淹没
	电动车少年溺水	17时，一少年和他的同学骑着电动车在北端进入隧道，此后水流加大，电动车被冲走，不幸溺亡
危险因素	城市道路基础设施	京广隧道主线全长1835 m，隧道总高6 m，进出车道分离，各有三条。隧道前后为一段低于地面的辅道，之后是匝道和高架路
	周围环境	20日16—17时，郑州平均降雨量为每小时38.4 mm，雨量最大达到每小时201.9 mm

续表

要素类型	要素	情景
应急响应活动	排水	20 日 16—17 时为郑州暴雨降雨最极端时段，其平均降雨量为每小时 38.4 mm，已超过排涝分区规划设防标准
	封闭隧道	按照《郑州市城市隧道综合管理养护中心 2021 年度隧道防汛应急专项预案》规定，普通道路积水超过 40 cm 时，应关闭隧道。郑州市城市隧道综合管理养护中心为保障隧道通行，在封闭个别匝道口的情况下，未实施全线封闭，直到 16 时 16 分才强制封闭，但为时已晚，大量涝水涌入隧道，车辆已经被困，之后车内人员陆续弃车逃生
	发布预警，疏导交通	郑州市公安交管部门未按预案规定在隧道西洞出口处路面指挥疏导堵车；安装在铁道天润花园制高点、新浦西街京广路现代儿童鞋城制高点的摄像头当天运行正常，可实时监控堵车情况，但公安交管部门未发现并处置。有车主给郑州市公安交管部门电话求助，要求现场指挥疏散，交警回复说由于道路被淹，无法到达
造成后果	人员溺亡	247 辆汽车被淹，6 人溺亡

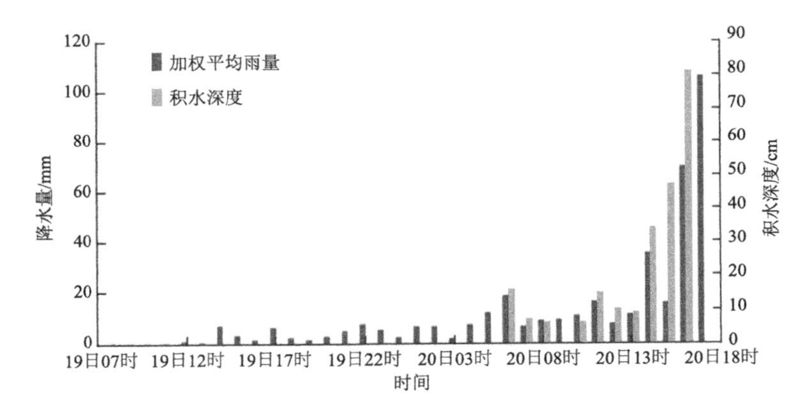

图 2-16　陇海路京广路西北角积水监测点积水深度和其周边雨量站加权平均雨量时间变化

郑州京广快速路北隧道亡人事件具体经过如图 2-17 所示。

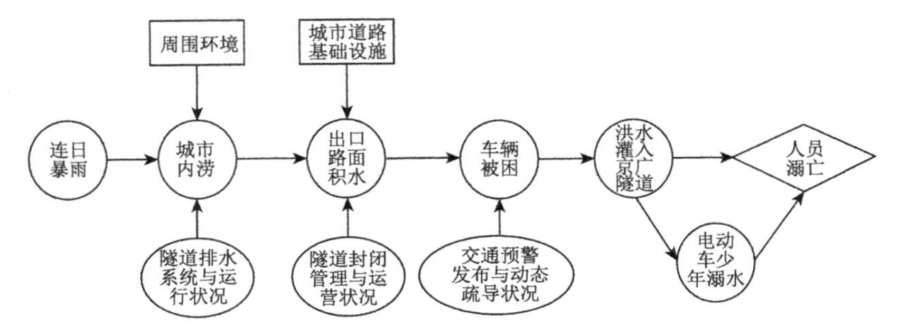

图 2-17　郑州京广快速路北隧道亡人事件

京广路隧道全长 4.3 km，由京广北路隧道、京广中路隧道和京广南路隧道（图 2-18）组成，进出车道分离，各有三条（图 2-19）（李选栋 等，2013）。隧道前后为一段低于地面的辅道，之后是匝道和高架路。

(1)20 日郑州国家气象站出现最大日降雨量 624.1 mm，属于特大暴雨。

图 2-18 被淹没的京广南路隧道(邱慧 等,2021)

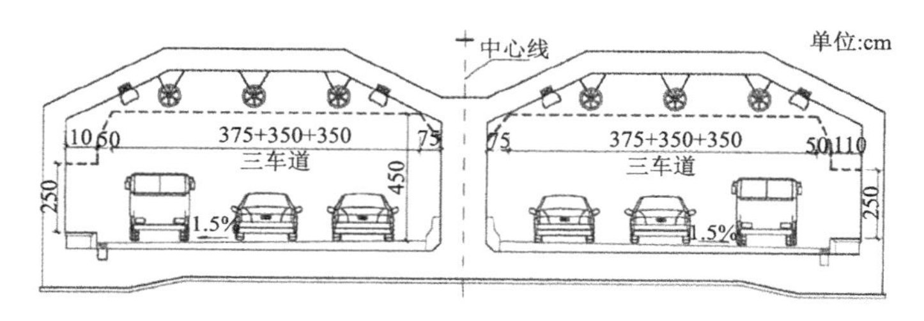

图 2-19 京广隧道断面布置图(图中 1.5%为隧道行车道沿纵向的倾斜度)

(2)郑州"7·20"特大暴雨灾害 16—17 时出现 201.9 mm 的极端小时雨强,7 月 1—20 日,气象部门多次发布暴雨红色预警。

(3)7 月 20 日 13 时,降雨量增大,京广隧道附近道路积水不断加深。15 时 38 分左右,北隧道西洞匝道出口路面积水超 40 cm。

(4)三辆小车在通过隧道时发现出口路面积水,无法趟水通过,并排停在三个车道上,北隧道西洞出口处路面发生拥堵。15 时 46 分郑州市城市隧道综合管理养护中心通过监控视频发现隧道引坡段明显堵车,但未及时报告和处置。

(5)15 时 45 分—17 时,尽管不断下雨,隧道内积水并不严重,仍在隧道排涝系统的承受范围内,南至北的方向仍保持正常通行,北至南方向已发生拥堵,但由于路面车辆不多,以及手机导航提示,拥堵队列车辆增长并不快,也有部分进入隧道的车辆看到情况不妙掉头离开。这段时间,有车主给郑州市公安交管部门电话请求现场指挥疏散,交警回复说由于道路被淹,无法到达。且郑州市公安交管部门未按预案规定在隧道西洞出口处路面指挥疏导堵车。

(6)17 时—17 时 15 分,降雨量剧增,已远超过隧道附近道路排涝能力,周围道路积水到达顶峰,深度达 1 m 左右,洪水迅速灌入京广隧道,并在隧道中部最低处形成积水。南至北方向的行车中断。部分南至北方向车辆掉头逆行,在隧道南出口附近与进入的车辆互相阻塞,形成拥堵。被困车主开始陆续弃车逃生。

(7)17时，一少年和他的同学骑着电动车在北端进入隧道，此后水流极速增大，电动车被冲走，不幸溺亡。

(8)17时30分，隧道被完全淹没。事件共造成247辆汽车被淹，6人溺亡。

综上所述，在郑州京广快速路北隧道亡人事件中，郑州市隧道管理单位和有关部门封闭隧道、疏导交通不及时是造成人员伤亡的主要原因。按照《郑州市城市隧道综合管理养护中心2021年度隧道防汛应急专项预案》规定，普通道路积水超过40 mm时，应关闭隧道。郑州市城市隧道综合管理养护中心为保障隧道通行，在封闭个别匝道口的情况下，未实施全线封闭。且郑州市城市隧道综合管理养护中心通过监控视频发现隧道引坡段明显堵车，但未及时报告和处置。郑州市公安交管部门在接到被困车主来电后未按预案规定在隧道西洞出口处路面指挥疏导堵车。这些失职行为直接导致了后续的人员伤亡事件。因此，加强隧道管理单位和有关部门以及公安交管部门责任教育，督促相关单位积极履行相应职能，正确认识灾害风险，是有效避免类似事件发生的重要手段。

2.6 “7·20”特大暴雨灾害经验教训与建议

(1)一些领导干部特别是主要负责人缺乏风险意识和底线思维

习近平总书记几乎逢会必讲防范风险，连续两年在中共中央党校省部级主要领导干部研讨班上专题讲防范化解重大风险，反复强调增强忧患意识、防范风险挑战要一以贯之，要求“宁可十防九空，不可失防万一”“宁听骂声，不听哭声”，切实把保护人民生命安全放在第一位落到实处。这次灾害来临前，郑州市委市政府负责人特别是主要负责人主观上认为北方的雨不会大、风险主要在黄河和水库，对郑州遭遇特大暴雨造成严重内涝和山洪“没想到”。这种麻痹思想和经验主义在北方城市不少领导干部身上也同样存在，一些领导干部在北方常年干旱的环境下失去了对重大洪涝灾害的警惕性，对全球气候变暖背景下极端气象灾害的多发性、危害性认识不足，严重缺乏风险意识和底线思维；没有把历史和他人的教训当作自己的教训，对北京“7·21”、邢台“7·19”等北方城市暴雨导致严重伤亡的教训没有深刻汲取；对城镇化发展进程中的安全风险缺乏调查研究，不知道风险在哪里、底线是什么，应急准备严重不足，以致灾难来临时江心补漏、为时已晚。说到底还是学习贯彻习近平总书记关于防范风险挑战重要论述没有入脑入心，政治判断力、政治领悟力、政治执行力不强，对人民生命、政治责任缺乏敬畏。这是主观上造成这场不可挽回损失的根本原因，也是全国各地和各级领导干部首先要从中汲取的深刻教训。

(2)市委市政府及有关区县(市)党委政府未能有效发挥统一领导作用

中央明确要求各级党委政府要全面落实防汛救灾主体责任，加强领导，守土尽责，加强统筹协调，形成省市间、部门间、军地间、上下游、左右岸通力协作的防汛救灾格局。在这场特大暴雨灾害应对过程中，郑州市委市政府对整个防汛救灾工作统一领导不力，没有组织深入会商研判，没有果断采取有力措施并督查落实，责任没有真正上肩。市委主要负责人没有把党委对防汛救灾工作的政治领导、思想领导、组织领导落到实处，没有充分体现党的领导政治优势和总揽全局、协调各方的作用。这些问题在部分区县(市)也不同程度存在，一些领导干部领导能力不足、全局意识不强，对工作往往满足于“批示了”“开会了”“到场了”，满足于一般化部署、原则性要求，形式主义、官僚主义问题严重；名义上有指挥部，但没有领导坐镇指挥，制度和预案上也没有明确领导之间的具体分工，领导干部不知道关键时刻自己的职责是什么、岗位在哪里、如何发挥领导作用，认为到了一线就是尽职了、就没有责任了，出了事都往点上跑、打乱仗，结果抓了点丢掉面，有的到了现场也不能发挥作用，解决不了问题，还失去了对全局工作的统一领导。以这场灾害为警示，就要着力解决一些领导干部在灾害面前不会为、不善为的问题，真正把党的集中统一领导贯穿灾害防范应对各方面全过程，使党的领导更加坚强有力。

(3)贯彻中共中央关于应急管理体制改革部署不坚决不到位

中共中央明确要建立"统一指挥、专常兼备、反应灵敏、上下联动"的中国特色应急管理体制，但一些地方对中央改革部署理解不准、贯彻不坚决，甚至改后扭曲变形更加不顺。郑州市设置了防汛抗旱指挥部、城市防汛指挥部、气象灾害防御指挥部、突发地质灾害应急指挥部4个指挥机构，办公室分别设在应急局、城管局、气象局、资源规划局；防汛抗旱指挥部下又设了防汛抗旱指标部办公室(简称"防办")、河湖水利工程防汛抗旱办公室、城市防汛办公室、黄河防汛抗旱办公室4个办公室，分别设在应急局、水利局、城管局、黄河河务局，机构重叠、职能重复、工作重合，不符合"一类事项原则上由一个部门统筹，一件事情原则上由一个部门负责"的机构改革要求。郑州市机构改革还人为设置两年过渡期，转隶到市和各县区(市)防办(应急管理局)的36人中只有1人有水利中专专业背景。这种扭曲的体制设计和薄弱的专业力量，导致防汛抗旱指挥部没有实际的指挥系统、指挥机制、指挥能力，失去统一指挥，关键时刻不能发挥应有作用。各地要从这次灾害中深刻汲取教训，对中央深化应急管理体制改革的决策部署，不能合意就执行、不合意就不执行。要坚持改革方向不动摇，深化改革部署落实，并加强改革后体制运行磨合和评估，及时完善政策措施，加快形成统筹协调、统分结合的"全灾种、大应急"工作格局。

(4)发展理念存在偏差，城市建设"重面子、轻里子"

习近平总书记多次强调，城市无论规划、建设还是管理，都要把安全放在第一位。郑州市作为新兴特大城市，近年来发展速度很快，但考虑防灾减灾不足，防范治理措施不到位。雨水管道2400余千米，与建成区面积相当的城市相比相差超过一半；计划投资534.8亿元的海绵城市建设项目，已投资的196.3亿元中，实际与海绵城市相关的仅占32%，用于景观、绿化等占近56%，甚至在全国调集力量支援郑州抢险救灾的关键时刻还在"修花坛"；排水明沟等设施"十三五"期间改造达标率仅20%，有的排水泵站位于低处极易受淹失效，地铁、隧道、立交桥等防涝排涝能力不足，地铁区间疏散平台主要考虑防火防烟未考虑防涝，水库溢洪道堵塞、城区积水点等安全隐患长期没有排除，医院、供水、通信等公共设施的备用电源多位于地下，一进水就失去了备灾作用。城市规划建设落实防灾减灾要求不到位，这也是不少地方长期存在的共性问题，每年雨季"城中看海"屡屡上演，反映了一些领导干部政绩观有偏差，在完整准确全面贯彻新发展理念、统筹发展和安全上存在很大差距，没有把安全工作落实到城市工作和城市发展各个环节各个领域。

(5)应急管理体系和能力薄弱，预警与响应联动机制不健全等问题突出

这次暴雨灾害集中暴露出郑州市预警发布能力、应急指挥能力、抢险救援能力、社会动员能力、科技支撑能力不足等诸多短板。特别是灾害性天气预报与灾害预警混淆，预警发布部门分割，防灾避灾措施针对性、有效性、强制性不足，缺乏统一权威高效的预警发布机制；预警与响应联动机制不健全，谁响应、如何响应不明确，郑州在连发5次红色预警的情况下才启动Ⅰ级响应，实际灾难已经发生；应急预案实用性不强，多以出现严重后果为启动条件，往往启动偏晚，不符合"两个坚持、三个转变"的要求，实际效果大大减弱，且应对措施不具体，"上下一般

粗”甚至“上细下粗”。这些问题一定程度上反映了我国应急管理工作系统治理不强，尚未建立起一整套系统化的制度和能力体系，基层基础尤为薄弱，还难以做到科学高效响应、分层分级处置、有力有序应对，应急管理体系和能力现代化建设任务仍然艰巨繁重。

(6)干部群众应急能力和防灾避险自救知识严重不足

这次灾害也反映一些新上任的干部对防灾减灾救灾和应急管理情况不熟悉，未经历过洪涝、地震等大灾考验，实战经验严重不足。在这次特大暴雨应对过程中，媒体的宣传警示作用发挥不到位，有的顾虑引起社会恐慌，灾害预警信息传播不及时不充分，警示效果不强；有的甚至淡化和误导群众对灾害的警觉。因灾死亡失踪人员遇难前多数仍正常活动未采取避险措施，甚至有部分是转移后擅自返回而遇难，反映出社会公众对这场特大暴雨的危害缺乏基本认知，安全意识和防灾避灾能力不强的问题突出。在全社会培育应急文化，加强各级领导干部防灾减灾救灾、应急管理能力培训和群众科普教育十分必要和迫切。

第3章　广西、广东、江西等六省(区)洪涝灾害

3.1　区域概况

2019年6月上中旬广西、广东、江西、浙江、福建、湖南六省(区),发生了较为严重的洪涝灾害。这六省(区)整体位于中国东部地区,跨长江中下游地带,地处108°—122°E,28°—34°N之间,中心地理坐标约为112°—120°E,29°—33°N。本区位于亚热带季风气候区,气候温暖湿润,雨量充沛。全年日照时间长达1800～2600 h,无霜期240～300 d。年平均气温15～19 ℃。年降水量1000～1600 mm,由南向北递减。六省(区)处于长江流域,受季风环流影响显著,汛期集中在每年5—9月,此期间可降雨量占全年的70%以上。

2019年,受厄尔尼诺事件等气候因素影响,整体降水异常增多,年降水量较常年同期普遍增加10%以上,部分地区的增幅达到近20%。湖北省年降水量1351.3 mm,同比增加16.5%;湖南省年降水量1495.1 mm,同比增加20.8%;江西省年降水量1612.3 mm,同比增加18.6%;安徽省年降水量982.5 mm,同比增加约10%;江苏省年降水量1048 mm,同比增加15.9%;浙江省年降水量1463.1 mm,同比增加18.6%。汛期降水尤为丰沛,湖北、湖南、江西、江苏、浙江等省汛期降雨占全年的70%以上。大量汛期降水导致江河水位快速上涨,最后积水成灾,发生了较为严重的洪涝灾害(纪忠萍 等,2021)。

3.2　南方六省(区)洪涝灾害调查分析

3.2.1　灾害物理过程

2019年6月,南方多地降水异常,出现强降雨天气,降水量较往年同期偏多20%～50%,尤其江南、华南地区降水量偏多50%以上。6—13日,广西北部、广东东北部、贵州中南部、湖南西北部、浙江南部、福建西北部暴雨、江西和福建局部出现大暴雨(图3-1)(植保科学,2021)。平均而言,每年大约到6月中旬,西太平洋副热带高压脊线到达19°N附近,而且直到7月上旬都维持在25°N以南。由于西太平洋副热带高压北侧是北上暖湿气流与中纬度南下冷气流的汇集地带,天气系统活动频繁,常常形成大范围强降雨天气。2019年,南海夏季风爆发较常年明显偏早,整个环流形势有利于水汽的输送,加上副热带高压(简称“副高”)脊线稳定在18°—20°N,副高边缘西南气流带来热带海洋水汽,与频繁活动的冷空气交汇,形成较好动力抬升条件,导致南方地区出现持续降水天气。

受持续降雨天气的影响,累计降雨量大于250 mm、100 mm、50 mm的暴雨笼罩面积分别为1.0万km^2、27.6万km^2、84.6万km^2;广西、广东、江西、湖南等六省(区)共有135条河流发生超警戒洪水,为近5年以来同期最多,广西桂林、福建闽江支流沙溪等六条河流发生超保洪水,7条小河流发生超历史洪水;其中,广西桂林、柳江及贺江上游,广东北江、东江、韩江,江

西赣江、信江，湖南湘江，福建闽江 10 条主要河流发生超警戒以上洪水，韩江发生 2019 年第 1 号洪水。造成上述 6 省(区)45 市(自治州)249 县(市、区)577.8 万人受灾，91 人死亡，7 人失踪，42.1 万人紧急转移安置，18.2 万人需紧急生活救助；1.9 万间房屋倒塌，8.3 万间不同程度损坏；农作物受灾面积 41.94 万 hm^2，其中绝收 6.02 万 hm^2；直接经济损失 231.8 亿元。这场洪涝灾害也成为 2019 年全国十大自然灾害之一(黄姝伦，2019)。

图 3-1　2019 年 6 月 11 日洪水退后的广东省河源市连平县上坪镇下洞村(植保科学，2021)

3.2.2　灾害归因分析

2019 年 6 月，南方多地降水异常，出现强降雨天气，降水量较往年同期偏多 20%～50%，尤其江南、华南地区降水量偏多 50%以上。6—13 日，广西北部、广东东北部、贵州中南部、湖南西北部、浙江南部、福建西北部出现暴雨，江西和福建局部出现大暴雨。平均而言，每年大约到 6 月中旬，西太平洋副热带高压脊线到达 19°N 附近，直到 7 月上旬都维持在 25°N 以南。由于西太平洋副热带高压北侧是北上暖湿气流与中纬度南下冷气流的汇集地带，天气系统活动频繁，常常形成大范围强降雨过程。2019 年，南海夏季风暴发较常年明显偏早，整个环流形势有利于水汽的输送；加上副热带高压脊线稳定在 18°—20°N，副高边缘西南气流带来的热带海洋水汽与频繁活动的冷空气交汇，形成较好动力抬升条件，导致南方地区出现持续性降水天气(陈海亮 等，2022)。

以下是导致洪涝的具体原因。

(1)季风影响：在夏季，南方六省(区)受到了季风气候的影响。季风气候带来了大量的水汽和暖湿气流，为降雨提供了条件。

(2)气候异常：2019 年 6 月，南方六省(区)出现了异常的气候状况，包括持续的降雨、高温和高湿度。这种气候异常加剧了降雨的强度和持续时间，导致暴雨事件频繁发生。

(3)大气环流格局：在这个时期，南方六省(区)受到了副热带高压、西南季风和台风等多个大气系统的影响。这些大气环流格局会导致暖湿气流汇聚，并形成持续性降雨的条件。

(4)地理条件：南方六省(区)地区地形复杂，包括山区、丘陵和盆地。这种地理条件容易导致暴雨集中和水流迅速下泄，增加了洪涝的风险。

(5)土壤饱和度:由于前期降雨较多,土壤水分饱和度较高,无法快速吸收更多的雨水。这导致了雨水无法迅速渗透,进一步增加了洪涝发生的可能性。

综上所述,2019 年 6 月中上旬南方六省(区)洪涝的原因主要是持续性暴雨天气和气候异常,加上地理条件和土壤饱和度等因素的综合影响。这些因素导致大量降雨、江河水位上涨和地质灾害的发生,给当地造成了严重的洪涝灾害(上海市国防动员办公室,2020)。

3.2.3 灾害损失统计

此次强降雨导致广西、广东、江西、浙江、福建、湖南等地遭受洪涝、风雹、滑坡、泥石流等灾害,造成上述六省(区)45 市(自治州)249 县(市、区)577.8 万人受灾,91 人死亡,7 人失踪,42.1 万人紧急转移安置,18.2 万人需紧急生活救助;1.9 万间房屋倒塌,8.3 万间不同程度损坏;农作物受灾面积 41.94 万 hm^2,其中绝收 6.02 万 hm^2;直接经济损失 231.8 亿元(应急管理部,2020),部分省份灾损统计见表 3-1(国家减灾中心,2019)。

2019 年 6 月 9 日 20 时—10 日 19 时 30 分,河源市中部和北部出现暴雨到大暴雨,局部特大暴雨,南部出现雷阵雨,全市有 74 个站点超过 50 mm,其中 64 个站超过 100 mm,8 个站点超过 200 mm,全市最大降雨量出现在连平上坪(249.1 mm)。受暴雨影响,全市各地不同程度受灾,其中连平、龙川与和平县部分乡镇受灾较严重。

在河源全市中,本次受灾严重的是连平县上坪镇。经研判,洪水为该镇历史第一大洪水,超过了河源市 2005 年“6·20 水灾”的降雨量。其雨情水情有两大特点:一是降雨持续时间短、强度大。6 月 9 日 20 时—6 月 10 日 13 时,累积降雨量为 272.5 mm,其中,1 h 降雨量为 75.4 mm,接近 20 a 一遇(94.7 mm);3 h 降雨量为 146.6 mm、超过 100 a 一遇(132.6 mm)、6 h降雨量为 192.7 mm、超过 100 a 一遇(161.2 mm)。二是流量大(1530 m^3/s)、起涨快、涨率大。6 月 10 日 12 时,连平县上坪镇的大席河最高水位为 303.44 m,预警水位 298.00 m,超预警水位 5.44 m,涨幅 8.27 m(国家减灾中心,2019)。

表 3-1　六省(区、市)损失统计表(国家减灾中心,2019)

地区	受灾人数	房屋损坏	农作物受灾面积	直接经济损失
浙江	丽水市龙泉市 8600 余人受灾,600 余人紧急转移安置	300 余间房屋不同程度损坏	近 300 hm^2	9800 余万元
江西	宜春、抚州、萍乡等 8 市 48 个县(市、区)235.3 万人受灾,3 人死亡,21.1 万人紧急转移安置,12.9 万人需紧急生活救助	600 余间房屋倒塌,7600 余间不同程度损坏	15.54 万 hm^2,其中绝收 1.72 万 hm^2	32.2 亿元
湖南	衡阳、株洲、邵阳等 9 市 66 个县(市、区)192.8 万人受灾,7 人死亡,9 人失踪,13.9 万人紧急转移安置,7.3 万人需紧急生活救助	近 2400 间房屋倒塌,1.2 万间不同程度损坏	11.96 万 hm^2,其中绝收 1.92 万 hm^2	30.9 亿元
重庆	永川、石柱、南川等 5 个县(区)近 2700 人受灾	100 余间房屋不同程度损坏	100 余公顷	600 余万元
贵州	黔南、黔东南、安顺等 5 市(自治州)16 个县(区)5.7 万人受灾,3300 余人紧急转移安置,4300 余人需紧急生活救助	1100 余间房屋不同程度损坏	2400 hm^2,其中绝收 200 余公顷	5400 余万元
广西	桂林、河池、柳州等 8 市 43 个县(市、区)30 万人受灾,1 人失踪,9500 余人紧急转移安置,1600 余人需紧急生活救助	500 余间房屋倒塌,700 余间不同程度损坏	1.59 万 hm^2,其中绝收 2400 hm^2	6.2 亿元

灾情通报显示，据统计，河源市受灾乡镇 63 个，因灾死亡 7 人(龙川 1 人，因山体滑坡致 6 个月大的婴儿死亡；连平 6 人：其中上坪镇下洞村 4 名女性，分别为 70 岁、76 岁、78 岁、90 岁；布联村 1 名男性、61 岁；内莞镇 1 名男性、17 岁，高空坠物砸死)，失联 1 人(和平县贝墩镇一山体滑坡致房屋受损致 1 名 101 岁的女性失联)，受伤 3 人(没有生命危险)，受灾人口 11.455 万人，倒塌房屋 956 间，转移人口 1.454 万人。

该通报还显示，河源市农作物受灾面积 5.86 万亩①，水产养殖损失 0.63 万亩，数量 2.814 万 t，损坏水库 5 座，损坏山塘 94 座，损坏堤防 244 处、2560 m，冲毁桥梁 54 座，冲毁塘坝 343 座，山体滑坡 2408 宗，损坏灌溉设施 644 处，直接经济总损失 3.9 亿元(黄姝伦，2019)。

3.3　南方六省(区)洪涝灾害应对措施

3.3.1　预防与应急准备

防灾预案

(1)广西壮族自治区：2019 年 5 月初，自治区发布了《广西壮族自治区洪水灾害应急预案》，对洪涝防灾工作进行了规划和部署。

(2)广东省：2019 年 5 月中旬，广东省制定了《广东省暴雨洪涝灾害应急预案》，提出了详细的洪涝防范措施。

(3)江西省：2019 年 5 月底，江西省修订发布了《江西省水旱灾害应急预案》，增加了洪涝灾害的应对内容。

(4)湖南省：2019 年 5 月中旬，湖南省制定了《湖南省暴雨洪涝灾害应急预案》，提出了明确的防灾措施。

(5)浙江省：2019 年 5 月底，浙江省发布了《浙江省暴雨洪涝灾害应急预案》，对防范洪涝灾害工作进行了部署。

(6)福建省：2019 年 5 月中旬，福建省制定了《福建省台风洪涝灾害应急预案》，提出各项台风暴雨洪涝防治措施。

灾害风险识别与评估

(1)广西壮族自治区：2019 年 5 月 20 日，自治区水利厅印发了《广西壮族自治区 2019 年度水旱灾害风险管理工作方案》，明确 2019 年将继续围绕地质灾害、山洪灾害、地面塌陷等开展风险评估。5 月 25 日—6 月 5 日，组织 500 多名专业技术人员，对全区 700 多处潜在地质灾害点进行全面调查评估。6 月 3 日，自治区水利厅在官方网站公布了梧州、贺州等市的地质灾害风险评估结果。

(2)广东省：2019 年 5 月 15 日，广东省水利厅印发了《广东省水旱灾害风险管理方案》，提出加强对重点监测区、重大水利工程等的风险管控。5 月 20 日—6 月 5 日，省水利厅会同国土资源、气象等部门开展地表塌陷、滑坡等地质灾害的详细调查和风险评估工作。6 月 2—12 日，广东启动对珠海、佛山等 13 个重点城市的内涝防控能力建设进行检查，并制定了整改措施方案。

---

① 1 亩=666.67 m^2。

(3)江西省：2019 年 5 月底，江西省水利厅印发了《江西省 2019 年度水利工程水旱灾害防御工作方案》，提出继续加强对重大水旱灾害的风险监测与评估。5 月 15—25 日，江西组织对鄱阳湖、九连山水库等重要水域和水利工程开展安全隐患排查工作。

(4)湖南省：2019 年 5 月 13 日，湖南省水利厅在省政府网站发布了全省水旱灾害高风险区划结果，重点关注资源型城市常德等高风险区域。6 月 2—5 日，湖南省组织开展了洞庭湖、沅江等重要水域和水利工程的安全隐患排查工作。

(5)浙江省：2019 年 5 月 20 日，浙江省水利厅印发了《浙江省 2019 年度水旱灾害防御工作方案》，提出重点对台风、暴雨等引发的地质灾害进行监测。6 月 3—7 日，组织对全省 500 余处潜在地质灾害隐患点进行详细调查与评估。

(6)福建省：2019 年 5 月 25 日，福建省水利厅印发了《福建省 2019 年度水旱灾害防御工作方案》，要求各地开展灾害风险评估。6 月 3—8 日，对全省重点水库、重要河道及周边地质环境进行安全隐患排查。

城乡规划与工程措施

(1)广西壮族自治区：2019 年 5 月 10 日，自治区住房和城乡建设厅发布通知，对易发洪涝地区的城市规划和建设提出明确要求，如加强排水系统建设，新小区设计防涝指标等。5 月 20 日起，梧州、百色等城市加强街道排水管网的维护和疏通工作。6 月初，全区完成了 458 个易涝点的防涝排水工程建设。

(2)广东省：2019 年 5 月底，广东省住房和城乡建设厅组织开展了广州、深圳等 8 个重点城市防涝排水设施的安全检查工作。6 月初，针对检查中发现的问题，提出了整改措施，要求限期整改完毕。6 月 5 日起，各市着手对管网、河道进行全面疏浚。全省累计疏浚管线 2100 km，排水量约 130 万 m^3。

(3)江西省：2019 年 5 月 20 日，江西省住房和城乡建设厅联合水利部门，制定了《江西省城市雨洪防涝规划技术规定》，加强新区雨水管网建设管理。上半年，南昌、九江等城市新增雨水管网 74 km。6 月初，全省完成 121 个易涝点的排水改进工程。

(4)湖南省：2019 年 5 月中旬，湖南省住房和城乡建设厅要求对长沙、常德等重点城市的排水管网进行全面排查，并于 6 月初公布了管网治理方案。6 月 10 日前，长沙、邵阳等城市完成了管网疏通整治工作，全面提升城市防涝能力。

(5)浙江省：2019 年 5 月底，浙江省发布了《浙江省城镇排水与雨洪规划规定》，进一步完善城镇排水标准体系。6 月初，杭州出台雨污分流改造三年行动计划。6 月底前，全省 19 个重点城市基本完成管网排查治理。

(6)福建省：2019 年 5 月中旬，福建省住建厅印发通知，对厦门、泉州等沿海城市提出防台风、防风暴潮的排水改造要求。6 月 10 日前，这些城市已完成近岸排水口设置防潮门，全面提升防涝能力(纪忠萍 等，2021)。

防灾减灾救灾责任制

(1)广西壮族自治区：2019 年 5 月初，自治区政府印发通知，再次明确了党政主要负责人在防汛救灾工作中的第一责任人责任。各市、县、乡镇也分别签订了防汛责任书。5 月中旬起，自治区与各市(县)进行视频联网，实时监督各级防汛责任制落实。

(2)广东省：2019 年 5 月 20 日，广东省政府发布通知，对县级以上党委和政府主要领导进行防汛救灾责任制评估考核。各市(县)党政主要负责人签订防汛责任状，明确救灾任务。6

月初,广东省启动了"防汛救灾督导网络平台",实现对责任制落实的监督。

(3)江西省:2019年5月底,江西省政府办公厅印发通知,要求县级以上党政主要负责人对本地防汛救灾工作负总责。6月5日起,江西省通过"数字江西"网络平台,实时监督各地防汛救灾责任制落实。各设区(市)也建立了责任制考核机制。

(4)湖南省:2019年5月底,湖南省政府发布通告,要求各级党委政府及主要负责人要落实防汛救灾第一责任人责任。6月5日,湖南启动了"智慧防汛"云监管平台,通过省直驻点进行实地督查,确保各级党政责任制落到实处。

(5)浙江省:2019年5月中旬,浙江省向各设区(市)发出通知,要求签订防汛救灾责任书,落实责任制。6月初,在"数字浙江"平台上,浙江建立了防汛抗旱工作督查栏目,省直部门实时监督各地工作落实。

(6)福建省:2019年5月底,福建省政府办公厅印发通知,要求各级党委政府签订防汛救灾责任书。6月上旬,福建全面启动"数字福建"平台上的防汛抗旱督查功能模块,形成监督网络。

应急管理制度

(1)广西壮族自治区:2019年5月初,自治区发布了《广西壮族自治区突发事件应急预案管理办法》,进一步完善了应急管理制度体系。5月底,自治区应急管理厅制定下发了多种突发事件和灾害应急预案。

(2)广东省:2019年5月10日,广东省印发了《广东省突发公共事件总体应急预案》,对各类突发事件制定了对应应急方案。5月中旬,广东还制定了《广东省气象灾害应急预案》等专项预案。

(3)江西省:2019年5月20日,江西省发布了《江西省突发公共事件总体应急预案》修订稿,进一步健全了应急管理制度。

(4)湖南省:2019年5月中旬,湖南省发布了《湖南省突发事件应急预案管理办法》,提出建立健全应急预案体系。6月初,湖南制定了《湖南省气象灾害应急预案》等多种专项预案。

(5)浙江省:2019年5月底,浙江省应急管理厅印发了《浙江省突发公共事件总体应急预案》修订版,进一步完善应急制度。6月上旬,浙江还制定下发了多种自然灾害的专项应急预案。

(6)福建省:2019年5月中旬,福建省发布了《福建省突发事件应急管理条例》,加强应急管理法制建设。6月初,福建制定了《福建省地质灾害应急预案》等多种专项预案。

应急指挥体系

(1)广西壮族自治区:2019年5月初,自治区政府印发《广西壮族自治区突发公共事件应急指挥体系规定》,进一步健全了自治区、市、县三级应急指挥机构,明确了指挥体系运作模式。

(2)广东省:2019年5月20日,广东省政府修订印发了《广东省突发事件应急指挥体系规定》,厘清了省、市、县三级指挥机构的职责,规范了信息报告流程。

(3)江西省:2019年5月底,江西省政府修订了《江西省突发公共事件应急指挥管理体系规定》,进一步明确应急指挥机构设置及其职责,完善了指挥协调机制。

(4)湖南省:2019年5月底,湖南省政府发布了《湖南省突发事件应急指挥体系规定》,对省、市、县应急指挥机构的设置、任务和协调机制进行了规范。

(5)浙江省:2019年6月初,浙江省政府印发了《浙江省突发公共事件应急指挥体系规定》，厘清了各级指挥机构的职责，提高了应急指挥协调能力。

(6)福建省:2019 年 5 月中旬，福建省政府修订了《福建省突发公共事件应急指挥管理体系规定》，进一步健全了跨部门、跨区域的应急指挥与协调机制。

应急预案演练

(1)广西壮族自治区:2019 年 6 月上旬，在河池等历史洪灾区进行了以应对洪涝灾害为主题的综合演练。

(2)广东省:2019 年 5 月底，在惠州、茂名等历史洪灾区开展了以应对洪涝灾害为主要内容的综合救援演练。

(3)江西省:2019 年 6 月初，在赣州等多个市开展了以水旱灾害应对为主题的演练，检验了应急预案的有效性。

(4)湖南省:2019 年 6 月上旬，在长沙、岳阳等多个城市开展了以城市内涝为主题的应急救援演练。

(5)福建省:2019 年 6 月初，在厦门、泉州等沿海城市进行了台风和风暴潮的联合应急演练。

(6)浙江省:2019 年 5 月初，在金华兰溪、婺城和武义等地开展了防汛防台应急综合演练。

应急救援队伍建设

(1)广西壮族自治区:2019 年 5 月初，自治区组织开展了全区 12380 名各级防汛抗旱救援队员的培训工作，提升了救援队伍的应急响应能力。

(2)广东省:2019 年 5 月中旬，广东省在东莞、云浮等市举办了省级防汛抗旱救援队伍的演练，增强了各级救援队伍的协同作战能力。

(3)江西省:2019 年 5 月底，江西省在萍乡市召开了全省防汛抗旱救援队伍动员会议，要求各级救援队伍进入防汛救灾准备状态。

(4)湖南省:2019 年 5 月底，湖南省对全省 19000 名防汛抗旱救援队员进行了为期一周的培训，强化了救援队伍的应急能力。

(5)浙江省:2019 年 6 月初，浙江省完成了 8750 名各级救援队员的产能考核和检阅工作，提高了救援队伍的整体救援水平。

(6)福建省:2019 年 5 月中旬，福建省组织了跨区域联合救援队伍演练，提高了部队与地方救援队伍的协同能力。

应急联动机制建设

(1)广西壮族自治区:2019 年 5 月初，自治区建立了与广东、海南等省(区)的突发事件应急救援协作机制，以提高跨区域救援协作能力。

(2)广东省:2019 年 5 月中旬，广东省与江西、湖南等省签署了联防联控机制协议，进一步明确了信息通报、部队调动等细则。

(3)江西省:2019 年 5 月底，江西省组织了与安徽、湖北等省的视频会商，就防汛期间可能的救援协作进行了讨论部署。

(4)湖南省:2019 年 5 月底，湖南省与广东、广西壮族自治区等省(区)进行了防汛期视频会商，部署了可能的跨省救援行动方案。

(5)浙江省:2019 年 6 月初，浙江省与江苏、上海等省(市)建立了突发洪涝灾害救援协作机制，以提升跨区域应急响应能力。

(6)福建省:2019年5月中旬,福建省与江西、广东等省签署了防汛抗旱救灾互助协议,明确了灾情信息共享等内容。

救灾物资储备保障

(1)广西壮族自治区:2019年5月初,自治区编制了防汛物资目录,要求各市(县)根据本地实际增购补充防汛物资储备。至5月底,全区防汛物资储备量增加了约15%。

(2)广东省:2019年5月中旬,广东省组织开展了防汛物资需求调研,并制定了进一步加强救灾物资储备的工作方案。预计到6月底,全省防汛物资储备量将增加20%左右。

(3)江西省:2019年5月底,江西省下达了防汛物资储备目标,要求各市(县)根据本地人口等情况,扩充防汛救灾物资储备量,至少提高10%。

(4)湖南省:2019年5月底,湖南省组织开展了防汛物资储备情况调研,并制定了进一步扩充防汛物资储备规模的方案。要求各市(县)扩充帐篷、毛毯等救灾物资库存。

(5)浙江省:2019年6月初,浙江省下达通知,要求市、县两级扩充防汛救灾物资储备量,重点补充橡皮舟、救生衣等水上救援装备。

(6)福建省:2019年5月中旬,福建省制定方案,通过多渠道采购补充防汛救灾物资储备,要求各地储备量提高10%以上。

应急通信保障

(1)广西壮族自治区:2019年5月初,自治区组织开展了全区应急通信资源调查,并制定了应急通信保障预案。要求各地修补通信基站设施,做好应急备用电源准备。

(2)广东省:2019年5月中旬,广东省对全省通信基础设施进行了检查,并针对问题制定了改进措施方案。要求做好备用电源、备用机房等应急通信保障准备。

(3)江西省:2019年5月底,江西省启动了全省范围内的通信保障能力建设行动,要求各地通信运营企业做好网络故障演练和备灾预案。

(4)湖南省:2019年5月底,湖南省下发通知,要求电信企业制定网络服务应急预案,并定期开展通信保障演练。提升重要通信机房、传输线路的防洪防汛能力。

(5)浙江省:2019年6月初,浙江省启动了全省范围内的"明查暗访"活动,检查通信企业应急保障准备工作,并督促整改不足。

(6)福建省:2019年5月中旬,福建省制定并部署了提升基础电信网络抗风险能力的行动方案,要求各企业做好通信设施的应急维修准备。

预警响应

(1)广西壮族自治区:2019年5月初,自治区制定了多种可能发生灾害的应急响应方案,并与应急演练结合,提高应急部门的响应能力。

(2)广东省:2019年5月中旬,广东省举办应急管理训练班,加强了省级应急指挥机构和应急队伍的应急处突能力。

(3)江西省:2019年5月底,江西省开展了"拉动闸""突击检查"等应急处突体系活动,检验并提高了应急部门的反应速度。

(4)湖南省:2019年5月底,湖南省组织了"攻坚克难"应急处置突发事件(简称"应急处突")能力提升行动,强化了各级应急管理部门的应急指挥、协调和处置能力。

(5)浙江省:2019年6月初,浙江省应急管理部门开展了为期一周的应急准备与响应演练,全面检验了应急系统的反应速度。

(6)福建省:2019年5月中旬,福建省举行了跨部门、跨区域的应急处突能力大比武,增强了联动应对能力。

应急培训与宣传教育

(1)广西壮族自治区:2019年5月初,自治区举办了防汛抗旱救灾管理培训班,加强了基层干部的应急管理能力。各市(县)也通过多种形式开展了防汛知识宣传教育。

(2)广东省:2019年5月中旬,广东省组织开展了防汛期各类媒体的宣传培训,指导各地加强防汛知识宣传。各市(县)通过电视、网络等渠道加大防汛宣传力度。

(3)江西省:2019年5月底,江西省在各市(县)举办了防汛救灾义务服务培训班,拓展了防汛救灾志愿队伍。各地也采用宣传车、演讲等形式加强防汛宣传教育。

(4)湖南省:2019年5月底,湖南省组织开展了"防汛宣传月"活动,利用报纸、电视等媒体渠道加强防汛知识宣传。各地也通过手机体系加强防汛知识普及。

(5)浙江省:2019年6月初,浙江省在各设区(市)举办防汛救灾培训班,拓展了防汛救灾志愿服务队伍。各县也采用宣传车等方式加强防汛宣传。

(6)福建省:2019年5月中旬,福建省利用新媒体和班级集体等渠道,向公众尤其是青少年加强防汛知识宣传教育。

灾前应急工作部署

(1)广西壮族自治区:2019年5月初,自治区政府印发了《广西壮族自治区2019年防汛抗旱工作方案》,部署了自治区及各市(县)的防汛准备工作。

(2)广东省:2019年5月中旬,广东省政府召开防汛抗旱视频会议,安排部署了全省各项防汛准备工作。

(3)江西省:2019年5月底,江西省政府办公厅印发了《江西省2019年度防汛抗旱工作方案》,要求各地做好防汛准备。

(4)湖南省:2019年5月底,湖南省政府办公厅发布了《湖南省2019年度防汛抗旱工作方案》,部署各市(县)做好防汛准备工作。

(5)浙江省:2019年6月初,浙江省政府印发了《浙江省2019年度防汛抗旱工作方案》,要求认真贯彻执行。

(6)福建省:2019年5月中旬,福建省政府办公厅印发了《福建省2019年防汛抗旱工作方案》,对全省防汛工作作出部署。

公众科普

(1)广西壮族自治区:2019年5月初,自治区启动了"防汛科普宣传月"活动,各市县通过电视、网络等开展形式多样的防汛知识科普。

(2)广东省:2019年5月中旬,广东省举办新闻发布会,向公众介绍防汛知识,并通过新媒体平台加强防汛科普宣传。

(3)江西省:2019年5月底,江西省组织开展"防汛科普进社区"活动,通过发放宣传册等方式向居民普及防汛避险知识。

(4)湖南省:2019年5月底,湖南省举办新闻发布会,向公众介绍防汛救灾知识。各地通过电视等媒体开设防汛科普栏目,加强宣传力度。

(5)浙江省:2019年6月初,浙江省开展"防汛科普进校园"活动,向中小学生讲授防汛避险知识。各县也通过村委会等渠道加强防汛知识宣传。

(6)福建省:2019 年 5 月中旬,福建省打造“防汛抗旱”新媒体矩阵,依托各类网络媒体进行防汛知识科普。各县也采用宣传车等进行宣传(中国新闻网,2019)。

3.3.2　监测与预警

监测情况

(1)江西省:2019 年 5 月底,江西省水文中心制定汛期水情监测预案,安排对鄱阳湖、赣江等重点江河湖泊开展监测。6 月,各市(州)对本地区河流、水库等的水文监测进行全面部署。

(2)湖南省:2019 年 5 月中旬,湖南省水文中心制定了汛期水文监测维护方案,对全省主要河流、中小河流、水库的监测设备进行维护保养。6 月 1 日起,正式进入 24 h 汛期水文监测状态。

(3)福建省:2019 年 5 月下旬,福建省水文中心制定汛期水情监测方案,安排对主要流域河流实施重点监测,并增设临时监测断面。6 月第 3 周,全面进入汛期水文监测工作状态。

(4)浙江省:2019 年 5 月底,浙江省水文中心部署了汛期水情监测站点人员配置方案,安排对钱塘江、甬江等重点河流开展监测。

(5)广西壮族自治区:2019 年 5 月 20 日,自治区水文中心制定汛期水文监测方案,安排 250 多个监测站点进行每日观测,重点监测西江等主要河流。6 月 1 日起,各监测站正式启动汛期监测工作。

(6)广东省:2019 年 5 月中旬,广东省水利厅启动全省防汛资料统计工作,要求各地统计本地区河道、水库及防洪工程的相关技术资料。6 月初,全省防汛资料统计工作基本完成。

统计情况

(1)广西壮族自治区:2019 年 5 月初,自治区水利厅印发通知要求各市县开展防汛资源统计工作,对辖区内的河流、水库、防洪设施等进行全面调查,收集相关技术资料。各市(县)组织力量对本地防汛资源进行详细调查统计。5 月底,全区完成汇总上报详细的防汛资源统计成果。

(2)广东省:2019 年 5 月中旬,广东省水利厅启动全省防汛资料统计工作,要求各市(县)对本地区的河道、水库及防洪工程进行全面调研统计。各地组织对本地防汛资源进行全面的调查和收集。6 月初,全省防汛资料统计工作基本完成。

(3)江西省:2019 年 5 月底,江西省水利厅部署开展全省防汛资源详查统计工作,要求各市(县)对本地区河流、水库、防洪设施等开展全面统计。各地对本地防汛资源进行详细调查统计。6 月中旬,全省防汛资源统计工作完成(程雪蓉,2020)。

(4)浙江省:2019 年 5 月第三周,浙江省水利厅部署开展全省防汛资源详查工作,要求各市(县)对本地区水文水资源信息进行调研统计。各地组织对本地防汛资源进行全面调查。6 月中旬,全省防汛资源统计工作完成。

(5)福建省:2019 年 5 月下旬,福建省水利厅启动防汛资源统计工作,要求各地对本地河流、水库、防洪设施等进行全面调查统计。各地对本地防汛资源进行详细统计。6 月第 3 周,全省防汛资料统计工作基本完成。

(6)湖南省:2019 年 5 月中旬,湖南省水利厅部署全省防汛资源统计工作,要求各市(县)调查本地区水文水资源信息。各地进行本地防汛资源详细统计。6 月上旬,全省防汛资源统计工作完成。

分析评估情况

(1)广西壮族自治区:2019 年 6 月 5—12 日,自治区水利厅组织对全区洪涝灾害风险开展评估，重点分析洪涝多发区域如南宁、柳州等城市的历史灾害发生规律，确定易涝重点区段，并研究提出管控措施。

(2)广东省：2019 年 6 月 2—15 日，广东省水利厅完成了全省暴雨洪涝灾害风险评估工作，选取历年洪涝灾害次数最多的地级市作为重点关注对象，提出珠江三角洲等区域的洪涝风险防控对策。

(3)江西省：2019 年 6 月 8—25 日，江西省水利厅组织开展洪涝灾害风险评估，重点分析鄱阳湖、赣江流域的历史洪涝重点隐患区，研究提出管控措施建议。

(4)浙江省：2019 年 6 月 2—12 日，浙江省水利厅完成全省暴雨洪涝灾害风险评估，确定台州、嘉兴等历史易涝城市的重点关注区段。

(5)福建省：2019 年 6 月 1—15 日，福建省水利厅开展洪涝灾害风险评估工作，选取厦门、泉州等沿海城市的易涝点进行重点分析，并提出防控措施。

(6)湖南省：2019 年 6 月 5—18 日，湖南省水利厅组织全省洪涝灾害风险评估工作，重点对长沙、岳阳等历史上受灾严重城市的重点管控区段进行评估分析。

灾害预警情况

(1)广西壮族自治区：2019 年 6 月 7—15 日，广西壮族自治区气象局连续发布多次暴雨蓝色预警，并于 6 月 12 日上调为暴雨黄色预警信号，提示可能出现大暴雨，防汛抗旱部门据此提前启动防御响应。

(2)广东省：2019 年 6 月 5 日起，广东省气象局发布多次暴雨蓝色预警，并在 6 月 8 日对珠江三角洲等地发布暴雨黄色预警信号，提示未来 3 天可能出现较大范围强降雨天气，要求防汛部门预先做好准备工作。

(3)江西省：2019 年 6 月 3 日开始，江西省气象部门发布多次暴雨蓝色预警，对赣南等地提出可能出现中到大雨的预警，要求各地防汛部门密切关注雨情，做好应对准备。

(4)浙江省：2019 年 6 月 6 日起，浙江省气象局发布多次暴雨蓝色预警，并在 6 月 9 日针对台州等地发布暴雨黄色预警，提示未来两天将有大范围强降雨过程。

(5)福建省：2019 年 6 月 4 日开始，福建省气象部门连续发布多次暴雨蓝色预警，并在 6 月 7 日对东南沿海地区发布暴雨黄色预警，要求加强重点地区防御。

(6)湖南省：2019 年 6 月 2 日起，湖南省气象部门发布多次暴雨蓝色预警，并在 6 月 6 日提升长沙等地为暴雨黄色预警，要求防汛部门全面准备应对和防范。

信息发布情况

(1)广西壮族自治区：2019 年 6 月 1 日起，广西壮族自治区水利厅通过官方网站、微信公众号等渠道，发布汛期水情通报，实时更新最新水文信息，并于 6 月 8 日起，每日发布两次重点河流水势信息，向社会公布水情动态。

(2)广东省：2019 年 6 月 2 日，广东省水利厅在政务新媒体平台上开设“广东省防汛抗旱”专栏，发布汛期水文信息。6 月 6 日起，新增了水库、重要控制性水文站等的实时水情发布功能，全面提供实时水文数据。

(3)江西省：2019 年 6 月 1 日，江西省水利厅启用全新的水旱灾害防御信息发布平台，可以发布实时的水文、灾情等信息。6 月 5 日起，全省实施重大水情及时上报制度，确保重要水情能第一时间发布。

(4)浙江省：2019 年 6 月 3 日，浙江省水利厅对外发布智慧服务平台，可以查询实时重要河流水位过程线和水库蓄水位。6月8日起,新增了实时雨情发布功能。

(5)福建省:2019年6月2日,福建省水利厅启用全新信息发布平台,新增水库蓄水位和重要控制性站点的实时水文数据发布功能。6月6日起,新增重要河流雨情的实时发布。

(6)湖南省:2019年6月4日,湖南省水利厅新增水旱灾害信息发布微信小程序,提供水库蓄水位等实时数据查询。6月8日起,增加了重要河流雨情和水位的实时发布功能。

科技信息化情况

(1)广西壮族自治区:2019年6月1—10日,广西壮族自治区水文中心启动第二代水资源综合遥感监测管理平台,新建高清视频监控点60个,实现对重要河道的全天候监测。6月3日,新版水旱灾害风险评估和预警系统正式上线运行。

(2)广东省:2019年6月5—12日,广东省水文中心在汕头、湛江等地新增遥感水情监测站10个,使用无人机、卫星遥感等技术提升监测能力。6月8日,广东启用智慧水利服务平台,实现水情信息自动采集和智能处理。

(3)江西省:2019年6月1—15日,江西省水利厅新增水旱灾害风险智能评估子系统,实现风险分级预警。6月10日,新版水情监测系统启动运行,自动获取和处理水文数据。

(4)浙江省:2019年6月2—10日,浙江省水文中心建设智慧水务系统,将水库、水文站点纳入智能化监管。6月5日,启动河道水环境综合监测系统,实现流域水环境监测全覆盖。

(5)福建省:2019年6月3—12日,福建省启用水旱灾害精细化监测预警系统,优化水情模拟预报。6月8日,智慧水利服务平台投入运行,实现智能化水情监测。

(6)湖南省:2019年6月2—15日,湖南省水利厅建设智慧水利服务平台,实现水情信息自动采集。6月7日,完成水旱灾害评估预警系统升级,提高预警能力。

3.3.3 应急处置与救援

信息报告

2019年6月中旬,各省(区)成立了防汛指挥机构,建立了重大灾情直报制度,以实时掌握洪涝灾害信息。如江西省于6月9日成立了省防汛指挥部,实现市(县)直接向省级汇报灾情;广东省于6月7日建立重大灾情直报制度,直接报省政府;浙江省于6月6日实施市(县)向省直报重大灾情机制。各省还普遍实施24小时值班和最高领导人带班制度,以随时掌握第一手信息。信息报告保证了各级指挥部对灾情的实时监控与掌握。

应急响应与指挥

2019年6月上旬,各省(区)政府启动了防汛一级响应,成立了省级抗洪指挥部,统筹调度全省的防汛救灾力量。省级指挥部加强对市县的指导协调,指导各地制定防御方案,确保防范资源到位。如广西壮族自治区于6月10日启动了一级防汛应急响应;江西省于6月5日启用了数字化指挥系统;浙江省于6月12日建立了省、市、县三级联动的应急指挥机制。应急指挥体系的运作保障了各地防汛力量的集中调度使用。

应急联动

2019年6月上旬,各省(区)政府启动了防汛一级响应,成立了省级抗洪指挥部,统筹调度全省的防汛救灾力量。省级指挥部加强对市(县)的指导协调,指导各地制定防御方案,确保防范资源到位。如广西壮族自治区于6月10日启动了一级防汛应急响应;江西省于6月5日启用了数字化指挥系统;浙江省于6月12日建立了省、市、县三级联动的应急指挥机制。应急指挥体系的运作保障了各地防汛力量的集中调度使用。

应急避险

2019 年 6 月上中旬，各省（区）组织抢险救援队伍深入一线开展救援。广西、广东、江西等省（区）调派数万名武警、消防及其他救援队伍参与抢险。救援队伍携带艇、排、抽水等设备，对受困人员进行搜救，对居民区、企业等实施排涝。各地还组建了临时抢险队伍，发挥基层救援力量。抢险救援队伍的勇毅付出和协同作战，挽救了数万人员。

抢险救援

2019 年 6 月洪涝期间，各省（区）采取措施，对灾区群众进行转移安置，保障灾民的生命财产安全。如广西累计转移安置约 12 万人，广东转移安置约 5 万人。各地按计划有序进行转移工作，并统筹调配救灾物资，向灾区提供棉被、食品、饮用水等生活救助，做到转移安置和救助资源及时到位。各级党政领导干部深入一线指导安置救助工作。

转移安置与救助

2019 年 6 月中旬各省（区）灾后安置情况如下：在受灾严重的地区，政府和相关部门设置了多个临时安置点，为无家可归的灾民提供临时住宿、生活保障和基本服务。这些安置点通常包括帐篷、简易房屋以及一些配套设施，如卫生间和供水系统。安置点的生活条件因地而异，部分地区安置点设施相对简陋，但政府和救援机构尽力提供基本生活保障。为了防止传染病的传播，安置点加强了卫生管理，设立了临时医疗点，确保受灾群众的健康。对受灾群众进行心理疏导和支持，帮助他们应对灾后心理创伤。针对安置点中的儿童，提供了教育和照顾服务，确保他们的正常学习和生活。

资金物资及装备调拨

2019 年 6 月中旬，各省（区）启动了抗洪资金及救灾物资的调拨使用，支持灾区救援工作。如广西壮族自治区安排了 10 亿元防汛抗旱资金，调配救灾帐篷 1 万顶；江西省调拨资金 5 亿元，调配救灾物资 1.2 万件。各地还统筹调配抽水机、发电机等救援装备，保障灾区的救援力量需求。资金物资的及时供给保证了抢险救援和转移安置工作的顺利开展。

通信保障

2019 年 6 月中旬，各省（区）采取措施保障灾区的通信联系。如广东省通信运营企业开通了宽带修复通道，保障了基础通信；福建省调配了无线信号等移动基站，快速恢复通信网络；湖南省对灾区进行了卫星通信车调度，加强回传保障。各地还组建了通信保障队伍，开展基站抢修和用户宽带恢复。通过技术保障和组织保障，最大程度满足了灾区通信需求。

交通保障

2019 年 6 月洪涝期间，各省（区）采取措施全力保障交通，服务抢险救援。如广东省、广西壮族自治区省级交通部门迅速组建了交通保障队伍，实施交通路况快速处置；江西省公路部门对受损道路实施 24 小时维修，确保交通畅通；浙江省组织船舶实现对受阻地区的运输支援。各地还加强重要桥梁和道路的巡查防范，最大限度保证交通安全和畅通。

基本生活保障

2019 年 6 月洪涝期间，各地采取措施保障灾区群众的基本生活。如广西壮族自治区协调蔬菜等生活物资供给，保证了灾区市场供应；福建省对受灾区域进行了停电报停等专项服务，保障了电力供应；湖南省对重灾区供水设施进行抢修，基本满足了饮水需求。各地还组织开展疏通阻塞道路、清理垃圾等工作，保障了灾区的基本生活秩序。

医疗救治

2019 年 6 月洪涝期间，各省(区)采取措施做好灾区医疗救治服务保障工作。如广东省向灾区增派了流动医疗队伍，开展巡回救治；江西省采取了运送伤病员的绿色通道，保障救治；浙江省灾区各医院医护人员坚守岗位，及时救治受伤人员。各地坚持不间断进行疫情监测，保障了灾区的卫生健康。

次生衍生灾害处置

2019 年 6 月洪涝期间，各省(区)密切关注次生地质灾害情况，及时组织处置，防范扩大。如广西壮族自治区抽调专业力量，对关键位置的泥石流和滑坡实施监测预警；广东省组建了地质灾害抢险队伍，逐一处置隐患点；江西省采取爆破等方式，实施重点山体和泥石流隐患点的处置。各地还加大近山河道、水库等巡查力度，及时发现和处置次生灾害隐患。

社会动员情况

2019 年 6 月洪涝期间，各省(区)通过党政机关、企事业单位、社会组织等开展防汛动员，广泛凝聚社会力量参与防汛工作。如广东省迅速发动社会组织参与救灾；福建省广泛动员企业力量投入防汛救灾；湖南省通过村社区积极动员居民自愿参与防洪巡查。社会各方面在防汛抗旱中展现出团结互助的正能量。

降低亡人的显著举措

2019 年 6 月洪涝期间，各省(区)努力把人员伤亡降至最低。如广西壮族自治区采用无人机等对重点区域实施巡查，及时发现险情；广东省建立上门救助机制，对残疾等特殊人群进行防护救助；江西省通过短信、广播等方式发布险情提醒，警示边沿涝区人员。各地还组建水上巡查队伍，对江河湖泊等重点区域进行巡查，最大限度减少人员伤亡(中国新闻网，2019)。

3.4　南方六省(区)洪涝灾害经验教训与建议

通过分析此次南方暴雨洪涝灾害应对情况，可以看出各级防指和相关部门都对强降雨过程防范工作高度重视。国家防总副总指挥、水利部部长于 2019 年 6 月 6 日提前会商部署，7 日再次主持会商，安排部署暴雨洪水重点区域重点防御工作，要求加强预测预报，做好水库汛限水位监管、山洪灾害防御和中小河流洪水防范等工作，水利部启动Ⅳ级应急响应，并派出 4 个工作组赴福建、江西、广东、广西指导防御工作。国家防总秘书长、水利部副部长兼应急部副部长 8 日主持会商，进一步安排相关工作。水利部先后 2 次发出通知，有针对性部署防御工作。水利部长江委、珠江委加强会商研判，会同有关地方科学调度水工程，分别启动防汛Ⅳ级应急响应(中新网，2019)。

各地认真落实水利部安排部署，积极有序开展各项防御工作。江西省委书记致电省水利厅安排部署强降雨防御工作，省长在省政府值班室协调调度各有关部门。江西省水利厅调度万安、峡江、廖坊等大型水库提前预泄，共腾出库容 2.58 亿 m^3，做好迎战洪水准备；调度洪门、江口、大塅等大中型水库有效拦洪，削峰率分别为 81%、42%、33%，充分发挥了水工程拦洪、削峰、错峰作用，同时启动防汛Ⅳ级应急响应，派出两个工作组指导强降雨防范工作，发布 17 次洪水预警、预警短信 4.3 万条。福建省委书记、省长就做好强降雨防御工作作出批示，副省长主持召开视频会，安排部署防御工作，启动防暴雨Ⅳ级应急响应。湖南省委副书记、副省长分别作出批示，要求全力做好防范应对工作；副省长致电省水利厅了解雨水工情及防御工作情况，安排部署强降雨防范工作，启动防汛Ⅳ级应急响应。广西壮族自治区水利厅多次发出通知，安排部署强降雨防范工作，要求采取有效措施降低水库水电站水位，按规定腾出防洪库容，启动洪水防御Ⅳ级应急响应，派出工作组督促指导防御工作（中国新闻网，2019）。

同时也应该认识到，在面对此类重大自然灾害时，我国防灾救灾工作仍然存在一定短板。

一是宣传力度不够，群众安全意识不强，无法很好地做到事前预防。由于现在通信技术的发展和卫星监测面的全覆盖，在每次暴雨来临前相关安全部门都会提前下发通知至镇、村、组，在此次暴雨来临前就发布了 17 次洪水预警和预警短信 4.3 万条，但是由于在家群众大多是老年人为主，文化水平有限，安全意识不足，导致他们对一些提前的安全通知不以为然，又或者一些干部不认真履职尽责，没有第一时间将通知宣传到位，使得广大农村群众没有提前做好避灾准备，故而灾难来临时遭受财产损失。

二是应急队伍专业性不够，抢险能力不足，无法很好地做到事中处理。"上面千条线，下面一根针"，基层干部往往都是身兼多职，所以大部分地区组建的应急抢险队伍都是村干和基层干部组成，尽管平时也会组织一些应急演练，但最终水平有限，在洪涝灾害来临时还是无法做到快速反应和有效救援。

三是防灾救灾资金投入不足，应急物资短缺，无法很好地做到事后处理。近年来，国家愈发重视安全生产工作的重要性，每年都会投入大量资金充实地方防灾救灾工作，但是层层分拨之后到基层也所剩无几，当洪涝灾害处理过后，如何保障好受灾群众的基本生活和灾后重建才是重点，但由于物质的短缺，无法平衡生活与发展两者关系，从而降低群众的满意度和幸福感。

结合以上分析，提出南方六省（区）洪涝灾害措施建议如下。

（1）加强宣传和教育

制定针对不同群体的宣传计划，包括学生、居民、企事业单位等。确保宣传覆盖面广，内容丰富，形式多样。利用多种媒体渠道进行信息传播，如电视、广播、报纸、互联网、社交媒体等。同时，也要充分利用社区、学校、企事业单位等场所进行现场宣传。开展洪水防灾知识的普及活动，包括洪水的成因、特征、预警信号、避险措施等。通过讲座、培训、宣传册等方式向公众传达相关知识。定期组织洪水应急演习和模拟演练，让公众了解应急响应程序和自救互救技能，提高应对洪水的能力。

制作和发放宣传材料，如海报、小册子、手册等，内容简明扼要，易于理解。可以配合图文并茂的方式增加吸引力。利用手机 APP、微信公众号等新媒体平台，推送洪水预警信息、防护指南等重要信息和提示。还可以开发洪水防护虚拟现实（VR）教育应用，提供互动体验和真实感受。与学校、社区组织、非政府组织、媒体等合作，共同开展洪水宣传和教育活动。形成多方合力，强化宣传效果和影响力。通过宣传教育，引导公众认识到洪水灾害的严重性和频发性，并培养他们主动关注、关心和参与洪水防治的意识。

（2）加强应急救援队伍实战演训，强化队伍整体应战能力

基层应急管理干部队伍要树立居安思危的忧患意识，要坚持超前防范、闻警即动方针，不定期携同政府专职消防员联合开展应急救援实战演训，提升队伍应对能力向专业化、科学化转移重心，强化队伍整体应战能力。同时，乡镇一级应急管理站每月也要指导好村（居）一级农村义务消防队伍开展实战化演练，按时调度演练工作，为基层应急管理抗洪救灾、抢险救援作战提供强有力支撑，圆满完成各项应急任务。

（3）提高防灾救灾资金投入

政府可以通过增加预算或调动其他资源，提高防灾救灾资金的投入。这包括投入更多的

资金用于建设防洪设施、改善警报和监测系统、培训救援人员等。与私营部门、非政府组织和社区合作，以增加救灾资源的供应。这包括与企业合作提供物资、技术支持和志愿者，同时鼓励社区参与防灾工作。与国际组织和其他国家进行合作，寻求援助和支持。国际援助和合作可以提供紧急救援物资、技术支持、专业培训和经验分享等。

加强公众的防灾意识，推广相关知识和技能，并鼓励居民参与社区防灾工作。这有助于提高整体的防灾能力和减少灾害损失。更重要的是，政府需要将防灾救灾视为长期投资，优先考虑预防和减灾措施，而不仅仅是事后处理。通过综合且持续的努力，可以有效地应对自然灾害，并减小其对社会和经济的影响。

第4章　长江淮河流域特大暴雨洪涝灾害

4.1　基本情况概述

4.1.1　地理位置

长江流域是我国水资源配置的战略水源地。长江流域水资源相对丰富，多年平均水资源量9959亿 m^3，约占全国的36%，居全国各大江河之首，单位国土面积水资源量为59.5万 m^3/km^2，约为全国平均值的2倍。每年长江供水量超过2000亿 m^3，支撑流域经济社会供水安全。通过南水北调、引汉济渭、引江济淮、滇中引水等工程建设，惠泽流域外广大地区，保障供水安全。2017年长江流域净调出水量达92.14亿 m^3。长江流域是实施能源战略的主要基地。长江流域是我国水能资源最为富集的地区，水力资源理论蕴藏量达30.05万MW，年电量2.67万亿kW·h，约占全国的40%；技术可开发装机容量28.1万MW，年发电量1.30万亿kW·h，分别占全国的47%和48%，是我国水电开发的主要基地。流域内风能、太阳能、生物能、地热能等十分丰富，是我国新能源发展的重点地区。长江是联系东中西部的"黄金水道"。长江水系航运资源丰富，3600多条通航河流的总计通航里程超过7.1万km，占全国内河通航总里程的56%；通航能力大，2017年完成客运量1.84亿人次，占全国水路客运量的65.0%，完成货运量47.14亿t，占全国水路货运量的70.6%。长江流域是我国重要的粮食生产基地。耕地面积为4.62亿亩，粮食产量1.63t，占全国粮食产量的32.5%。长江流域矿产资源丰富。储量占全国比重50%以上的约有30种，其中钒、钛、汞、铷、铯、磷、芒硝、硅石等矿产储量占全国的80%以上，铜、钨、锑、铋、锰、铊等矿产储量占全国的50%以上，铁、铝、硫、金、银等矿产储量占全国的30%以上。

淮河流域地处我国东中部，面积为27万 km^2。西起桐柏山、伏牛山，东临黄海，南以大别山、江淮丘陵、通扬运河和如泰运河与长江流域接壤，北以黄河南堤和沂蒙山脉与黄河流域毗邻。流域内以废黄河为界分为淮河和沂沭泗河两大水系，面积分别为19万 km^2 和8万 km^2。淮河发源于河南省桐柏山，自西向东流经河南、湖北、安徽、江苏4省，主流在江苏扬州三江营入长江，全长约1000 km，总落差200 m。淮河下游主要有入江水道、入海水道、苏北灌溉总渠、分淮入沂水道和废黄河等出路。淮河上游河道比降大，中下游比降小，干流两侧多为湖泊、洼地，支流众多，整个水系呈扇形羽状不对称分布。沂沭泗河水系位于流域东北部，由沂河、沭河、泗运河组成，均发源于沂蒙山区，主要流经山东、江苏两省，经新沭河、新沂河东流入海。两大水系间有京杭运河、分淮入沂水道和徐洪河沟通。淮河流域西部、南部和东北部为山丘区，面积约占流域总面积的1/3，其余为平原(含湖泊和洼地)，是黄淮海平原的重要组成部分。淮河流域地处我国南北气候过渡带，北部属于暖温带半湿润季风气候区，南部属于亚热带湿润季风气候区。流域内天气系统复杂多变，降水量年际变化大，年内分布极不均匀。流域多年平均降水量为 878 mm(1956—2016 年系列,下同),北部沿黄地区为 600～700 mm,南部山区可达 1400～1500 mm。汛期(6—9 月)降水量占年降水量的 50%～75%。流域多年平均水资源总量为 812 亿 m^3,其中地表水资源量为 606 亿 m^3,占水资源总量的 75%。淮河流域人口密集,土地肥沃,资源丰富,交通便利,是长江经济带、长三角一体化、中原经济区的覆盖区域,也是大运河文化带主要集聚地区,在我国社会经济发展大局中具有十分重要的地位。流域跨河南、湖北、安徽、江苏、山东 5 省(由于湖北省的淮河流域面积仅 1410 km^2,通常说淮河流域地跨豫、皖、苏、鲁 4 省)40 个地级市,237 个县(市、区),2018 年常住人口约 1.64 亿(户籍人口约 1.91 亿),约占全国总人口的 11.8%,城镇化率为 54.2%,流域平均人口密度为 607 人/km^2,是全国平均人口密度的 4.2 倍。2018 年国内生产总值 8.36 万亿元。流域耕地面积约2.21 亿亩,约占全国耕地面积 11%,粮食产量约占全国总产量的 1/6,提供的商品粮约占全国的 1/4。流域内矿产资源丰富,其中煤炭探明储量 700 亿 t,两淮煤电基地通过"皖电东送"工程每年可外送上海等地超 500 亿度电量,是华东地区主要的煤电基地。

4.1.2　历史灾害情况

长江是中国的第一大河。长江流域人口众多,是我国经济最发达地区之一,也是我国的主要粮食产区。但是长江水患一直是影响长江流域发展的一大危害。古往今来,长江流域发生过多次大洪水(中国天气,2019)。

仅 1931—1949 年的 19 a 中,荆江地区被淹 5 次,汉江中下游被淹 11 次,当时有"沙湖沔阳洲,十年九不收"的歌谣。1935 年长江流域再次发生特大区域性洪灾(图 4-1)(王俊 等,2021)。湖北、湖南、江西、安徽、江苏、浙江六省均受灾,湖北、湖南灾情最重。江汉平原 53 个县(市)受灾,受淹农田 2264 万亩,受灾人口 1003 万人,死亡 14.2 万人,损毁房屋 40.6 万间。汉江流域自光化、谷城、襄阳、宜城以下沿江一带尽成泽国,曾有一夜淹死 8 万人的悲惨记载。

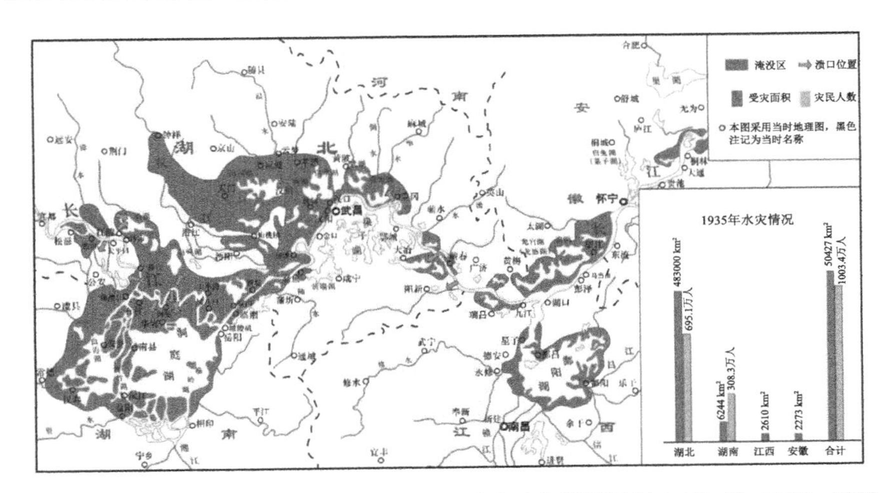

图 4-1　1935 年长江流域洪水淹没范围(根据长江水利委员会供图绘制(王俊 等,2021),制图:田逸哲)

1998 年,长江发生特大洪水,洪水量级大,洪峰流量大,出现了全流域超历史高水位的严重局面(图 4-2)。洪峰连续出现,前水未消,后水已至,水位两个多月居高不下,长江中下游及洞庭湖、鄱阳湖水系普遍洪水泛滥。与 1954 年相比,防洪基础设施已全面改观,水文、气象、预报等技术手段也有了质的飞跃。加之千万军民众志成城坚守大堤,避免了分洪。只是由于缺

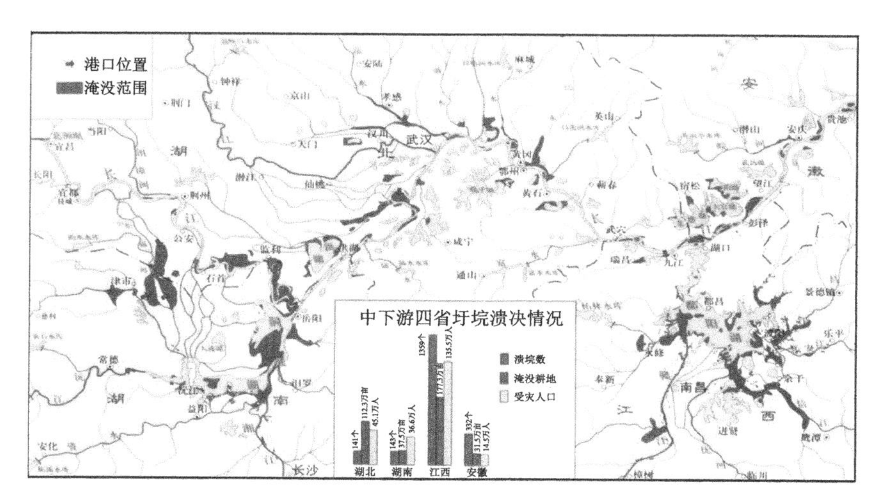

图 4-2　1988 年长江流域洪水淹没范围(王俊 等,2021)

乏控制性骨干工程,仍然只是采取严防死守的方式,损失仍是不小。据不完全统计,1998 年洪水受灾人口超过 1 亿人,受灾农作物 1000 多万公顷,死亡 1500 多人,倒塌房屋 430 多万间,经济损失 1500 多亿元。

淮河流域地处我国南北气候过渡地带,气候变化复杂,降雨时空分布不均。流域内众多支流多为扇形网状水系结构,洪水集流迅速。古淮河曾经是山丘区植被良好,平原区沟洫体系完整,排水通畅的独流入海河道。12 世纪以前,流域洪涝灾害记载较少。但随着人类历史经济活动的发展,自然地理的变化,改变了自然生态平衡,河系历经变迁,洪涝灾害不断发生。黄河夺淮初期的 12 世纪、13 世纪,平均每百年发生水灾 35 次;14 世纪、15 世纪每百年水灾 75 次;16 世纪至中华人民共和国初期的 450 a 里每百年平均发生水灾 94 次。洪涝灾害越来越严重。特别是中华人民共和国成立前的 50 a 中,流域洪涝灾害更为严重。新中国成立后的 1950 年、1954 年、1957 年、1975 年等年份发生较大洪涝灾害,10 a 左右发生一次。历史时期令人瞩目的有 1593 年流域性大洪水、1730 年沂沭泗大洪水。20 世纪以来,有 1921 年、1931 年(图 4-3)、1954 年、1991 年流域性大洪水和 1968 年淮河干流上游、1969 年淮南史淠河、1957 年沂沭泗、1975 年洪汝河、沙颍河大洪水等灾害(吴坤,2021)。

1954 年淮河发生了流域性特大洪水(图 4-4)(吴坤,2021)。当年夏季开始较迟,西风环流北退的时间推迟一个月。江淮流域梅雨季节长。西太平洋副热带高压边缘位于沿江地区脊线在 22°N 附近,东南季风势力弱,而来自印度洋和我国南海的暖湿气流却很强盛,淮河流域上空水汽含量丰沛,且大气层结构又极不稳定易引起大暴雨的不断产生。由于两股冷暖空气交锋相持于淮河流域,得以在该地长时间地维持阴雨天气。5 月下旬连续降雨 30 d,降雨范围广、持续时间长、降雨量大,雨量中心降水量达 1259.6 mm,1954 年雨期比往年提前 1 个月,6 月、7 月暴雨达 9 次之多,6 月 4 日开始淮河流域普降暴雨,暴雨笼罩范围:1000 mm 等雨量线为 1600 km^2;800 mm 等雨线为 1.65 万 km^2;700 mm 等雨线为 6.65 万 km^2;600 mm 等雨量线为 7.96 万 km^2。郑阳关、蚌埠、洪泽湖 30 d 洪量分别达 327 亿 m^3、397 亿 m^3、493 亿 m^3。其中洪泽湖超平均值 3 倍,雨期早、雨量大、时间长。江、淮齐涨、洪涝并发。淮河流域 7 月雨量最大,一般都在 600～800 mm,造成了淮河流域发生特大洪水。全流域成灾面积 6465 万

图 4-3 1931 年淮河流域水灾范围

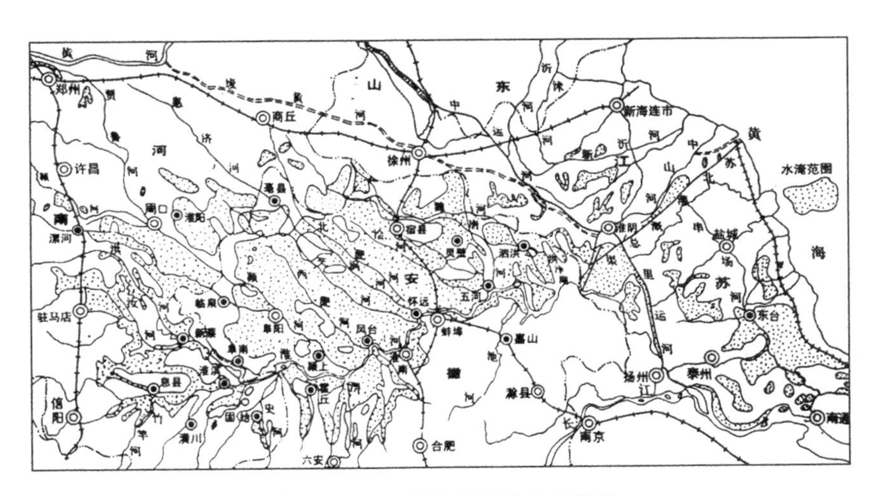
图 4-4 1954 年淮河流域水灾范围

亩，安徽省成灾面积 3030 万亩，死亡 1098 人。盱眙县由于淮河上游堤防漫决，洪水漫溢，淮河上中游洪水压境，加之本县又降暴雨，盱眙 7 月 6 日 12 时 50 分，时降暴雨 88.7 mm，7 月月降雨量达 441.7 mm。7 月 16 日盱眙又遭台风暴雨，7 月、8 月两月 40 d 降雨 589.3 mm。河湖水位猛涨。8 月 15 日盱眙淮河最高洪水位达 15.75 m(正常水位为 12.5 m)，持续 2 月不下。8 月 16 日蒋坝最高洪水位 15.22 m。7 月洪泽湖以上降雨总量为 788 亿 m^3，淮河流域 6—8 月产生的洪水总量达 993 亿 m^3，超过 1931 年洪水总量 36 亿 m^3。7 月 18 日进入洪泽湖最大入湖流量 15800 m^3/s，而入江水道超标泄洪 10700 m^3/s，超过设计标准 2700 m^3/s。高良涧闸泄洪量为 800 m^3/s，淮河入湖总水量 610.8 亿 m^3，出湖水量 608.7 亿 m^3，洪泽湖滨湖地区 200 万亩土地滞洪被淹，盱城顺河街、土街、乱石堆，近圣街(现叫桂五街)、金桥街、古大街、六合同春、兴隆街被淹，船行街巷。全县普受洪灾，盱眙受淹农田 20 多万亩，受灾 4 万多人，淹死 5 人伤 8 人，损坏民房 3600 多间(吴坤，2021)。

长江流域发生的洪涝灾害主要集中在湖北省、江西省、安徽省等地。据报道，2020 年 7 月初—7 月底，湖北省遭受了特大洪水袭击，受灾面积达到了 40 万 km²，涉及近 2000 万人。长江干流水位创下了历史最高纪录，湖北省境内的汉江、江汉平原、江陵等地区遭受严重水患，大量的房屋和农田被淹没。江西省的赣江流域也受到了洪涝灾害影响(图 4-5)，截至 7 月 31 日，全省共有 32 个县(市)受灾，受灾人口达到了 130 万人。安徽省淮河流域也受到了严重的洪涝灾害影响，尤其是淮南市和蚌埠市等地受灾最为严重，许多村庄和农田被淹没，大量的房屋损毁。为了应对灾情，中国政府采取了多种措施，包括派遣救援队伍、转移灾民等。

图 4-5 鄱阳湖东西两岸决口(寇勇，2020)

淮河流域在 2020 年 7 月也遭受了多起自然灾害。安徽省淮北地区受到了严重的旱灾影响，截至 7 月底，全市 6 个县(市)超过 80%的农田出现了不同程度的干旱，受灾面积达到了约 3700 km²，农作物受灾面积超过 20 万亩。此外，河南省、山东省和江苏省的淮河流域地区也遭受了山洪暴发、洪涝灾害等多种自然灾害。为了应对灾情，当地政府采取了多种应对措施，包括紧急转移群众、加强防汛抢险等。

4.2 长江淮河流域特大暴雨洪涝灾害调查分析

4.2.1 灾害物理过程

2020 年 7 月初，受台风和南岭低压带影响，长江、淮河流域内多地遭遇强降雨。例如，7 月 4—5 日，湖北省江汉平原地区出现了超大暴雨，其中黄石市黄石港区 24 h 降雨量达到了 406.6 mm。长江、淮河流域内出现了多次强降雨，其中包括 7 月 11—13 日的暴雨过程。在这次暴雨过程中，湖北、安徽、江苏等地出现了大面积的暴雨，多地降雨量超过了 200 mm，局部地区超过了 300 mm。强降雨导致水系水位急剧上涨，使得洪水泛滥，给沿岸城市带来了严重损失。由于强降雨的影响，流域内的河流、湖泊、水库等水系的水位都急剧上涨。其中，汉江、长江、淮河等河流水位超过历史同期最高水位，水库的水位也超过了正常蓄水位(图 4-6)。水位上涨严重影响了河流两岸的低洼地区和沿岸城市的安全。

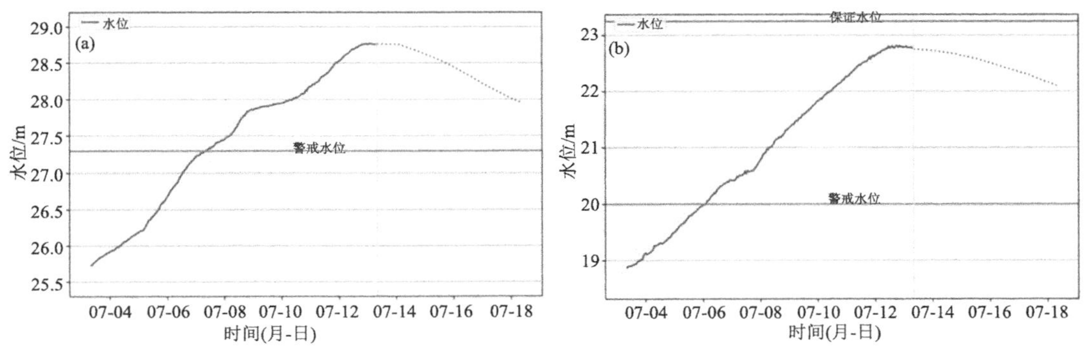

图 4-6　汉口(a)与九江(b)水位过程图(长江水文情报预报中心,2020)

7 月 4 日以来,长江中下游、太湖流域出现强降雨过程,长江中下游累积面雨量 125 mm,太湖流域累积面雨量 131 mm[图 4-7(彩)]。受降雨及上游来水影响,长江中下游干流及两湖水位持续上涨,长江干流监利及以下江段、洞庭湖、鄱阳湖[图 4-8(彩)](中央气象台,2020a),四川大渡河支流小金川,重庆乌江、綦江,贵州赤水河,湖南沅江、澧水,湖北富水、洋澜湖,江西修水、抚河、信江、昌江、乐安河,安徽青弋江、水阳江、巢湖,江苏秦淮河,浙江新安江,福建闽江,广西夫夷水等省(区、市)130 条河流发生超警以上洪水,其中重庆乌江支流诸佛江、湖北富水、安徽皖河、浙江钱塘江等 22 条河流超保,江西昌江、安徽水阳江等 6 条河流超历史。长江中下游干流监利至大通江段及洞庭湖、鄱阳湖水位超警 0.45～2.15 m。太湖及周边河网区水位全面超警,一度有 40 多站超保,东苕溪全线超保;浙江钱塘江发生超保洪水,新安江水库出现建库以来最大入库;福建闽江上游富屯溪发生超保洪水。太湖水位超警 0.62 m,周边有 51 站水位超警 0.04～1.19 m,其中 10 站超保 0.04～0.38 m(水利部网站,2020)。

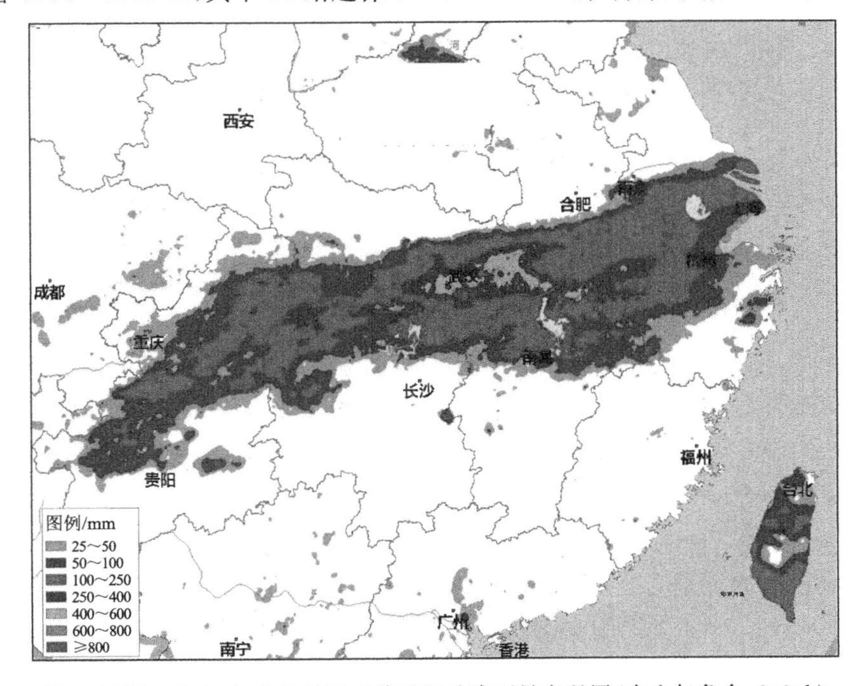

图 4-7(彩)　2020 年 7 月长江流域过程总降雨量实况图(中央气象台,2020b)

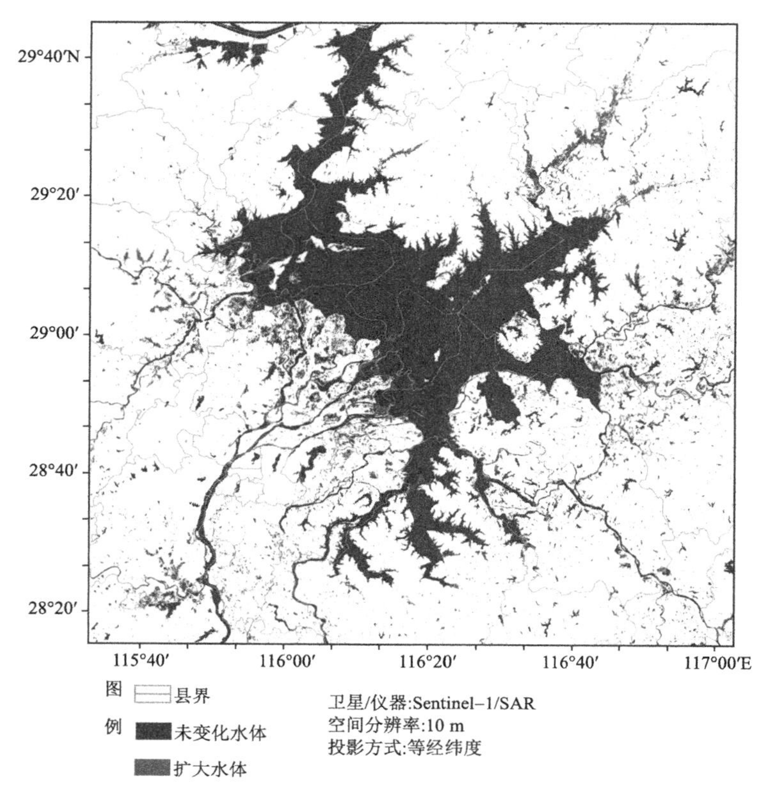

图 4-8(彩)　鄱阳湖主体及附近水域变化卫星遥感监测图(新浪网,2020)

7 月 14 日以来,淮河流域出现 3 次强降雨过程,流域累积面雨量 170 mm,较常年同期偏多 89%,列 1961 年以来第 2 位。其中上游 259 mm,列第 2 位;中游 193 mm,列第 1 位;累积最大点雨量安徽六安响洪甸 639 mm。受强降雨影响,淮河 17 日出现 2020 年第 1 号洪水。淮河干流河南踅子集至江苏盱眙河段全线超警戒水位,王家坝至鲁台子河段超保证水位,润河集、汪集、小柳巷河段水位超历史纪录。王家坝最高水位 29.76 m,列有实测资料以来第 2 位;润河集最高水位 27.92 m,最大流量为 8690 m^3/s,列有实测资料以来第 1 位;正阳关最高水位 26.75 m,列有实测资料以来第 2 位。淮南支流潢河、白露河、史灌河、淠河发生超保证水位洪水,淮北支流洪汝河、沙颍河发生超警戒水位洪水,沂沭泗水系新沂河发生超警戒水位洪水(胡璐,2020)。7 月 20 日上午,淮河干流王家坝闸开闸泄洪,河水流向蒙洼蓄洪区。国家卫星气象中心利用雷达卫星对淮河流域蒙洼蓄洪区及周边水域开展持续监测,22 日的监测结果显示,7 月 21 日 17 时蒙洼蓄洪区水体面积为 90.74 km^2,占蒙洼蓄洪区总面积的 50.24%,蒙洼蓄洪区及附近水体面积总共约 480 km^2,相比 7 月 20 日略有减小[图 4-9(彩)](任梅梅,2020)。

4.2.2　灾害归因分析

长江淮河流域特大暴雨洪涝灾害发生原因主要包括 4 个方面。①大气环流方面,西北太平洋副热带高压(西太副高)强度较常年异常偏强,西伸脊点位置异常偏西;东亚大槽强度异常偏强,位置异常偏西。②青藏高原冬季积雪异常。2019—2020 年青藏高原冬季积雪覆盖面积较常年偏多明显,高原冬季积雪偏多会通过改变春夏高原的热力状况,间接导致我国长江中下游地区对流活动加强,降水偏多。③2020 年南海夏季风发生较早,6 月上旬副高脊线位置偏

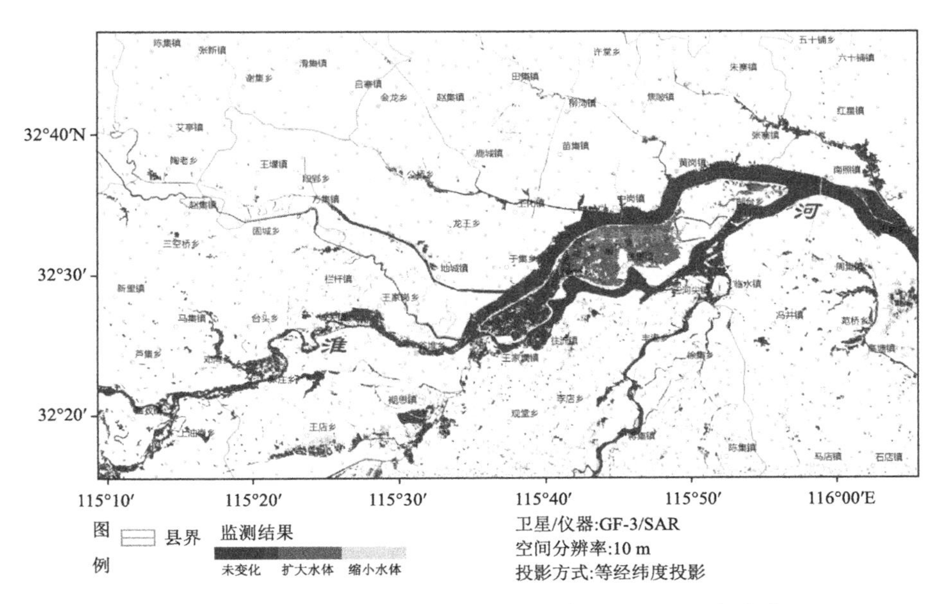

图 4-9(彩)　高分卫星淮河濛洼蓄洪区周边水体变化监测图(任梅侮,2020)

北,导致长江中下游入梅偏早(图 4-10)(孟英杰 等,2021)。此外,由于 2020 年 2 月以来西太副高显著偏强和稳定维持,亚洲中高纬度经向环流发展、西风带短波槽活动频繁,冷空气在向长江中下游地区移动过程中偏强,导致长江中下游梅雨期降水异常偏多。④太阳黑子相对数的谷值年,易使得地球上接收到的太阳磁力、引力和热量发生突变,且 2020 年与 1998 年相隔 2 个太阳黑子相对数 11 a 的周期,基于韵律的规律也可判断易发生洪涝灾害(新京报,2020)。

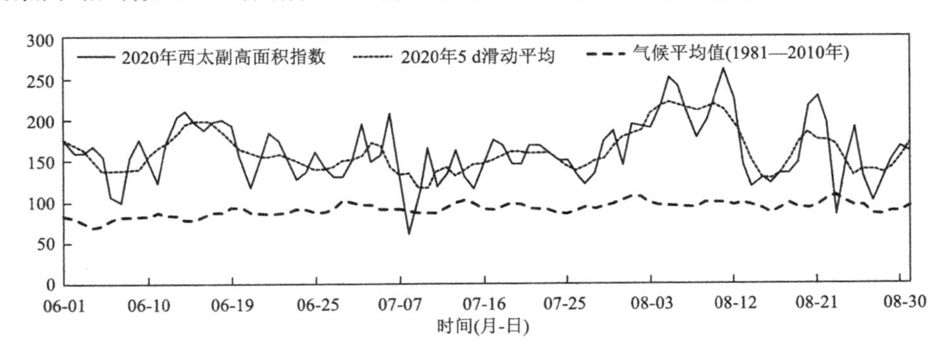

图 4-10　2020 年 6—8 月西太平洋副热带高压位置及面积指数(单位:10^5 km²。其中,红线为西太副高面积指数,蓝线为副高面积 5 d 滑动平均值,黑线为副高面积气候平均值)

4.2.3　灾害损失统计

2020 年 7 月,长江、淮河流域连续遭遇 5 轮强降雨袭击,长江流域平均降雨量(259.6 mm)较常年同期偏多 58.8%,为 1961 年以来同期最多,长江发生 3 次编号洪水;淮河流域平均降雨量(256.5 mm)较常年同期偏多 33%。受强降雨影响,淮河流域江河来水偏多 1.5～2 倍、长江中下游流域偏多 4～6 成,引发严重洪涝灾害。灾害造成安徽、江西、湖北、湖南、浙江、江苏、山东、河南、重庆、四川、贵州 11 省(市)3417.3 万人受灾,99 人死亡,8 人失踪,299.8 万人紧急转移安置，144.8 万人需紧急生活救助；3.6 万间房屋倒塌，42.2 万间不同程度损坏；农作物受灾面积 357.98 万 hm^2，其中绝收 89.39 万 hm^2；直接经济损失 1322 亿元。

2020 年受洪涝灾害影响，长江中下游地区、淮河流域、西南、华南及东南沿海等地发生大规模洪水，截至 8 月 13 日，国家防汛抗旱总指挥部秘书长表示，2020 年洪涝灾害造成 6346 万人次受灾，直接经济损失 1789.6 亿元，比前 5 年均值分别偏多 12.7%和 15.5%；因灾死亡失踪 219 人，倒塌房屋 5.4 万间，较前 5 年均值减少 54.8%和 65.3%。

7 月 5 日 19 时，白洋河水库水位上涨至 84.62 m，7 月 6 日 12 时出现坝体滑动变形，2.9 万名民众需要疏散。湖北自入梅以来至 7 月 9 日 07 时，因灾死亡 14 人，失踪 5 人。7 月 6—8 日，九江市大部分地区出现大到暴雨，局部大暴雨。截至 7 月 8 日 11 时 30 分，暴雨洪涝灾害造成全市 30.8 万人受灾，紧急转移安置和需紧急生活救助人员 2.522 万人，其中紧急转移安置 18544 人，需紧急生活救助 6676 人。8 日，江西省九江市启动市级救灾Ⅳ级应急响应。截至 7 月 13 日 11 时，持续强降雨过程已造成广安市 2 人死亡，巴中、达州两市 7 人失踪。8 月 10 日 20 时—11 日 08 时，雅安局部降下特大暴雨。截至 12 日 11 时，已致 6 人死亡 6 人失联。受连续强降雨影响，8 月 21 日凌晨，雅安市汉源县富泉镇中海村 6 组发生山体滑坡，共有 9 人失去联系，截至 21 日 21 时，有 7 人被发现，其中 3 人当场遇难，4 人送医抢救无效死亡。

4.3 长江淮河流域特大暴雨洪涝灾害应对过程

4.3.1 预防与应急准备

2020 年 7 月 10 日，国家防总副总指挥、水利部部长主持会商，分析研判长江、淮河流域防汛形势，有针对性安排部署洪水防御工作，认真贯彻习近平总书记重要指示精神，按照国务院常务会议部署要求，坚持人民至上、生命至上，把各项防御工作做细做实。一要重点加强长江中下游堤防巡查防守和三峡水库调度工作。长江中下游干堤和洞庭湖、鄱阳湖堤防超警幅度大、持续时间长，容易出现险情。要保障长江干堤的巡查防守不能松懈，进一步落实巡查责任，充实防守力量，加强暗访督查，确保各项措施落实到位。督促江西省科学研判汛情形势，加强鄱阳湖堤防巡查防守，统筹考虑鄱阳湖周边圩垸弃守，确保重点圩垸防洪安全。做好三峡水库上游来水情况的预测预报，科学精细调度三峡水库，努力减轻下游防洪压力。二要全力做好太湖洪水排泄工作。继续加强太浦闸、望亭水利枢纽等骨干工程的科学调度，加快太湖洪水下泄。协调江苏、浙江两省加大沿长江及杭州湾口门排水力度，全力降低太湖及周边河网水位。做好堤防的巡查防守，上足巡查力量，加密巡查频次，确保太湖环湖大堤等重要堤防安全。三要做好淮河洪水调度工作。淮河水利委员会要会同相关省份，根据预测预报情况，拿出切实可行的调度方案，做好淮南山区水库群的联合调度，提前预泄腾库，为迎战可能的洪水做好准备。四要滚动做好水情监测预报。密切监视雨情、水情发展变化，加强与气象部门联合会商分析，滚动洪水预报，提高预报精度，延长预见期，为水旱灾害防御提供决策支撑。水利部副部长率领工作组前往湖南检查指导水旱灾害防御工作，水利部有 6 个工作组在湖南、湖北、安徽、浙江、广西、贵州等地督导检查水旱灾害防御工作。7 月 10 日，水利部向江西省发出通知，要求重点做好鄱阳湖堤防巡查防守、洲滩民垸运用、蓄滞洪区运用准备等工作（中国水利网站，2020）。

在新的防汛抗旱体制下，国家防办和应急管理部紧紧抓住“六个环节”，注重发挥“四大优势”。紧紧抓住的“六个环节”，一是依法依规压实各方的防汛责任。不仅公布了防汛抗旱行政责任人，还要求责任人熟悉辖区内的防汛重点和薄弱环节。二是加强监测预报预警工作，国家防办不间断组织水利部、中国气象局、自然资源部进行会商研判，及时发出预警。三是深入排查风险隐患，要求各地各级防汛抗旱指挥部对防汛的薄弱环节和隐患进行深入的排查，要及时进行整改。四是突出抓好人员的转移避险，贯彻习近平总书记人民至上、生命至上的要求，凡是有风险的地区，在暴雨来临以前都及时地进行转移。五是要提高抢险救援的效率，在一些薄弱环节以及可能出险的地方提前预置抢险力量，实现及时地抢小、抢早，防止险情扩大。六是强化督促指导，组织工作组、指导组，跟有关部门一起，到各地区进行指导督促，督促各地做好防御的准备工作（央广网，2020）。

加强指挥调度。2020年4月召开了全国汛期地质灾害防治工作视频会议，对全国面上工作进行了部署。自然资源部党组、部长专题会每个月都会对地质灾害防范进行研究部署。另外，根据雨情对5个片区召开了5次专题地灾防治视频调度会，增强地质灾害防治工作的针对性和时效性。加强监测预警，会同中国气象局把地灾气象预警从往年的24 h拓展到72 h，延长预警时间，为作出充分准备提供基础。发布了国家级的预警信息125条。在此基础上，进一步强化群测群防体系。与此同时，大力推进专业监测预警装备的研发，在之前工作的基础上，新安排了2500余处试验点。加强技术指导，一共组成了66位专家派驻相关省（市），帮助指导地方工作。1—7月派出了59个158人次国家级专家组。同时相关部门还启动了海洋灾害的Ⅳ级应急响应7次，Ⅱ级响应1次。整个自然资源系统在当地党委政府的领导下，组织排查巡查地灾隐患133万余处，紧急处置险情和隐患1.4万余处，加快构建“人防和技防并重”的群专结合的监测模式。为了提高广大人民群众的防灾意识，自然资源部组织开展了演练6万多场/次，培训5万多场/次，参加培训演练的人员合起来有400多万人次。沿海的相关省（市）自然资源部门加强保障海洋观测、数据传送、预报发布运行，及时发布了风暴潮警报29起，海浪警报53起。

强化暗访督查问责。以堤防防守、超标洪水防御预案落实、小型水库责任制落实、山洪灾害监测预警为重点，开展暗访督查，严格监管问责，督促各地压紧压实防御责任，真刀真枪落实防御措施。构建抗洪抢险消防救援力量体系。积极构建以专业力量为主力、机动力量为补充、社会应急力量为协同的抗洪抢险力量体系，特别是在专业力量方面，例如，全国30余个消防救援总队组建了消防抗洪抢险专业编队，包括省级专业救援队31支、支队级救援队187支，力量规模达到2万多人。重点补充了水域救援专业装备14万余件，为抗洪抢险奠定了坚实基础。建立健全汛期应急响应联动机制，牢固树立一盘棋思想，积极让这支队伍融入大应急体系，建立汛期执勤秩序，依据雨情、水情、灾情及时调配力量。灾害发生前，根据灾害研判结果，前置队伍到一线，到最可能出险的地方去。深入开展专业化训练和实战演练，通过汛情灾情特点，结合全员的岗位大练兵举办救援战术理论学习和典型战例的复盘研究等业务的研讨，常态化开展人员搜救、内涝排险、船艇协同、无人机定向抛投等训练，每年组织开展重特大洪涝灾害为背景的全流程、全要素的综合性实战演练，全面做好抗洪抢险的应急准备。

各类应急物资实行分级负责、分级储备，中央和地方按照事权划分承担储备职责，中央主要以实物形式储备应对需由国家层面启动应急响应的重特大灾害事故的应急物资。地方根据当地经济社会发展水平，结合区域灾害事故特点和应急需求，在实物储备的基础上，开展企业协议代储、产能储备等多种方式的应急物资储备。基本形成了以实物储备为基础、协议储备和产能储备相结合，以政府储备为主、社会储备为辅的应急物资储备模式。加强对重特大灾害事故应急物资的调运管理，推动建立了多部门协同、军地联动保障和企业、社会组织、志愿者等社会力量参与机制，探索提升应急物资储备网络化、信息化、智能化管理水平。各代储单位和储备库严格执行24小时应急值守制度，应急救灾期间开通运输绿色通道，提高应急物资保障效能。

4.3.2 监测与预警

加强监测预报预警，有力支撑科学决策。聚焦提高洪水预报能力，强化江河洪水预报及工程调度运行信息的共享和耦合，扎实推进预报调度一体化。加强强降雨过程会商，实现实时雨量、雷达测雨及短期临近精细化降雨预报信息共享，努力延长预见期。在应对2020年长江3次编号洪水时，加密三峡入库流量反推监测频次，每2小时报告一次，为长江水库群联合调度提供科学依据；在应对2020年淮河1号洪水时，增加王家坝等重要控制断面的监测频次，每6分钟报告一次，通过"以测补报"进一步提高关键期洪水预报精度。确定中小河流、中小水库洪水预警指标，明确预警对象及范围，加强预警发布平台建设，拓宽预警发布渠道，加大媒体传播力度，提醒社会公众避险自救(鄂竟平，2020)。

精细组织调度运用，充分发挥工程效益。根据降雨预测和洪水预报，统筹考虑防洪整体大局，通过水库的预泄迎洪、拦峰削峰、退水腾库等措施，有效减轻下游防洪压力。截至2020年8月11日，全国3177座次大中型水库共拦蓄洪水1097亿 m^3，减淹城镇956个次、减淹耕地2754万亩、避免转移人员1852万人，发挥了巨大的防灾减灾效益。长江流域开展以三峡为核心的水库群联合调度，科学拦洪削峰错峰，拦洪300余亿立方米，结合限排、部分洲滩民垸行蓄洪等措施，有效减轻了长江中下游干流堤防和洞庭湖、鄱阳湖重要堤防的防守压力，避免了洞庭湖、鄱阳湖附近蓄滞洪区启用，减少了灾害损失。淮河流域针对王家坝水位超29.3 m保证水位并预报继续上涨的严峻形势，科学权衡利弊，提出最优方案，决定启用蒙洼蓄滞洪区开闸分洪，及时减轻上下游防洪压力，确保了重要堤防和重要城市的防洪安全。太湖流域钱塘江新安江水库削峰率达67%，降低下游水位1.1～3.7 m，避免了新安江建德河段堤防漫顶受淹(鄂竟平，2020)。

通过科学调度、主动防控，在汛情较常年明显偏重的情况下，2020年的总体灾情影响得到有效控制，实现了"水大损失小"的阶段性成效。据统计，1998年长江大水期间，长江流域堤防险情共有73815处，其中干流堤防险情9405处；截至2020年8月11日，长江流域堤防险情共有4371处，其中干流堤防险情仅228处。1999年太湖大水期间，环湖大堤宜兴段多处出险，马圩南大堤出现20处渗漏、7处管涌，浙江段多处出现挡墙坍塌、迎水坡塌方等险情；2020年太湖大水期间，太湖环湖大堤仅2处堤防险情。淮河洪水无一人伤亡，水库无一垮坝，主要堤防未出现重大险情(鄂竟平，2020)。

山洪灾害点多面广、突发性强，我国每年因山洪灾害死亡人数占洪涝灾害总死亡人数的70%左右。水利部指导各级水利部门加强监测预警设备维护，完善预警发布机制，及时发布预警。依托三大运营商开展面向社会公众的预警服务。督促指导基层地方人民政府完善转移避险责任制体系，按照"方向对、跑得快"的要领，修订完善预案并开展演练，提升群众防灾避险意识和能力。组织开展基层山洪灾害防御人员在线培训，涵盖全部2076个有山洪灾害防治任务的县共1万余人。

4.3.3　应急处置与救援

党的十八大以来，以习近平同志为核心的党中央高度重视水旱灾害防御工作，习近平总书记多次作出重要指示批示，亲自擘画防汛抗旱水利提升工程，为做好水旱灾害防御指明了前进方向。2020 年以来，习近平总书记多次就防汛救灾工作作出重要指示，7 月 17 日主持召开中央政治局常委会会议研究部署防汛救灾工作。在党中央的坚强领导下，各级党委政府和各有关部门各司其职、各负其责，通力合作、主动协调，形成了防灾、减灾、救灾的强大合力。

国家防办应急部和气象、水利、自然资源等部门加强滚动会商，共同分析研判雨情、水情、灾情发展趋势，及时派出国家防总联合工作组深入灾区，协助指导防汛救灾工作。水利部联合中国气象局发布山洪灾害气象预警，提醒基层地方人民政府做好转移避险。加强与应急等部门的协调配合，共享水情信息和预测预报成果，及时提供防汛抢险技术支撑，有力保障了人民群众生命财产安全。

为应对我国最大淡水湖鄱阳湖水位的不断上涨，武警江西总队出动 1400 余名官兵火速驰援鄱阳湖，担负起转移受灾群众，搜救失联人员，加固泄洪堤坝等任务(图 4-11)(刘新 等，2020)。2020 年 7 月 12 日 07 时，鄱阳湖鄱阳镇昌江圩江家岭村堤坝出现渗水，总队 300 多名官兵轮流跳进深坑排除险情。与此同时，第 72 集团军某旅 1500 余名官兵，也赶到鄱阳县，加入加固堤坝、封堵管涌的抗洪大军之中(旭平，2020)。

图 4-11　2020 年 7 月 13 日，在湖北省石首市沙滩子故道，武警第二机动总队某支队官兵利用大型龙吸水装备连夜进行排涝作业(新华社发，岳小东 摄)(刘新 等，2020)

火箭军某部数百名官兵多路突进鄱阳县后，来不及休整就分散到汛情最严重的几处堤段，参与处置数十处管涌等堤坝险情(图 4-12，旭平，2020)。在鄱阳县西河东联圩港头村，由于现场无法使用工程机械，营长带领 100 多名官兵，全靠手挖肩扛筑起围堰。正在野外驻训的第 71 集团军某旅迅速启动应急预案，紧急收拢部队，经 10 余小时近千里①机动，2300 余名官兵 2020 年 7 月 12 日 18 时前分别赶至九江市濂溪区、都昌县、永修县等 10 个县(区)展开抢险救援行动。不仅在江西，在贵州省松桃县，甘龙镇石板村因连日大雨发生山体滑坡，武警铜仁支队官兵克服重重困难，进入危险区域搜救被困群众(旭平，2020)。

① 1 里＝500 m。

图 4-12　7 月 13 日，在湖北洪湖地区沙套湖大塔泵站，空降兵某旅官兵装填沙土石，用于加固沙套湖沿线子堤（新华社发，刘兴锴 摄）（旭平，2020）

2020 年 7 月 9 日，因连日降雨，湖北阳新县富河干流率洲管理区葵赛湖下垸出现 50 余米溃口。由于附近道路路面窄、路基软，大型机械设备和工程车辆无法抵达，抢险施工难度较大。接到阳新县防指请求后，湖北省应急管理厅立即调遣 3 架直升机支援，并商调武警机动总队某支队官兵 100 余人和 27 台套大型机械装备紧急驰援。16 日 15 时许，直升机起飞，沿富河向西南飞行，抵达富河干堤葵赛湖下垸溃口上空，开始空投重达 12 t 的网兜石块，让封堵溃口的进度大大加快。国家综合性消防救援队伍发挥国家队和主力军作用，在重点区域靠前驻防，提高抢险救援效率，营救、转移和疏散群众 21 万余人。国家安全生产应急救援队伍参战 3 万多人次，航空救援直升机飞行 130 架次。国家防总 7 月 18 日发出通知，要求强化风险隐患排查和人员转移避险，坚决果断转移受威胁群众，全面做到应转尽转，不落一户、不漏一人，特别要针对老幼病残和困难群体，加强疏散撤离和搜救解困。据统计，汛期期间，被紧急转移安置的群众达到 469.5 万人次，较近 5 年同期均值上升 47.3%。政府集中安置人员少于 10%，安置群众主要集中在长江中下游的江西、安徽、湖北、湖南 4 个省。7 月下旬共有 920 个集中安置点，安置人员大概 6 万人。到 8 月 20 日，安置点减少到 252 个，集中安置的人只剩 1.8 万。

注重发挥好应急管理部门防汛抢险救灾一体化的优势。应急管理部充分发挥职能优势，在协调做好防汛抢险工作的同时，同步安排部署受灾群众的安置、救助救灾等工作，根据汛情的发展，会同财政部、粮食和物资储备局及时下达了防汛抢险救灾资金 20.85 亿元，向江西、安徽、湖北、湖南等省调拨了 14 个批次总价将近一个亿的中央防汛物资，以及 9 批次共 19.5 万件中央救灾物资，还调集了 20 支排涝的专业消防救援分队，带了移动的泵站，驰援江西排水排涝，有力支持了地方的防汛救灾工作。

入汛以来，广大从事防灾减灾救灾工作的社会组织和城乡社区的应急志愿者在地方党委政府的统一领导下，闻“汛”而动，踊跃参与抢险救援工作，在江西、湖北、重庆这些洪涝灾害较重地区，配合国家综合性消防救援队伍和专业抢险队伍，开展堤坝巡查、群众转移、人员搜救、物资运转以及退水以后清淤等工作。灾区现场都可以看到这些社会应急救援力量活跃的身影。社会应急力量具有贴近基层、机动灵活、服务多样、参与热情高等特点，均自筹资金、自带设备，积极受领救援任务，始终战斗在抗洪抢险的一线，在灾情报送、险情排查、抢险救援、后勤保障等方面发挥了积极作用。其中,知名的蓝天救援队、公羊救援队、绿舟救援队、壹基金救援队、红十字救援队等表现非常突出,承担了许多抢险救援任务。据统计,为应对此次特大暴雨洪涝灾害,全国参与洪涝灾害抢险救援的社会应急力量累计有 500 多支,14000 多人,出动车辆 640 余辆,舰艇 400 余艘,协助转移群众 4 万余人。

4.4 长江淮河流域特大暴雨洪涝灾害应对措施与建议

4.4.1 应对过程中的不足

气象部门在特大暴雨发生前成功预测了暴雨的发生,但是对暴雨的量级、雨强、总降雨量和空间分布的预报还存在一定误差。此外,气象部门发布的预报预警更多是大范围的定性预测,预报缺少精细化数据,不利于相关部门做好洪水和次生灾害的精准预测及采取相应的防御措施,这种误差和精细化不足问题在一定程度上影响了灾害的预警效果。

2021 年,我国实施的是 2014 年 2 月 10 日修订的《室外排水设计规范》(GB 50014—2000)国家标准,首次明确了城镇内涝防治设计标准。根据此标准,像北京、上海、广州这样的超大城市以及武汉、南京、郑州这样的特大城市,其内涝防治设计标准应该达到抵御 50～100 a 一遇的暴雨。但是,我国城市实际内涝防治标准普遍偏低,如广州内涝防治标准为 20～50 a 一遇;根据 2017 年发布的《郑州市海绵城市专项规划(2017—2030 年)》,其规定城区与航空城的内涝防治设计重现期为 50 a 一遇,其他规划区的内涝防治标准仅为 20 a 一遇,由此可见,2017 年郑州规划的标准也达不到 50～100 a 一遇的标准。而 2021 年 7 月 20 日郑州的特大暴雨最大小时降雨量达201.9 mm,17 日 20 时—20 日 20 时 3 d 降雨量达 617.1 mm,超过了设计标准,因而郑州现有的洪涝防御系统必然无法抵挡此次特大暴雨。

经过多年建设,我国已逐步形成了较为完备的防洪工程和非工程体系,大江大河已经基本具备防御新中国成立以来实际发生的最大洪水能力。但目前防洪体系还存在一些短板和薄弱环节,主要表现在:一是有些大江大河缺乏控制性枢纽,洪水调控手段不足,部分河段的防洪标准尚未达到规划要求,部分水工程未经过洪水检验,中小河流防洪能力低,病险水库数量多,蓄滞洪区启用难;二是洪水预测预报水平有待提高,山洪灾害监测预警平台运行维护有待加强,部分基层干部群众防洪意识不强、抗洪抢险实战经验不足等,尤其是北方河流长期不来洪水,意识不强、实战经验不足的问题更为突出。

4.4.2 强化基础设施的抗灾能力

我国大部分地区处于季风区,年降水量明显超过同纬度地区。季风区的特点是全年降水主要集中在雨季,这使得我国南方雨季是全球典型的暴雨区,而其他季节则容易导致旱灾。同时,季风年与年之间的变化大,这往往会使防洪设施在极端暴雨时承受巨大压力,但在旱季和长期干旱期,这些设施几乎被遗忘,甚至其存在还对生产生活造成不便。这些设施的合理利用和维护是整个流域长期可持续发展的关键。

我国的城镇化水平快速提高,城市化率从 1998 年的 33.4%提高到 2019 年的 60.6%,年均增长 1.3 个百分点(http://data.stats.gov.cn),到 2018 年底,我国城市建成区面积是 1998 年的 2.7 倍。至今,长江流域已发展成为世界上人口最多、经济最发达的地区之一,在长江两岸和周围湖区分布有多个特大城市群、大量居民区和工业生产设施。对于建设和生产用地的需求,使得湖泊、河流和湿地承受巨大压力,在一些地区,退耕还湖恢复的湖泊,现在又重新回到了农田、水产和其他用途。自 20 世纪 70 年代以来，长江流域 112 个湖泊总面积减小了约 6056.9 km^2，占湖泊总面积的 41.6%，这导致湖泊总蓄水容量减少约 127 亿 m^3，占湖泊总蓄水量的 29.8%，这使得部分湖泊（主要在武汉周边）流域内减少了平均 100 mm 可承受降雨量。因此，在相同降雨条件下，自然泄洪区和缓冲区范围的缩小可能导致更大的灾难性洪水。

遭受重大灾害后应基于流域洪涝灾害风险特征，优化国土空间开发利用布局，避免将大量人口和重要基础设施布置于洪涝灾害高风险区域。控制蓄滞洪区等高风险区域人口增长，加快形成与洪涝风险相适应的经济产业结构。主动提高城乡建筑和供水、供电、交通、通信等重要基础设施耐受性、冗余性。推行国土空间低影响开发，强化下垫面的平面和竖向管理，保护流域自然洪涝调蓄滞渗空间和行泄通道。规范涉水开发活动，严格河湖空间管控、强化涉水建设项目动态监管，避免防洪不利影响持续累积和扩大。

4.4.3　健全应急管理体制

为提升流域防洪韧性，应强化防洪除涝基础设施隐患排查和消除。同时充分考虑暴雨和下垫面等变化，前瞻性制订新改建防洪除涝工程标准，增强对变化环境的适应能力。还应加快推进重要支流防洪系统治理，使蓄滞洪区实现“分得进、蓄得住、退得出”。流域防洪工程体系是一个有机整体，要贯彻系统均衡、统筹治理原则，加强各类防洪排涝工程的衔接，协同推进上下游、干支流、流域与城市防洪除涝工程建设，合理布局临时滞洪区和超标准洪涝行泄通道，形成协调匹配的工程体系。

将恢复重建作为增强全社会防洪韧性和可持续发展能力的契机，及时开展灾情调查评估和复盘分析，深刻反思洪涝灾害成因、预防和处置情况，全面总结经验教训。灾后恢复重建规划计划应促进灾区经济发展，降低经济社会系统脆弱性。建立重大洪涝灾害风险基金，大力推广洪涝灾害保险。同时，灾后恢复重建要注重物质援助，更要强调精神援助和心理恢复。在灾后恢复阶段，应动员全社会精神卫生和媒介资源，对灾区民众和受害者进行必要的心理干预和疏导。

除了基础的工程解决方案（灰色基础设施），生态友好型解决方案（绿色基础设施）也得到了重视和实施，大规模退耕还湖是其中一项重要措施。以洞庭湖为例，退耕还湖使湖泊面积增大了约 800 km^2。另外，自 2015 年以来，国务院《关于推进海绵城市建设的指导意见》发布，创建“海绵城市”成为国家政策，通过多种方法提高湖泊、公园、湿地和河滩的蓄水能力，这改变了雨水收集和利用的思路，通过雨水拦截、过滤和吸收，有助于减少洪峰，减少地表径流。预报和预警使得及时转移人口和财产成为可能，在 2020 年洪灾期间，长江沿岸省份超过 300 万人得到临时撤离和安置。过去 20 年来，低洼地区人口和村庄的重新建设和安置，尤其是易受洪灾影响区域的庄台（低洼区特有的居住形态，将村庄建在筑起的高地或者台基上）的建设和加固，在洪水预警发布之后，村民可以就地转移原地避洪，大大减少了洪水发生时的人员伤亡和财产损失。

水资源总体短缺。从水资源总量来看，淮河流域多年平均水资源总量只有 812 亿 m^3，不到全国的 3%，与我国人口规模、耕地面积、粮食产量和经济总量来比，很不均衡。特别是，淮河流域的丰枯变化剧烈，特枯年份地表水资源量只有多年平均的 50%，在这种情况下，不均匀性就更加凸显。虽然 70 年来持续建设，流域供水保障有了坚实的基础，为满足自身流域区域经济高质量发展、满足人民群众对日益增长的美好生活的需要，依然存在不少短板弱项，例如在农业、工业、城镇生活重点领域的用水效率提升依然有较大潜力。在资源管控上仍有短板，取、用、耗、排监管不到位。供水能力上有短板，南水北调东线二期等骨干工程尚未实施或建成，河湖、水库调蓄能力需要提高，供水保障格局还不完善，水资源总体短缺。

防洪体系上仍有短板。淮河防洪任务重，一是因为地处我国南北气候过渡带，气候复杂多变，水旱灾害频繁。二是因为流域地形地貌总体上很“平”，90%以上的河流平均比降小于5‰。“平”导致上游山丘区洪水汇聚速度快，迅速挤占干流河道，中游地势平缓，下游淮河入江入海能力不足，治理难度非常大。三是流域经济社会发展对防洪的要求高，人口聚集，需要保护 1.9 亿人口、2.2 亿亩耕地，包括众多的城镇、村庄的防洪安全。淮河流域面积 27 万 km^2 聚集了 1.9 亿人口，单位平方千米的人口超过 700 人，远远高于全国平均数，带来的防洪责任和压力非常大。70 年来，按照“蓄泄兼筹”治淮方针，持续大规模建设，淮河流域基本上构建了上游拦蓄洪水、中游蓄泄并重、下游扩大泄洪能力的蓄泄格局。此次长江淮河流域特大暴雨应对，淮河的防洪工程体系发挥了巨大作用。在这场洪水中同时也暴露了突出短板问题，比如淮河干流洪泽湖以下的入江入海能力不足问题。中游河段，特别是入洪泽湖的河段，泄流不畅，入洪泽湖水位持续居高不下，淮北大堤等重要堤防仍有险工险段，建设标准不高。行蓄洪区数量比较多，用了 8 个行蓄洪区，其中不安全居住的人口仍然较多。同时淮河上游水库控制面积较小，存在拦蓄能力不够问题。

第5章　珠江流域性洪水等重特大灾害

5.1　珠江流域性洪水灾害背景调查

5.1.1　珠江流域概况

珠江流域是由西江、北江、东江和珠江三角洲诸河组成的复合流域，流域属热带或亚热带季风气候区，降水丰富。干流长度2214 km，年径流量为3338亿 m^3，流域面积453690 km^2，占中国国土面积的4.5%左右。珠江流经我国的云南、广西、贵州、湖南、江西、广东六个行政区，是中国境内第三长河，径流量第二大河，七大水系之一。支流众多，水道纵横交错，水资源丰富，主要水道34条，通航里程1.2万km。珠江有8个入海口，包括：虎门、蕉门、洪奇门、横门、磨刀门、鸡鸣门、虎跳门、崖门。

珠江流域西江、北江、东江下游及三角洲平原区常受洪水威胁，河口滨海区还受风暴潮灾害。全流域雨量充沛，年降雨量在1400～2400 mm。但降水年内时程分配不匀，年际变化较大。汛期4—9月的雨量占全年降雨量达80%以上，连续降雨最多4个月发生在5—8月，其雨量占全年降雨量达60%左右。降雨一般先北江、东江，后西江。暴雨中心北江多在中下游的英德至清远县一带；东江多在九连山、寻邬、上坪。西江在桂江上游的大苗山及老王山兴仁、大明山的都安上林一带。总的汛期降雨特点是雨量多、强度大、历时长。

北江、东江最大洪峰常出现于5—6月，一次洪水历时7～15 d。西江最大洪峰常在6～8月出现，而特大洪水多在6—7月出现，一次洪水历时一般为30～45 d。西江洪水是珠江三角洲洪水的主要来源，有时西江、北江两江洪水遭遇造成珠江三角洲的严重灾害。

5.1.2　珠江流域性洪水总体概况

2022年5月下旬—7月上旬，珠江流域（片）出现了长历时、大范围、高强度降雨过程，造成珠江流域西江、北江发生4次编号洪水，北江2号洪水发展成超百年一遇特大洪水，韩江发生1次编号洪水，给流域防洪安全带来严峻挑战。经统计，2022年6月珠江流域大雨、暴雨落区面积分别约为19万 km^2、16万 km^2。其中暴雨落区主要分布在红水河、柳江、桂江、北江、东江等珠江北部和东部地区，面积约4万 km^2。本次降雨的大雨及暴雨落区面积约为1915年7月的76%，暴雨落区面积约为1915年7月的178%（胡智丹 等，2023；陈学秋 等，2022）。

（1）降雨强度大，影响范围广，降雨落区高度重叠

2022年5月下旬—7月上旬，珠江流域（片）连续遭遇11场强降雨，降雨历时长达50 d，累积降雨量622 mm，较常年同期偏多4成，其中北江累积降雨量975 mm，列1961年以来同期第1位；累积降雨量超过400 mm，笼罩面积达43万 km^2，占流域总面积的76%；降雨落区高度重叠，持续稳定在流域中北部北江、柳江、桂江等区域。

(2)编号洪水多,洪水量级大、历时长,历史罕见

受持续性强降雨影响,珠江流域 2022 年先后发生 7 次编号洪水,为新中国成立以来最多的一年;北江 2 号洪水发展为历史罕见的超百年一遇特大洪水,北江干流飞来峡水利枢纽出现建库以来最大入库流量,北江干流控制站石角水文站出现 1924 年建站以来实测最大洪水;韩江发生 1 次编号洪水,是 2008 年以来的最大洪水;西江、北江洪水长时间维持大流量、高水位运行,西江干流控制站梧州水文站洪水总历时超 1 个月,北江石角水文站洪水总历时也长达 2 周,历史罕见。

(3)暴雨中心摆动不定,汛情急剧变化

2022 年 5 月下旬开始,降雨在珠江流域中北部持续,暴雨中心在红水河、柳江、桂江、贺江一带来回摆动,造成西江洪水组成不断变化,给洪水发展趋势带来很大不确定性;6 月中旬,暴雨中心开始在西江、北江之间摆动,造成同时发生西江 4 号洪水和北江 2 号洪水;此后暴雨中心迅速东移至北江中上游,北江汛情急剧发展,北江 2 号洪水 2 d 内迅速演变成超百年一遇特大洪水,洪水量级接近北江干流主要堤防防洪标准;西江、北江洪水可能在珠江三角洲恶劣遭遇,严重威胁西江、北江中下游及粤港澳大湾区防洪安全,流域防洪工作面临考验。

5.1.3　珠江流域性洪水灾害特点

每年端午节前后(5 月下旬—6 月中旬),我国南北冷暖空气交汇导致广东、广西、福建一带出现持续性大范围强降水,俗称“龙舟水”。2022 年“龙舟水”为近 15 年以来最强“龙舟水”(王立新,2022;宋利祥 等,2022a)。珠江流域雨水汛情特点如下。

(1)洪水历时长。受连续降雨影响,西江洪水和北江洪水历时均长达约半个月。西江梧州站洪水总历时 859 h(约合 35.8 d),水位累积超警戒 369 h(约合 15.4 d),其中 20 m 以上高水位累积 284 h,均比“1994 · 6”洪水、“1998 · 6”洪水、“2005 · 6”洪水历时长,为流域性大洪水之最。北江第 1 号洪水和第 2 号洪水连续发生,石角站洪水历时约 14 d,第 2 号洪水期间英德站水位持续超警戒 165 h。

(2)流域降雨异常偏多。5 月以来,珠江流域连续出现 11 次强降雨过程,面平均降雨量 623 mm,较多年同期偏多 5 成,广东、广西、海南平均降雨量为 472.5 mm,为 1951 年以来第二多,其中西江流域、北江流域、东江流域分别偏多 5 成、8 成、8 成,西江流域降雨量为 1961 年以来同期最多。

(3)降雨落区高度重叠。11 次强降雨过程的落区基本集中在红水河、柳江、桂江、北江、东江等珠江流域北部和东部地区,流域大范围地区土壤含水量完全处于饱和状态,中小水库基本蓄满,沿江两岸堤防长时间处于高水位运行。

(4)编号洪水频繁发生。编号洪水多,且时间集中,西江、北江共出现 6 次编号洪水,为新中国成立以来最多;此外,西江 3 号洪水与北江 1 号洪水同时发生。

(5)部分江河洪水量级大。6 月 22 日,北江 2 号洪水发展成特大洪水,22 日 14 时飞来峡水库入库流量 19400 m^3/s,石角站流量 18400 m^3/s,是石角站建站以来的最大洪水,干流及支流武水、滃江、连江均发生大洪水。

(6)珠江流域的西江、北江水系发生较大洪水。西江广西梧州水文站洪峰水位 24.84 m(略低于 20 a 一遇),洪峰流量 46000 m^3/s(超过 20 a 一遇);广东高要站洪峰水位 11.39 m(接近 10 a 一遇),流量 47200 m^3/s(超过 20 a 一遇)。北江下游控制站石角洪峰水位 11.94 m(近

5 a 一遇)，流量 14600 m³/s(超过 10 a 一遇)。西江、北江洪水汇入珠江三角洲，三水站洪峰水位 8.47 m(10 a 一遇)，洪峰流量 15200 m³/s(相当于 50 a 一遇)；马口站洪峰水位 8.26 m(接近 10 a 一遇)、洪峰流量 46800 m³/s(相当于 50 a 一遇)。

5.2　珠江流域性洪水灾害调查分析

5.2.1　灾害物理过程

2022 年 5 月下旬—7 月上旬(图 5-1)，受西南气流、高空槽、切变线及台风影响，珠江流域出现持续降雨，累积面雨量 622.4 mm，较常年同期偏多 42%，降雨过程 2022 年 5 月下旬—7 月上旬，珠江流域发生 11 次强降雨过程，主要集中在流域中北部地区。

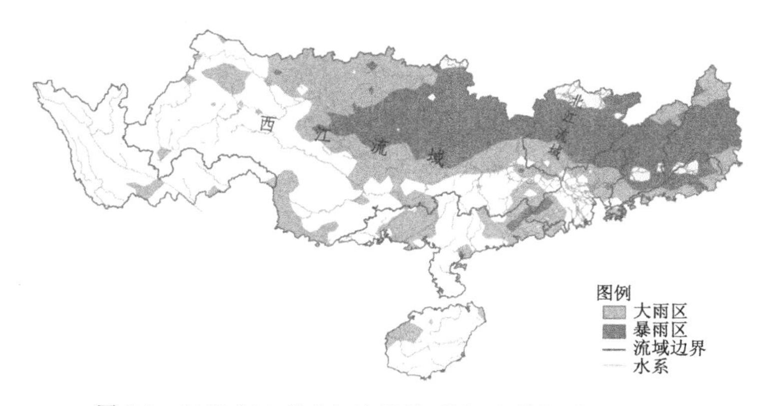

图 5-1　2022 年 6 月珠江流域降雨图(宋利祥 等，2022b)

5 月 21—30 日，珠江流域发生 3 次降雨过程，有效补充下垫面土壤含水量，西江上中游部分河流出现明显涨水过程，西江发生 2022 年第 1 号洪水。

6 月 2—9 日，珠江流域发生两次降雨过程，前期降雨集中在柳江、桂江等地，后期自西向东移动到北江、东江和珠江三角洲等地，暴雨区移动方向与洪峰走向基本一致，西江发生 2022 年第 2 号洪水。

6 月 10—14 日，珠江流域累积面雨量 99.4 mm，为 11 次降雨过程中累积面雨量最大的一次。此次降雨过程导致西江发生 2022 年第 3 号洪水，北江发生 2022 年第 1 号洪水，珠江流域发生第 1 场流域性洪水。

6 月 15—21 日，珠江流域发生两次降雨过程，累积面雨量不大但强降雨集中，加之前期江河干流持续维持高水位运行，西江发生 2022 年第 4 号洪水，北江发生 2022 年第 2 号洪水并发展为超 100 a 一遇特大洪水，珠江流域发生第 2 场流域性洪水。

6 月下旬至 7 月上旬，珠江流域发生 3 次降雨过程，其中 7 月 1—5 日，受 2022 年第 3 号台风“暹芭”影响，北江流域累积面雨量 210.5 mm，珠江三角洲 198.7 mm，均为 11 次降雨过程中累积面雨量最大的一次。受强降雨影响，北江发生 2022 年第 3 号洪水。

5.2.2　灾害成因分析

珠江流域西、北、东江下游及三角洲平原区常受洪水威胁，河口滨海区还受风暴潮灾害。全流域雨量充沛，年降雨量在 1400～2400 mm。但降水年内时程分配不匀，年际变化较大。

汛期 4—9 月的雨量占全年降雨量比例达 80%以上，连续降雨最多 4 个月发生在 5—8 月，其雨量占全年降雨量比例达 60%左右。降雨一般先北江、东江、后西江。暴雨中心北江多在中下游的英德至清远县一带；东江多在九连山、寻邬、上坪。西江在桂江上游的大苗山及老王山兴仁、大明山的都安上林一带。总的汛期降雨特点是雨量多、强度大、历时长。北江、东江最大洪峰常出现于 5—6 月，一次洪水历时 7～15 d。西江最大洪峰常在 6—8 月出现，而特大洪水多在 6—7 月出现，一次洪水历时一般为 30～45 d。西江洪水是珠江三角洲洪水的主要来源，有时西、北两江洪水遭遇造成珠江三角洲的严重灾害。

珠江属于雨洪河流，洪水来源于暴雨。暴雨成因包括以下三个方面(宋利祥 等，2022a；钱燕 等，2022；钱燕 等，2023)。

(1)大气环流运动，受亚热带季风影响，冷暖气团交绥相持，且受地形影响，呈锋面型暴雨，一般发生在 4—7 月，为前汛期。

(2)受台风影响形成暴雨，一般发生在 8—9 月，为后汛期。汛期降雨量约占全年的 80%。特点是雨量多、强度大和历时长，一般规律是先北江、东江而后西江。暴雨中心：北江多在英德至清远一带，东江多在九莲山、寻乌、上坪一带，西江多在桂江上游的大苗山及老王山的兴仁、大明山的都安、上林一带。流域边缘的暴雨中心尚有粤东的海丰至惠东，粤西的恩平至阳江，以及桂南的钦州至东兴等处。

(3)流域径流的年内变化与降雨相应，汛期 4—9 月水量占年总水量的 70%～80%。由于汛期的雨量多、强度大，众多的支流呈扇状分布，洪水易于同时汇集到干流。上、中游地区多山丘，洪水汇流速度较快，中游无湖泊调蓄，容易形成峰高、量大的洪水。

5.2.3　灾害损失统计

(1)洪水灾害对基础设施的影响

通过雷达遥感影像反演水体分布范围，估算得英德市 2022 年 6 月 23 日洪水淹没面积为 44.5 km^2(图 5-2、图 5-3)(张文，2022)，清远市清城区淹没面积为 61.4 km^2。得益于西江、北江流域水工程联合防洪调度，本次洪水并未对北江大堤造成灾害冲击，珠江三角洲城市群安然无恙。

图 5-2　受暴雨影响，流经英德的北江水面暴涨(中国日报网，2022)

(2)洪水灾害对社会生产力的影响

①广东省受灾情况

2022 年 6 月洪水灾害主要涉及广西、广东，其中广东韶关(图 5-4)、英德等地的极端强降

图 5-3　北江东岸大站镇江南村一带受灾(张文,2022)

图 5-4　强降雨导致粤北韶关出现严重内涝,救援人员在搜救被困人员(中国新闻网,2022a)

雨造成的洪水灾害尤为突出,韶关、河源、梅州、肇庆、清远等地共 47.96 万人受灾,农作物受灾面积 27.13 hm^2,倒塌房屋 1729 间,直接经济损失 17.56 亿元。

清远(图 5-5)各地农业受灾情况严重(农财宝典,2022)。截至 6 月 21 日 09 时,英德(图 5-6)农作物受灾面积 52894.5 亩,其中水稻 17528 亩,经济损失 6390.3 万元;畜牧业牲畜损失数量 8000 多头,牲畜栏舍损失 1306 m^2,家禽损失 23 万多只,家禽栏舍损失 97756 m^2,牲畜经济损失达 500 多万元,家禽经济损失 460 多万元。水产方面,受灾鱼塘面积 6870 亩,损失产量约 1142 t,损毁塘基 493 m,经济损失达 2099 万元。

据广东省保险行业协会数据统计,截至 6 月 16 日 17 时,广东财产保险机构累计接到"龙舟水"相关报案 3799 宗,报损金额 1.92 亿元,其中,农险报损金额最高,约 1.04 亿元,企财险报损 2340 万元,车险报损 2116.67 万元,工程险报损 1193.8 万元。6 月 23 日广东省农业保险接报案

图5-5　2022年6月21日，清远市区江滨公园、江心岛道路被浸（农财宝典，2022）

图5-6　清远英德，养殖场篷房第一层几乎没顶，养殖水面与河水连城一片（农财宝典，2022）

3368 件，报损金额约 3.29 亿元，报损数量 125.21 万亩(头/只)，涉及农户 10.28 万户。

受灾人口主要分布在沿河乡镇的人口聚居区域，其中清远市淹没区内受灾人口较为严重镇有英德市的大站镇(18111 人)、浛洸镇(18088 人)、英红镇(15601)、望埠镇(15035 人)、大湾镇(12088 人)、黎溪镇(11817)，合计 167306 人。韶关市最大淹没区内的受灾总人口比清远少，合计 78037 人，主要分布在西联镇(15571 人)、东河街道(9880 人)、大桥镇(8191 人)等地。

受灾房屋也主要分布在沿河乡镇的人口聚居区域。清远市受淹房屋栋数较多的镇有英德市的望埠镇(8204 栋)、大湾镇(7008 栋)、浛洸镇(6437 栋)、大站镇(5892 栋)等，合计淹没房屋共 74119 栋。韶关市总共被淹房屋 15629 栋，受淹房屋栋数较多的白土镇(2691 栋)、乐园镇(2050 栋)、樟市镇(1943 栋)、马坝镇(1398 栋)等。

②福建省受灾情况

福建龙岩池塘受灾面积 231.5 亩。据农业农村部门统计，截至 6 月 13 日 17 时，福建省龙岩全市各县(市、区)均有不同程度农业灾情，其中武平县、上杭县、新罗区受灾严重，全市农牧渔业累计经济损失 4.22 亿元。其中，渔业水产养殖池塘受灾面积 231.5 亩，水库受灾面积 3540 亩，损失鱼类产量近 41 万公斤*和鱼苗 90 万尾，经济损失 523.57 万元。

南平市松溪县遭遇强降雨袭击(图 5-7)(林舟 等，2022)。强降雨导致松溪县的配电线路停运 26 条，17000 多户停电。部分道路因塌方中断，农村客运、公交停运。松溪县已下沉党员干部 10000 多人次，组织 20000 多名群众开展自救和转移安置。初步统计，农林牧渔业损失 3 亿元左右。其中全县农作物受灾面积超过 9 万亩，水产养殖受灾面积 1800 亩；农田水利基础设施方面，冲毁农田面积 0.36 万亩；损毁水源工程 67 座，损毁护岸、渠道、排水沟、田间机耕路超 173 km。

图 5-7　松溪县 24 小时降雨量超 200 mm，达到大暴雨级别，城镇被淹(林舟 等，2022)

松溪县河东乡受灾尤为严重，该乡农作物受灾面积超过 2 万多亩，其中粮食作物受灾面积近 1 万亩，农作物损失超 3500 万元；水产养殖受灾面积 220 亩，损失超 380 万元；农田水利基础设施方面，冲毁农田面积 200 亩，损毁水源工程 3 座，损毁护岸、渠道、排水沟、田间机耕路超 13.9 km，灾损估算超 1000 万元(图 5-8)(李典利 等，2022)。

* 1公斤＝1 kg。

图 5-8　松溪县河东乡金厝垅段断裂的防洪堤，水管暴露在外(吴雯琳 摄)(李典利 等，2022)

③广西壮族自治区受灾情况

广西渔业损失严重，6 月以来，广西遭遇持续性高强度暴雨袭击，多地发生洪涝灾害。据农情统计，自灾情发生以来，累计共 55 个县(区)315 个乡镇 2573 个村屯受灾，种植业、畜牧业、渔业等均损失严重(图 5-9)(中国新闻网，2022b)。4.13 万 hm^2 农作物受灾，其中成灾面积 2.14 万 hm^2，绝收面积 4300 hm^2；农林牧渔业损失 19.3 亿元，工矿商贸业损失 1.2 亿元，基础设施损失 12.5 亿元，公共服务及其他损失 0.3 亿元。倒塌房屋 291 户 419 间，房屋及居民家庭财产损失 1.9 亿元。

图 5-9　广西平乐县城的马河小区、新安街等水淹，为受困群众发放应急物质和食物(苏桂 摄)(中国新闻网，2022b)

④江西省受灾情况

6 月中下旬，玉山县(图 5-10)(王健，2022)遭遇百年一遇大洪袭击，造成大量民房受损、农作物被淹、多处交通中断、各种基础设施损毁。据了解，全县受灾人口 27.29 万人，占全县常住人口 68.2%。各项损失预计达 30 亿元以上。

截至6月21日18时，此次强降雨已造成南昌、九江、上饶、景德镇等10个设区市70个县(市、区，含功能区)111.9万人受灾，紧急转移12.6万人。玉山县全县受灾人口27.29万人，占全县常住人口68.2%。各项损失预计达30亿元以上。

图5-10　江西省玉山县六都乡果蔬大棚因大洪冲毁(王健，2022)

5.3　珠江流域性洪水灾害应对管理过程

5.3.1　灾前预警及准备

及早筹备召开珠江防总2022年工作会议与珠江委水旱灾害防御工作会议，安排部署重点工作；健全流域防总机构，完善跨省河流韩江、贺江防洪调度协调机制。派出8个汛前检查组分赴流域各省(自治区)、国家重点水文站和潖江蓄滞洪区开展迎汛备汛检查；派出32个检查组对流域重要行洪河道约1500 km进行全覆盖排查；派出48个检查组、暗访组对水利工程风险隐患排查整治情况进行抽查，督促各地落实防汛责任。审批下达龙滩等11座重点水库汛期调度运用计划，完成流域大中型水库汛限水位和重要河道安全下泄流量核定，指导流域重点水库腾空178亿m^3库容迎汛。建成并运用珠江防汛“四预”平台，科学支撑防洪调度决策，开展防御“1998·6”典型洪水实战化演练，检验提升流域防洪调度决策及应急处置能力。深入学习国务院灾害调查组《河南郑州“7·20”特大暴雨灾害调查报告》，以案促学开展防汛工作组、专家组培训，着力提升工作质效。

水利部珠江水利委员会(简称“珠江委”)专门成立防御工作专班，紧盯汛情发展，锚定防汛“四不”目标，绷紧洪水防御“四个链条”，运用珠江防汛“四预”平台实时分析研判“降雨一产流一汇流一演进”过程，滚动更新预报成果，同步开展洪水应急监测，“以测补报”提高关键期洪水预报精度，为主动防控赢得宝贵时间；动态模拟预演洪水演进过程，比选最优水库群联合调度方案，为指挥调度决策和洪水防御提供有力支撑。迎战珠江2022年6月特大洪水关键期，珠江委坚持每日会商，逐流域、逐区域、逐河段分析研判防汛形势和风险隐患，制定洪水发展期、关键期、退水期不同阶段防御方案，及时启动应急响应23次，其中，西江4号洪水、北江特大洪水期间，首次启动珠江防总防汛Ⅰ级应急响应，珠江委主要负责同志连续16次主持会商，连续

48 h 坐镇指挥,并集结全体领导、专家及技术骨干,全力支援防汛工作;紧急增派 8 个工作组、专家组深入一线指导洪水防御及应急抢险工作。

2022 年汛期,珠江委坚持以流域为单元,统筹上下游、左右岸、干支流,强化流域统一调度,会同有关省(自治区)调度大中型水库 1778 座次,拦蓄洪量 335 亿 m^3,减淹城镇 587 个次、耕地 604 万亩,避免人员转移 352 万人次。其中,针对西江 4 号洪水、北江特大洪水,下达 30 余道调令,调度西江干支流 24 座水库群拦蓄洪水 38 亿 m^3,削减梧州站洪峰流量 6000 m^3/s(降低水位 1.8 m),将洪水出峰时间延后 38 h,避免西江、北江洪水恶劣遭遇,为北江洪水安全宣泄创造了有利条件;及时制定北江飞来峡水库适度蓄洪、首次启用潖江滞洪区部分滞洪、芦苞闸与西南闸分洪调度建议方案,指导飞来峡水库、潖江滞洪区等工程联合调度运用。通过实施流域防洪统一调度,将石角站洪峰流量削减为 18500 m^3/s,成功将洪水量级压减至西江、北江干流和珠江三角洲主要堤防防洪标准内,确保了西江干堤、北江大堤和珠江三角洲城市群防洪安全。

5.3.2　防灾减灾预案

(1)珠江委组织构建了防汛抗旱“四预”平台,编制修订江河洪水调度方案、流域区域水工程联合调度方案、重要工程度汛预案,编制完善超标洪水防御预案,科学合理安排超标洪水出路,督促指导流域相关省(自治区)落实飞来峡、老口等水库临时淹没区居民转移避险安全措施与转移方案,编制潖江蓄滞洪区建设期应急调度运用预案,建立了完备的流域统一调度支撑体系(李争和 等,2022)。

(2)珠江委及流域各省(自治区)充分发挥防洪非工程措施作用,强化“预报、预警、预演、预案”措施,及时启动洪水防御预案,统筹做好水工程调度、工程巡查抢护、受威胁地区人员转移避险等工作,确保了人民群众生命财产安全。

(3)珠江流域通过多轮综合规划和防洪规划,确定了符合流域实际情况的防洪总体目标,确立了“堤库结合,以泄为主,泄蓄兼施”防洪原则,并系统部署流域内水库、河道及堤防、蓄滞洪区,工程措施与防洪非工程措施相结合,保障流域防洪安全和经济社会的可持续发展。

(4)先后 3 次组织开展全区水工程安全隐患大排查,并建立滚动隐患排查清单,同时充分利用已建成的水库预警及防护抢险管理平台,对全区 4000 多座水库的雨量、水位、图像和泄洪情况进行实时监测,确保安全度汛。

(5)结合流域防洪形势,珠江委有序推进了流域防洪控制性工程立项建设,并充分挖潜,发挥已建、在建工程的防洪作用。龙滩、百色、老口、飞来峡、乐昌峡、棉花滩等一批控制性工程相继建成并发挥作用,潖江蓄滞洪区安全建设加速推进,西江干流治理等重点工程陆续开工建设,南宁、柳州、梧州等重要防洪城市堤防工程体系进一步完善。水库、堤防、蓄滞洪区“三张王牌”不断得到强化。

(6)持续压实以乡镇政府为单位、村委会为单元,以自然村、居民区、山洪灾害危险区等责任区为网格的基层防汛责任组织体系,充分发挥近 20 万山洪责任人作用,采取多种预警模式和手段发布预警信息,确保预警信息到达责任人,努力实现“预警及时、反应迅速、转移快捷、避险有效”。

(7)要将暴雨洪水预警信息直达水库防汛“三个责任人”,逐一落实强降雨区水库,特别对小型水库和病险水库要逐一落实防漫坝、防溃坝措施,确保水库不垮坝。以上部署,要立即行动,确保各项应对准备工作跑赢洪水演进速度。

5.3.3　应对措施

工程是基础，调度是关键。水库群联合调度，犹如排兵布阵，牵一发而动全身（杨铁 等，2022）。珠江委精准判断干支流各断面洪峰出现时间，精确调度干支流水库群，用好每一座水库的库容，最大程度发挥水库群拦洪削峰错峰作用。

（1）按照水利部部署，在珠江委的统一调度下，大藤峡工程在保障工程自身安全的前提下拦洪削峰，动态调整出库流量，精准控泄。截至 6 月 23 日，工程拦蓄洪水 7 亿 m^3，精准削减了西江洪水洪峰，有效减轻西江中下游乃至珠江三角洲防洪压力。

（2）面对西江多次洪水过程，珠江委统筹流域全局，联调联控拦洪削峰错峰。西江龙滩、百色、天一、光照等大型水库全力拦洪，柳江落久等水库削减柳州洪峰，红水河岩滩、大化、乐滩等水库及时错柳江洪峰，郁江西津水库错黔江洪峰，桂江青狮潭等 4 库全力削减桂林洪水并推迟腾空下泄，错西江梧州洪峰。西江在建大藤峡水库充分发挥拦洪削峰作用，最大削峰 3500 m^3/s。

（3）北江特大洪水来袭，珠江防总迅速启动Ⅰ级响应，珠江委连夜组织会商，分析研判北江水情、工情、灾情和洪水调度方案，及时向广东省水利厅提出北江蓄洪、滞洪、分洪调度建议方案，指导飞来峡水库、潖江蓄滞洪区运用。

（4）经过水库群联合调度，成功削减西江梧州站洪峰 6000 m^3/s，降低水位 1.8 m，并将洪水出峰时间推后一天，避免西江再次发生编号洪水，有效减轻了西江下游防洪压力，避免西江、北江洪水恶劣遭遇，为北江洪水安全宣泄创造了有利条件（侯贵兵 等，2022；黄锋 等，2023）。

（5）应急响应期间，珠江防总多次向广西壮族自治区人民政府、广东省人民政府发出通知，要求强化防汛责任落实，切实做好水工程防洪调度、堤防巡查防守、水库安全度汛、山洪灾害防御、城乡防洪排涝等工作，并要求高度重视退水阶段防御工作，及时发现并有效处置险情，切实做好转移群众安置工作，全力保障人民群众生命财产安全。

5.3.4　灾后救援行动

（1）交通电力

①6 月 23 日 21 时，英德市东华、桥头、白沙、横石水和青塘五个东边乡镇约 8 万居民全部恢复正常供电；6 月 24 日 23 时 35 分，英德市区范围内 2.5 万用户电力供应全部恢复正常；6 月 25 日 23 时 30 分，阳山县受灾停电区域全面恢复供电；截至 6 月 27 日 12 时，英德复电率超 98%。

②中移铁通江门分公司共出动抢险救援人员 89 人，抢修车辆 20 多台次，发电油机 10 余台，修复光缆断点 26 处，修复受损通信线路 30 余条，抢通故障点 127 个。

③广东省交通运输系统先后共出动应急抢险救援人员 1.4 万人次，设备 3293 台次。截至 6 月 22 日，全省已抢通高速公路 15 处、普通国省道 128 处、农村公路 165 处。

（2）恢复生产

①清远市防汛救灾复产英德前线指挥部在英德成立，指挥部设救灾物资统筹组、供水排涝组、供电通信交通保障组、灾后卫生防疫组、灾后复产组等 10 个工作小组，有序有效做好重灾区英德的防汛救灾复产各项工作。

②广东省消防总队、省应急管理厅亦在英德靠前指挥协调各方面救助力量，成立“三人小组”（受灾镇党委书记、消防队员、专业救援队员），有序调配生活物资和防汛救援物资至受灾镇

街。省、市、县三级形成“一盘棋”“一张网”，统筹协调各方面救助力量、各类救助物资，推动救灾复产工作有序高效。

③清远市慈善总会工作人员将发往灾区的第七、第八批爱心物资装车。清远市慈善总会共接收捐款 6002395.44 元和价值 56 万余元的物资。其中，腾讯基金会于 6 月 23 日紧急宣布首期捐赠清远市慈善总会 500 万元，用于受灾地区的紧急援助和灾后重建。扎根清远 29 年的港资企业建滔集团此次也捐资 200 万元，用于支援清远市灾区防汛救灾和灾后重建工作，帮助灾区渡过难关。6 月 24 日，辛选集团创始人宣布捐赠价值 300 万元的抗洪救灾物资驰援英德。

④广东省消防总队共调集了 17 支消防支队、1625 名消防救援人员，赴英德开展救援工作。6 月 27 日遭遇洪灾的韶关、清远(英德)两市，已转入灾后重建工作。

(3)次生衍生灾害处置

北江发生特大洪水后，立即增派工作组、专家组，分赴韶关、清远、肇庆等地开展防洪风险隐患排查、指导工程险情处置工作，为水工程充分发挥防洪减灾作用、工程安全度汛等提供了技术支撑。

广东省降雨区域高度重叠，土壤含水量高，中小河流洪水、山洪、地质灾害风险大。省三防办、省应急管理厅要求各地各部门加强巡查排险，强化水库特别是小水库、小水电站的安全管理，落实削坡建房、高边坡道路、易过水桥梁、“山边、河边、路边”、易涝点等重点部位的安全防范措施，严防各类次生灾害发生。

5.3.5　洪水灾害信息报告

(1)提前编制大江大河及 16 条重要河流(支流)防御洪水方案，组织 21 个地市编制超标准洪水防御预案，对潖江蓄滞洪区(国家级)和 15 个临时蓄滞洪区逐一排查整治分洪运用隐患，经广东省人民政府批复同意印发实施《广东省北江干流防御洪水方案》《广东省西北江三角洲防御洪水方案》，为抵御流域性洪水提供了决策依据(王立新，2022)。

(2)根据预报成果，多尺度多方案滚动预演，制定比选方案 50 余套，按照“流域—干流—支流—断面”分析识别不同调度方案下风险隐患，比选提出最优调度预演方案；根据预演结果，结合流域防御目标和防御重点，按照“技术—料物—队伍—组织”各环节落实落细洪水防御对策，推荐生成洪水防御预案，有针对性地做好洪水防御准备。

(3)累计发出洪水预警通知 7 份、水情预报简报 955 份、快报 2235 份、预报预警信息 1215 份，处置山洪灾害预警 309 个，发出责任人预警信息 18 万条，向公众手机推送全网水情预警。

(4)出版《迎战珠江流域罕见水旱灾害纪实防洪篇》《迎战珠江流域罕见水旱灾害纪实抗旱篇》2 本专著，为今后水旱灾害防御工作积累经验。

5.3.6　灾后调查评估结论

(1)各级水文局开展洪水调查(包括：暴雨调查、洪水调查、淹没损失调查、流域水工程调度(堤防水库运用)情况调查、水文测报情况调查等)。复盘交流防御“22·6”北江特大洪水等系列工作，严格按照水利行业标准《水文调查规范》(SL 196—2015)相关技术要求，全面梳理洪水调查工作任务，细化任务分工，继续发扬连续作战、团结协作的精神，确保洪水调查工作按时按质完成。组织多个洪水调查小组，仔细查明洪痕，测量洪痕高程，进行洪痕标注记录，收集大洪水资料等，同时向附近村民详细了解洪水受淹情况，观察沿河水利设施情况，并及时整理调查资料。

(2)北江流域本次调查河段累积长度近 2000 km,布设调查断面 487 处,测量洪痕 1306 处,调查受淹村庄 539 个和淹没区域 67 个,收集 79 宗水利工程调度资料,并开展了潖江蓄滞洪区和波罗坑专项调查工作。

5.4 珠江流域性洪水灾害应对不足之处及建议

5.4.1 应对过程中的不足之处与缺陷

(1)流域防洪、供水工程体系尚不完善。流域防洪规划明确的龙滩(二期)、洋溪等流域防洪控制性工程尚未建成,控制性水库防洪库容不足,潖江蓄滞洪区仍未达标建设,运用补偿机制不健全,制约了工程防洪效益发挥;珠江三角洲水资源配置工程、环北部湾水资源配置工程、粤东水资源配置工程尚未建成,流域、区域防洪安全、供水安全保障存在风险。

(2)防洪隐患亟待治理。西江、北江、东江等河段河床不均匀下切,形成深槽迫岸,易发生堤脚冲刷塌陷、地基渗漏、岸坡塌滑等险情;病险水库点多面广,中小河流洪水和山洪灾害防御能力亟待提升;此外,受前期暴雨洪水影响,部分水利工程不同程度损坏,防洪保安能力尚未恢复。

(3)水旱灾害防御基础研究有待进一步深入。流域大江大河及重点支流洪水调度方案尚未完全覆盖,关于防洪保护区、蓄滞洪区等的基础资料不完善,与新形势水旱灾害防御工作不相适应,可操作性不强。针对流域极端洪涝灾害及干旱事件的研究不足,基于流域水工程联合调度的防灾减灾能力和洪水风险识别、决策、管理、补偿等基础工作薄弱。

(4)水旱灾害防御信息化、智慧化水平不高。大数据等科技支撑与“四预”融合存在不足,预报精细化程度及调度智能化水平不高,难以满足新形势下保障流域防洪安全、供水安全的要求。

5.4.2 应对措施建议

(1)健全应急管理体制

①各级领导高度重视,科学指挥部署防汛工作

国家防总、水利部高度重视珠江防汛抗洪工作,在防汛抗洪紧要关头,国务委员、国家防总总指挥亲临珠江指导防汛工作;国家防总副总指挥、水利部部长一周内 2 次深入珠江防汛一线,现场指导西江、北江防洪调度,果断指出,要做好潖江蓄滞洪区运用准备。水利部长多次主持防汛会商,专题研究珠江洪水防御工作,要求锚定“人员不伤亡、水库不垮坝、西江北江干堤不决口、珠江三角洲城市群不受淹”珠江洪水防御“四不”目标,亲自制定“降雨—产流—汇流—演进、总量—洪峰—过程—调度、流域—干流—支流—断面、技术—料物—队伍—组织”四个链条防御措施,全过程指导珠江洪水防御工作。广东、广西两省(自治区)党委、政府主要领导靠前指挥、坐镇指挥,组织动员相关各地各单位,全力迎战珠江“22·6”特大洪水(王宝恩,2022)。

②认真落实“四预”措施,掌握洪水防御主动权

珠江委组织由 20 余名博士组成的技术团队集中攻坚,于 2022 年 5 月上旬建成并投入使用珠江防汛“四预”平台(安雪 等,2023)。在珠江“22·6”特大洪水防御期间,珠江委坚持“预”字当先,将预报、预警、预演、预案贯穿洪水防御全过程,精准研判洪水影响范围和影响程度,做到“防”的关口前移。紧盯雨情、水情、工情、灾情,精准预报“降雨—产流—汇流—演进”各环

节，精细把握洪水发生、发展全过程，提前一周准确预判即将发生的编号洪水，提前48 h精准预报西江、北江重要控制断面的洪水量级、峰现时间；提前向社会公众发布洪水预警63次、预警信息10.7万余条，为洪水防御、危险区人员转移避险争取了宝贵时间；根据预报成果，多尺度多方案滚动预演，制定比选方案50余套，按照“流域—干流—支流—断面”分析识别不同调度方案下风险隐患，比选提出最优调度预演方案；根据预演结果，结合流域防御目标和防御重点，按照“技术一料物一队伍一组织”各环节落实落细洪水防御对策，推荐生成洪水防御预案，有针对性地做好洪水防御准备。

③锚定洪水防御目标，系统制定洪水防御措施

坚持目标导向、问题导向、结果导向，坚定不移锚定珠江洪水防御新的“四不”目标，滚动研判防御形势，科学制定洪水防御措施。珠江委防洪关键期加密会商，洪水防御团队连续一个多月坚守奋战，密切监视汛情变化，通宵达旦滚动分析研判流域汛情。根据流域汛情发展变化，从宏观、中观、微观三个层次逐流域、逐区域、逐河段滚动识别风险，实时分析研判洪水防御风险隐患，找准险工险段和洪水威胁区域，厘清蓄滞洪区启用时机和工程调度运行风险，提高洪水防御针对性。珠江委统筹考虑流域防御风险、水工程的防洪功能和全委技术力量，系统制定水文监测、防洪调度、督促指导、技术支撑等一系列防御策略。

④有序细化预报方案

对于集雨面积狭长、暴雨落区不确定性较大和建有梯级水库的区域，需要根据预报站点结构、暴雨落区、区间洪水演进等方面进一步细化完善河系方案，提高洪水预报精度(吴乐平 等，2022)。针对区间暴雨分布不均匀的区域，尽量缩小无控区间范围，加强洪水量级较大支流控制站报汛监管，落实站点报汛质量和时效性，精细模拟区间产汇流变化规律。针对建有多梯级水库的区域，在水文预报模型中耦合水工程调度模块，将有调蓄功能的水库作为主要计算节点，构建“流域一干流一支流一断面”多尺度多过程耦合的全链条预报调度一体化预报方案。

(2)强化基础设施抗灾能力

强化防洪统一调度，充分发挥防洪工程体系作用。珠江委以流域为单元，强化防洪统一调度，会同广东、广西、福建水利厅调度40余座水工程，拦蓄、分滞洪水176亿 m^3，将西江、北江洪水量级控制在主要堤防防洪标准以内，避免了东江发生编号洪水，确保了粤港澳大湾区城市群安全。

①全面运用北江防洪工程体系，首次启用潖江蓄滞洪区分洪

以“下保广州、佛山，上不淹清远、英德”为底线，系统调度乐昌峡、湾头等北江中上游干支流水库群拦蓄洪水，力保韶关市防洪安全，全力削减飞来峡水利枢纽入库流量；精细调度飞来峡水利枢纽拦洪削峰，择机果断启用潖江蓄滞洪区滞洪，利用芦苞涌和西南涌分洪将洪水量级压减至北江大堤安全泄量19000 m^3/s (100 a一遇洪水标准)以内，确保了广州、清远等重点防洪对象安全，同时避免了飞来峡水利枢纽库区内的英德市主城区受淹。

②系统调度西江水库群“五大兵团”，全面控泄西江洪水

以“柳州、梧州不受淹”为底线，调度西江干支流“五大兵团”24座水库群拦蓄洪水38亿 m^3，发挥在建大藤峡工程的流域控制性工程关键作用，削减梧州站洪峰流量6000 m^3/s(降低水位1.8 m)，有效减轻了西江下游沿线防洪压力，确保了柳州、梧州等重点防洪城市安全，兼顾了浔江两岸低标准防护区安全。

③西江、北江防洪工程联合发力，避免西江、北江洪峰遭遇

通过滚动优化西江、北江水工程联合调度，将西江洪峰出现时间延后了 38 h，避免了西江洪峰和北江洪峰恶劣遭遇，为北江洪水首先安全宣泄创造了有利条件，将珠江三角洲洪水全线削减到堤防防洪标准以内，确保了粤港澳大湾区防洪安全。此外精细调控贺江合面狮、韩江棉花滩等水库，分别拦蓄洪水 3 亿 m^3 和 2 亿 m^3，最大程度减轻了贺江、韩江防洪压力，为人员紧急转移避险赢得宝贵时间。

(3)提高灾害预警水平

面对珠江流域超百年一遇特大洪水，珠江防总、珠江委及时启动防汛Ⅰ级应急响应，以空前力度投入防汛抗洪工作。珠江防总及时向广东省人民政府提出工作意见，建议强化防汛指挥部统一指挥，细化各项防御措施。珠江委党组紧急动员全委 3000 多名干部职工、防汛专家和技术骨干随时待命，集结水文预报、水工程调度等技术团队昼夜研究制定洪水调度方案。珠江委先后派出 30 多个工作组、专家组赶赴一线，按照“洪水不退，队伍不回”要求，协助指导地方防汛抢险救灾。珠江委水文局、珠科院、珠江设计公司等委属单位及时向地方派出精干技术力量 148 人次，为急需专业技术力量支持的受灾市县提供技术支撑，全力协助开展抗洪抢险工作。

(4)提升多元化协同合作能力

强化流域协同作战，凝聚防汛抗洪强大合力。珠江委充分发挥流域防总办公室平台作用，统筹流域全局，将南方电网、珠江航务管理局纳入珠江防总成员单位，建立水利、电力、航运等部门参与的调度协调机制，加强与有关省(区)防指、水利、应急等部门沟通协调，强化流域统一指挥、协同作战。在防洪关键期，珠江防总办公室多次向广东、广西防指发出通知，指导做好水工程调度、水库安全度汛、堤防巡查防守、山洪灾害防御等各项工作。珠江委密集组织广东、广西水利厅联合会商，共同研究调度方案。珠江流域气象中心、珠江航务管理局、南方电网、广西电网等部门全力配合洪水防御和水工程调度工作。

5.4.3 提升珠江流域防洪保安能力的对策和建议

近年受全球气候变化和人类活动影响，水旱灾害突发性、异常性、不确定性突出。流域性大洪水、局地极端强降雨、超强台风等极端天气事件增多，洪涝灾害防御面临新的风险和挑战。随着工业化、城镇化快速推进，社会财富越来越集聚、人口分布越来越集中，洪涝灾害造成的生命财产损失和社会影响越来越大，人民群众对洪涝灾害防御工作提出新的更高要求，珠江流域洪水防御工作面临新挑战(姚文广，2022)。

(1)完善流域防洪工程体系

坚持以规划为引领，以珠江流域防洪规划修编为契机，从流域层面系统部署水库、堤防、蓄滞洪区建设，逐步完善流域防洪工程体系，提升洪水防御能力。推进堤防达标建设和河道整治，全面开展西江等干流及中小河流治理，提高河道泄洪及堤防防御能力；加快大藤峡水利枢纽等流域控制性工程建设，推进病险水库除险加固，增强江河洪水调蓄能力；加强潖江蓄滞洪区建设与管理，确保蓄滞洪区分得进、蓄得住、退得出。

(2)强化流域防洪统一调度

充分发挥珠江防总办公室平台作用，按照“讲政治、保安全、求共赢”总体思路，做好流域水库调度管理顶层设计，拓展水库群联合调度广度和深度，规范划分流域水工程调度权限，构建以流域统一调度为核心、各级水行政管理部门分级管理、涵盖流域干支流控制性工程的调度指挥体系；以流域为单元，统筹考虑上下游、左右岸、干支流，联合运用河道、堤防、水库、蓄滞洪区等各类水工程，综合采取拦、分、蓄、滞、排等措施，实现水工程防洪减灾效益最大化。

(3)建立健全方案、预案体系

根据流域工情、洪水防御形势变化，修订完善江河洪水调度方案、流域与区域水工程联合调度方案、重要工程度汛预案，进一步完善超标准洪水防御预案，科学合理安排超标准洪水出路。同时修订完善水旱灾害防御应急预案，优化应急响应工作机制，变“过去完成时”为“将来进行时”，切实提高方案、预案的针对性和可操作性，规范和强化防汛应急管理和日常管理工作。

(4)持续开展防汛安全隐患排查

针对违法侵占河道妨碍行洪、阻塞水库溢洪道、水工程安全度汛措施落实不到位等突出问题，建立问题台账，加强监督检查，实行闭环管理，及时消除安全隐患；依法依规处理侵占河道、湖泊等行为，确保河道行洪通道畅通；持续开展山洪灾害隐患排查整治，建立山洪灾害风险区动态管理清单，规范预警信息发布，畅通预警信息“最后一公里”，提升山洪灾害防御能力。

(5)建设具有“四预”功能的数字孪生流域

按照“需求牵引、应用至上、数字赋能、提升能力”要求，结合流域防汛抗旱工作实践，不断更新完善珠江水旱灾害防御“四预”平台。构建具有预报、预警、预演、预案功能的智慧水利，加快以保障粤港澳大湾区水安全为重点的数字孪生流域、智慧珠江工程建设。以数字化场景、智慧化模拟、精准化决策为路径，充分运用云计算、大数据、物联网等新一代信息技术，全面推进算据、算法、算力建设，提升流域防洪减灾决策支撑能力。

(6)深化流域防洪关键问题研究

充分发挥流域管理机构技术优势，立足流域实际，集智攻关、重点突破。深入研究历史大洪水、极端暴雨的特点和规律，开展基于气候变化下的流域水文预报关键技术研究，改进水文测报技术手段，完善短中长期水文预测预报模式，提升预报精准度，延长预见期；以“报得出、听得懂、知风险、能避灾”为目标，完善预警发布机制；以实现流域调度效益最大化为目标，深入开展水库群联合调度基础研究；加强防汛专业人才队伍建设，不断提升流域洪水防御管理能力和水平。

第 6 章　南方低温雨雪冰冻灾害[①]

6.1　南方低温雨雪冰冻灾害背景调查

6.1.1　灾害基本情况概述

2008 年南方低温雨雪冰冻灾害是中国南方地区自 1954 年以来最严重的天气灾害之一。这场灾害从 1 月 10 日开始,持续到 2 月 12 日,历时 1 个月。2008 年南方低温雨雪冰冻灾害主要影响了华南、西南和珠江三角洲地区,特别是广东、广西、贵州、湖南、湖北、重庆、福建等省(区、市)。这场灾害导致了大范围的冰冻、雪灾和交通瘫痪,给当地的交通、电力、供水、农业和生活带来了严重的困难,给南方地区带来了巨大的损失。

首先,这场灾害给交通带来了巨大的冲击。由于道路结冰和积雪,大量的公路和高速公路被迫关闭,交通运输系统陷入瘫痪。许多列车被迫停运,造成大量旅客滞留。此外,航班也受到严重影响,许多机场关闭或取消航班,导致数十万旅客滞留在机场。

其次,电力供应受到了严重的影响。在灾情最严重的地区,大量的电线杆被冰冻和雪压倒,导致电力线路中断,停电现象普遍。许多地方几天甚至几周没有电,给人们的生活和工作带来了极大的不便。

再次,这场灾害对农业产生了重大影响。大面积的冰冻和雪灾导致大量的农作物受损甚至死亡,特别是对蔬菜、水果、茶叶等经济作物的影响尤为严重。许多农民的农田被冻坏,农产品供应出现紧缺,物价上涨。

此外,由于灾情过于严重,政府的应急救灾能力也受到了挑战。虽然政府及时动员力量进行抗灾救援,但由于灾害影响范围广、受灾人数众多、救援力量有限,无法及时满足灾民的需求。这也导致了一些灾民的不满情绪和社会问题的出现。

面对这场严重的灾害,政府采取了一系列应急措施来缓解灾情。首先,调集了大量的抗灾救援力量,包括军队、警察和志愿者等,投入到救灾工作中。同时,政府还派出了多个工作组,协调各地的救援工作,保障受灾群众的基本生活需求。其次,加强了对受灾地区的供电和交通恢复工作。组织了大规模的清雪和冰冻处置工作,恢复了一些道路的通行能力。调集了大量工作人员和设备,抢修恢复供电。此外,政府还提供了资金和物资支持,帮助受灾地区的农民恢复农田和生计。设立了灾民救助基金,为受灾群众提供生活补助和重建资金。向受灾地区调拨了大量的粮食和物资,保障受灾群众的基本生活需求。

---

① 本部分内容中引用了《中国南方 2008 年 1 月罕见低温雨雪冰冻灾害发生的原因及其与气候变暖的关系》(丁一汇、王遵娅、宋亚芳、张锦 2008 年发表于《气象学报》)的文章,特此说明和致谢。

6.1.2　成因分析

对于 2008 年南方低温雨雪冰冻灾害的原因不是单一的，是多种因素综合作用的结果。由于多种因素在同一时间、同一地区互相配合和增强的概率很低，因而这种灾害是十分罕见的，导致异常持续、异常强烈的冰雪灾害，这就是所谓的极端天气气候事件。导致 2008 年南方低温雨雪冰冻灾害有三个原因是最基本的。一是拉尼娜事件的影响；二是欧亚 1 月阻塞形势的异常发展和大气环流形势持续稳定；三是来自孟加拉湾和南海出现持续的大量暖湿空气的向北输送。

拉尼娜事件是造成此次灾害的气候背景，与历史上相比是很强的，到 2008 年 1 月最低温度达到了－2 ℃左右[图 6-1(彩)](丁一汇 等，2008)。这次拉尼娜事件是 1951 年以来发展最为迅速的一次，它一出现就迅速增强，因而也是拉尼娜事件的前 6 个月平均强度最强的一次，其平均温度－1.2 ℃(何溪澄 等，2008)。强拉尼娜事件发生的当年冬季，亚洲中纬度大气环流的经向发展会异常强烈。由暖空气构成的高压脊可向北延伸到极区，引导那里的极冷空气频繁南下，侵入中国，造成中国北方和东部大部分地区气温偏低，长江以北地区降水偏多，南方降水偏少。2007 年的秋季和初冬中国降水的实况与这种特征非常一致。当时南方正经历一场大范围异常的持续干旱少雨天气，拉尼娜事件的影响在前期秋季已十分明显。2007 年入冬以来，中国出现降水异常分布特征和历史上较强拉尼娜事件发生的冬季气候特征十分相似，即中国大范围多雨雪，气温偏冷，尤其是长江以北地区，降水异常偏多。同时由于冷空气偏强，迫使冬季的多雨带从南岭以北南压到南岭以南的华南地区。而在北方多雪区与华南多雨区之间，即长江以南的两湖地区到贵州是雨夹雪或冻雨的天气。

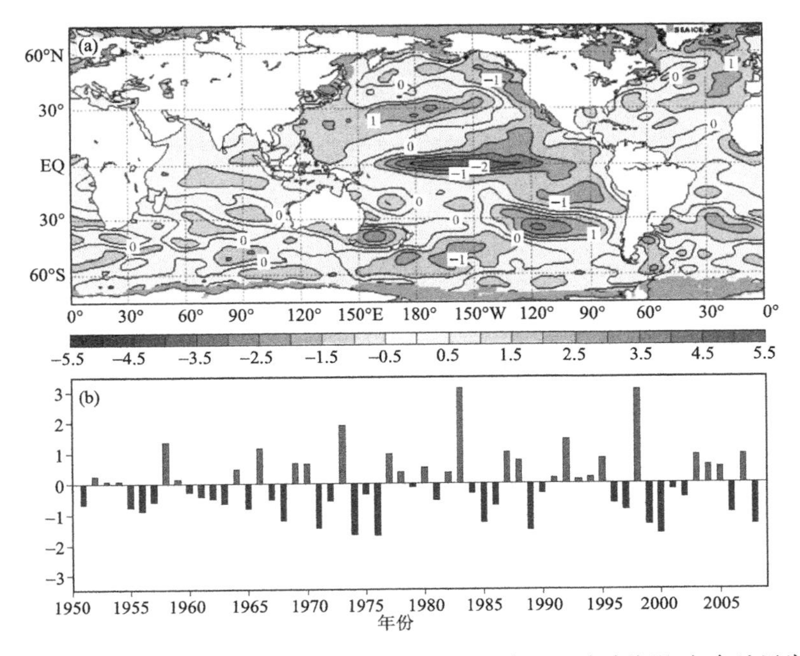

图 6-1(彩)　(a)2008 年 1 月全球海表温度距平分布(蓝色地区为冷海温，红色地区为暖海温(日本气象厅，2008))；(b)1951—2008 年 1 月赤道东太平洋(Nino3 区)海温距平演变

欧亚大气环流持续性异常是造成这次冰雪灾害的直接原因。2008 年 1 月欧亚大气环流

出现明显异常，表现为北大西洋的高空强西风气流在欧洲突然分支，北面的一支在乌拉尔山地区强烈地向北伸展，直到高纬的极地地区，然后从那里折转南下，引导寒冷的极地空气经中亚地区向东移动，不断以西方路径侵入中国。这种大气环流的阻塞形势，不但向北伸展的纬度异常高，而且持续日数超过 20 d，是多年平均出现日数的 3 倍多，为 1951 年以来该环流型式持续时间最长的一次[图 6-2(彩)](丁一汇 等，2008)。在这样的环流形势下，冷空气主要从西伯利亚地区连续不断地自偏北方流向中亚的稳定低槽中，然后沿河西走廊南下入侵中国，直接为中国自西向东与自北向南出现大范围低温、雨雪冰冻天气提供了冷空气条件。可以看到，来自巴尔喀什湖低槽中的冷空气经高原北部不断东移，以后又在中国东部、高原东侧南下。冷空气主要由中亚以西方路径连续侵入中国是这次冰雪灾害形成过程中重要的一个环流和天气特征。另一方面，西太平洋副热带高压脊线位置明显偏北，从多年平均的 1 月的 13°N 北进到 17°N，为 1951 年以来 1 月脊线的最高纬度。这种情况下，副热带高压西侧的偏南风把南方暖湿空气向北输送，造成冷暖空气在中国长江中下游及其以北地区交汇，使早期(21 日以前)安徽、江苏、浙江等省出现大雪。之后，副热带高压南移，强度减弱，冷暖空气交汇区也随之南移，低温雨雪冰冻主要集中在长江中游及其以南地区，这个时期也是冻雨明显发生的时期。

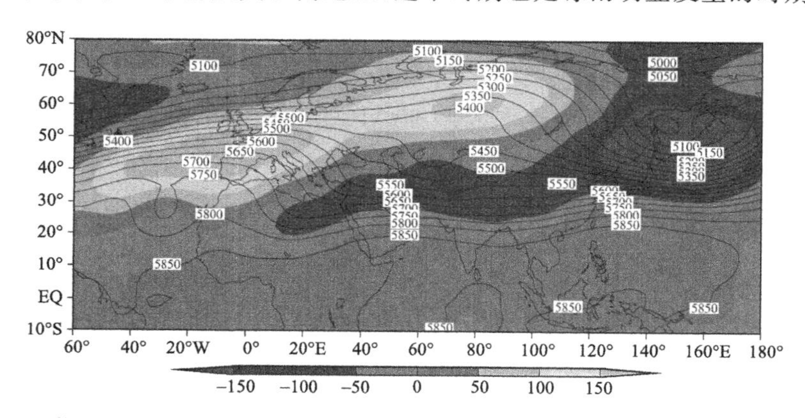

图 6-2(彩)　2008 年 1 月 11 日—2 月 3 日平均 500 hPa 环流形势(丁一汇 等，2008)

孟加拉湾南支槽的加强和水汽输送是大范围冻雨和降雪产生的必要条件。来自西亚绕过青藏高原到达中国南方的西南气流是一支暖湿的气流，它会同从中印半岛—南海地区向北输送的暖湿空气，共同与南下冷空气在长江中下游和湘黔地区在低层形成强烈的空气辐合，导致空气上升，形成降水。同时它们也为降水带来源源不断的水汽供应。更为重要的是，暖湿气流北上在 1000～3000 m 气层形成了一个暖湿层，使冻雨得以形成。因而如果没有来自孟加拉湾强烈的暖湿空气输送，这次雨雪冰冻灾害不可能有持久性的冻雨发生，而主要表现为江南以北是降雪、华南是降雨的一般性冬季降水分布。这支西风在孟加拉湾地区受青藏高原大地形的影响在孟加拉湾地区形成南支槽。自 2008 年 1 月中旬以来南支槽活动频繁，强度加剧，是近十多年来少有的[图 6-3(彩)](丁一汇 等，2008)。孟加拉湾南支槽在气流场和高度距平场上都是十分明显的。其槽前是强西南气流，它和北方西北气流在江淮地区汇合。南支槽的稳定活跃有利于其前部的西南风把来自印度洋和孟加拉湾地区的暖湿气流沿云贵高原不断地向中国南方输送(高辉 等，2008)。

长期冻雨的形成是此次冰雪灾害的主要成灾因子。冻雨是过冷却液态降水，主要是雨滴

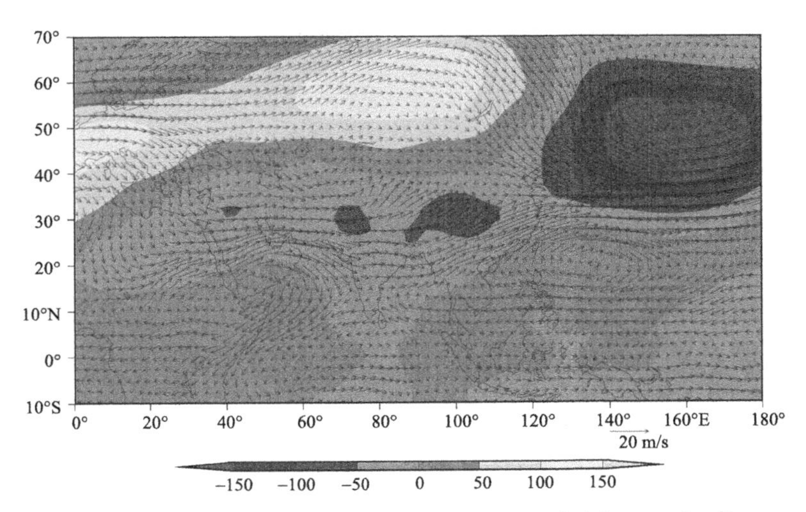

图 6-3(彩)　2008 年 1 月 10 日—2 月 3 日 700 hPa 平均流场(丁一汇 等,2008)

落到温度为 0 ℃以下的寒冷物体上冻结而成的一种坚实、透明或半透明的冰层。因而冻雨的形成主要与低层冷空气层的存在密切相关。这个条件在北方有强冷空气侵入中国时是容易满足的。北方的冷空气经西北、华北、长江南下后在长江以南呈扇形展开并继续南下,当扇形空气的西南翼到达南北走向的横断山脉时,受高山阻挡,在山脉以东的广大区域内不断堆积,在云、贵、川、桂、鄂西、湘西的地面与低空 1500 m 以下,形成气象上称之为"冷垫"的冷空气层,为冻雨的产生创造了条件。在冷垫之上是一暖空气层,这个中间的暖层(又称融化层)也是十分重要的(王绍武,2008),它也成为降水型过渡层,在这个层中,可以只是雨夹雪天气,也可以是雨夹雪再加上冻雨与冰丸(包括冰粒或冰雹),一般有很高的降水率。它的宽度从几千米到上百千米不等,在大陆东岸的冬季风暴或温带气旋中经常可观测到。它实际上也是雨雪的分界区,一边是雨,一边为雪,其间过渡区为多种相态粒子的相互作用,包含微物理、热力和动力过程的复杂耦合。图 6-4(丁一汇 等,2008)是沿 25°N 温度纬向距平的经度高度剖面。最明显的特征是在横断山(100°—105°E)以东地区,温度在垂直方向上呈"冷—暖—冷"的结构。观测表明,1 月中旬以来,湖南、贵州等地在 1500～3500 m 气层出现了明显的逆温层,逐渐加强并维持了近 20 d。逆温层之下,地面和低层气温长时间低于 0 ℃,形成了有利于冰冻产生的深厚冷下垫面。逆温层之上,温度随高度下降。逆温层是形成和长时间维持南方大范围冻雨发生的必要天气条件。地面气温在 0～3 ℃,在 700～850 hPa 形成中心大于 4 ℃的逆温层。29°N 以北逆温层较弱,天气主要是降雪,26°N 以南,虽然仍存在强逆温层,但近地面层温度较高,转为雨区。沿着低层冷空气层从华南沿海上升的偏南暖湿气流向北滑升达到中高层后,到淮河流域可上升到 10 km,迅速凝结成长为过冷水滴或冰晶,过冷水滴再通过贝吉隆过程变成大雪花。大雪花下降到暖层中融化成水滴,水滴继续下降到冷空气垫上遇到物体再度凝结,形成外冰内水的冰珠,最终降落到地面,产生冻雨(杜海信 等,2006)。当地夜晚的寒气,使这些冰水混杂的冻雨在地面、屋顶,以及各种裸露在户外的公共设施上进一步凝结,称为"雨凝"。由冻雨而"雨凝",由"雨凝"而冰,伴随着严重低温,这就造成了这次大规模的"低温雨雪冻雨"灾害。

6.1.3　灾害特点

2008 年南方低温雨雪灾害具有强度异常、影响范围广、持续时间长和造成重大损失等特

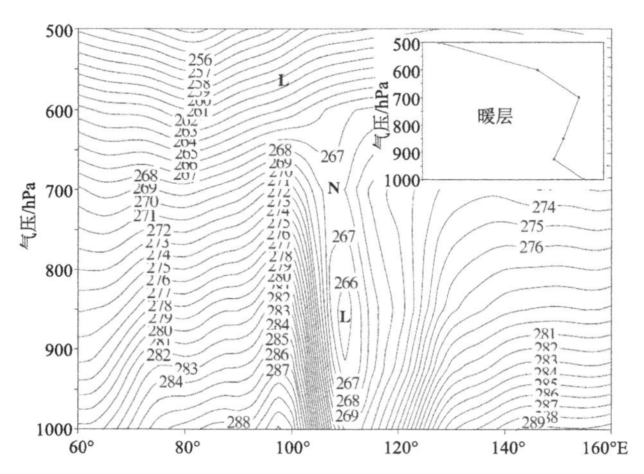

图 6-4　灾害期沿 25°N 温度纬向距平的经度高度剖面(单位:K,右上角插图代表江南与西南地区平均的探空曲线)(丁一汇 等,2008)

点。这些特点决定了 2008 年低温雨雪冰冻灾害的严重程度和危害后果。此次持续的低温雨雪冰冻天气事件强度大,表现为平均最低气温明显偏低,平均最高气温异常达历史同期最低值,雨雪量为历史同期第 3 位。2008 年 1 月上旬中国长江流域是偏暖的,平均气温为 5～10 ℃,较常年同期偏高 2～4 ℃。1 月下旬,受冷空气频繁影响,南方大部分地区出现剧烈降温,长江以南大部分地区降温幅度达 10～20 ℃(丁一汇 等,2008)。降温区从新疆开始,向东然后向南,顺青藏高原的北缘和东侧呈弧形展开,降温最显著地区是湖北、湖南、贵州、广西等地。长江中下游地区的最低气温降至－6～0 ℃。日最高气温也显著偏低,与常年同期相比,湖南、贵州、湖北、广西的平均最低气温偏低 2～4 ℃,平均最高气温则偏低 5～9 ℃。

根据国家气候中心和南方各省(区)气象部门的统计和分析(王凌 等,2008),有 8 项气象要素打破同期中国历史纪录。

(1)平均最高气温异常偏低,达历史同期最低值。尤其是长江中下游及贵州的平均最高气温(图 6-5)(丁一汇 等,2008)异常偏低,明显低于 1976 年、1977 年,达历史同期最低值,为百年一遇。一天中的最高气温与积雪融化密切有关,最高气温持续偏低不利于白天积雪和冻结地面(雨凝)融化,加剧了雪灾与冻雨灾害的持续影响。

(2)该时段中国平均降水量为 1951 年以来历史同期最大值。

(3)长江中下游与贵州的冬季冰冻日数超过历史冬季最大值。

(4)湖南、湖北雨雪冰冻天气为 1955 年以来持续时间最长。

(5)贵州 43 个县(市)的冻雨天气持续时间突破了历史纪录。

(6)江西雨雪冰冻灾害为 1959 年以来最严重。

(7)安徽省降雪为有资料以来降雪持续时间最长。

(8)区域性暴雪影响程度为有记录以来之最。

此次低温雨雪冰冻天气持续时间长,破历史纪录,从 1951 年到 2007 年冬季长江中下游及贵州区域平均最大连续冰冻日数历史资料统计分析,2007 年 12 月 1 日—2008 年 2 月 2 日的最大连续冰冻日数已超过历史冬季最大值。其中湖南省和湖北省雨雪冰冻天气是 1954 年以来持续时间最长、影响程度最严重的,江西省是 1959 年有气象观测资料以来影响最严重的,有

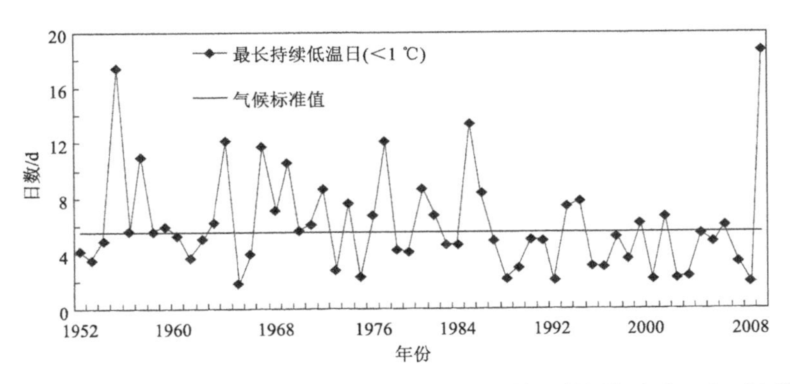

图 6-5 冬季长江中下游及贵州日平均气温<1 ℃最长连续日数历年变化(丁一汇 等,2008)

60多个县(市)出现了冻雨天气。湖南省这次雨雪冰冻灾害是1954年以来范围最广、持续时间最长、灾害损失最严重的一年,且超过了1954年,冰冻出现站数为1951年以来最多,冰冻持续时间仅次于1983年和1954年。湖北省大部分地区连续低温日数达16～18 d,为1954年以来最长,连续雨雪日数15～18 d,也为历史同期最长。长江中下游及贵州日平均气温低于1 ℃的最长连续日数仅少于1954年、1955年,为历史同期次多年份。“08·01”南方雪灾作为一次极端天气事件有多项气象纪录超过了当地自有气象记录以来的极值,例如,湖北平均气温偏低为历史同期最低;江西冻雨持续时间破历史纪录;江苏省1月底的区域性暴雪过程历史罕见,其持续时间、积雪深度及影响程度都为有记录以来之最(王东海 等,2008);安徽为有资料以来降雪持续时间最长的一年;贵州省持续冰冻天气为有气象记录以来最严重的一次,冰冻影响范围及电线积冰厚度突破有气象记录以来极值,有56个县(市)的冰冻持续日数突破了历史记录等(杨贵名 等,2008)。

除上述特征以外,还有以下几个主要特征。

(1)它是同期发生的亚洲冰雪灾害链中的一环,并且是最严重的一环或一个地区。

从2008年1月西亚、中亚及南亚诸国从西向东陆续遭到寒流袭击,亚洲大部分地区气温较常年同期偏低超过2 ℃,中亚地区较常年同期偏低超过6 ℃。地中海东岸、伊朗和伊拉克都出现了历史上罕见的暴雪,伊拉克降下了100年以来第1场雪,伊朗北部和中部积雪有55 cm,造成德黑兰交通混乱,部分政府机关和中小学临时关闭,有21人死亡,88人受伤。中亚,吉尔吉斯斯坦和塔吉克斯坦相继出现数十年罕见的破纪录严寒天气。阿富汗遭遇罕见的全国范围持续降雪并发生雪崩,共造成60多人死亡。南亚孟加拉国西北部亦受到强寒流袭击,出现明显降温。2008年1月亚洲极端气候事件的分布结果显示。从图中异常低温事件和雪灾分布在从西亚、中亚经过南亚到东亚的一条东西向带状区中。在亚洲发生上述一系列严寒天气和暴雪过程中,一个最明显的特征是这种灾害性天气不断由西向东,从西亚经中亚和南亚,传播到位于东亚的中国,最后结束于日本地区(丁一汇 等 2008)。

由图6-6彩(丁一汇 等,2008)可以看到,亚洲异常低温区在2007年11月已出现在黑海以西的亚洲中西部地区,而黑海以东(包括东亚)是大范围气候增暖区。2007年12月,主要异常低温中心区已移到中亚地区[图6-6a(彩)]。2008年1月,进一步向东扩展到东亚地区,可以看到中国南方出现一明显的异常向南伸展的冷舌区[图6-6b(彩)]。到2008年2月,整个40°N以南的亚洲地区全为异常冷区[图6-6c(彩)],以北为异常暖区,但降温的量值在减弱。从欧亚温度距平场看，温度距平分布与多年平均和这年冬季前期都反向，造成了南冷北暖的空间分布。由上可见，2008 年南方低温雪冰冻灾害不是一个孤立的地区性事件，是 2008 年冬季整个亚洲大范围气候异常的一个体现，它也是西亚和中亚低温雪灾不断向东传播的结果（丁一汇等，2008）。

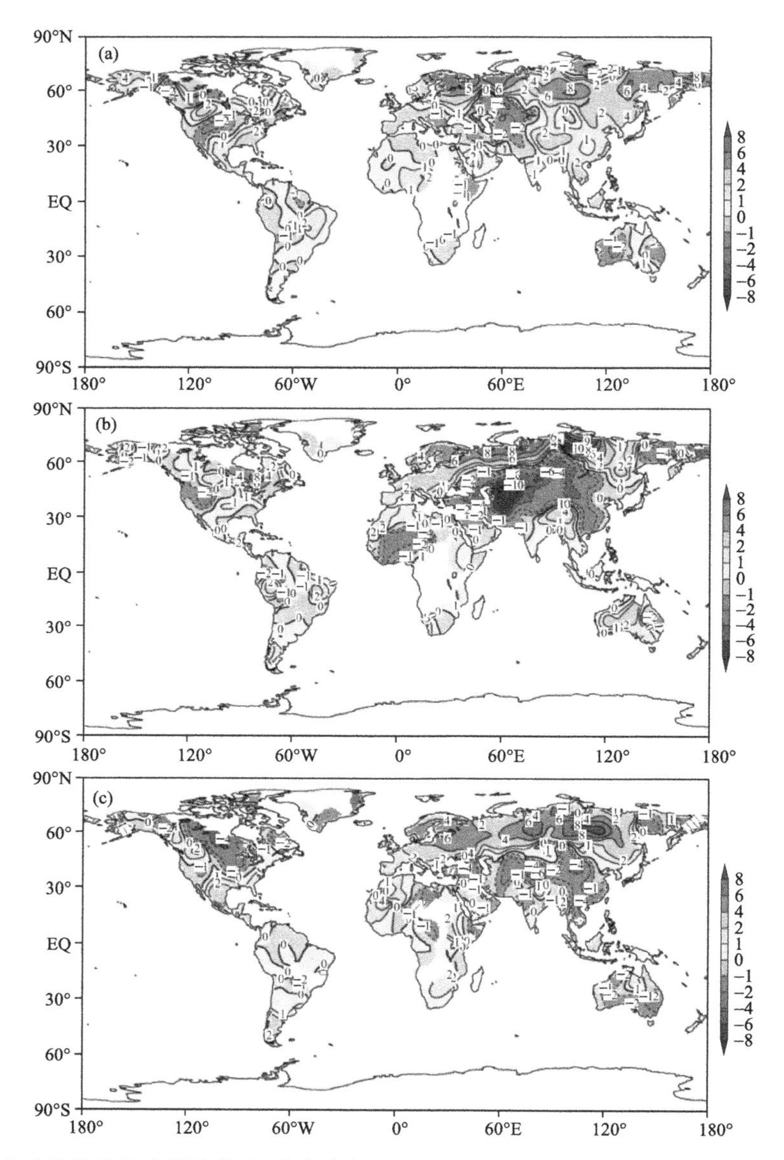

图 6-6（彩）　全球月平均温度距平分布（蓝色为负距平区，红色为正距平区；单位：℃）（丁一汇 等，2008）
(a)2007 年 12 月；(b)2008 年 1 月；(c)2008 年 2 月

(2)降雪、冻雨和降雨 3 种天气并存，冻雨是导致南方致灾的主要原因，且此次冻雨极为罕见。

中国气象局的台站观测表明，安徽、江苏和浙江等偏东的省份以降雪为主，广东、广西等华南地区以降雨为主，其间以冻雨或雨夹雪为主。这种降水性质的南北不同分布是由气温、地形和大气环流以及云的微物理过程等因子决定的(丁一汇 等,2008)。冻雨发生在江西、湖南、湖北、贵州和云南等地区,这也是灾害最严重的地区。这个地区的冻雨日数已超过历史最大值。过去贵州每年都会受到冻雨的影响,其冻雨天数一般不超过 3 d,不超过 30 个县,而此次有 79 个县均出现了冻雨,其冻雨日数、影响范围和电线积冰厚度均突破 1984 年 76 个县的历史纪录。贵州中部以东部分县(市)结冰厚度超过 30 mm,其中万山结冰厚度达 83 mm,突破了威宁 1961 年出现的 53 mm 结冰厚度。贵州部分地区冰冻持续时间达 20 d。其次,江西冻雨持续时间也破历史纪录,全县有 60 多个县冻雨持续时间长达 11 d,是该省有气象记录以来冻雨持续时间最长的(郑婧 等,2008)。冻雨并不是中国特有的冬季天气现象,在北美中东部(美国和加拿大)冬季经常发生暴雪和冻雨天气,最近一次严重灾情发生在 1998 年,造成这一地区大范围交通、电力、通信中断等灾害。当灾情发生时还伴有强烈的大风。1942 年冬季是这个地区发生的第 2 个持续时间较长的严重冰雪灾害(当地称冰风暴)。当地科学家对冻雨研究较早、科学研究较深入。根据他们的经验,冰风暴持续 6 d 以上就足以酿成重大灾害。这种重大灾害大致每 25 a 会出现一次。因而中国南方的这次冻雨超过 20 d,在全世界都是极为罕见的,所造成的灾害也是空前的。

6.2　南方低温雨雪冰冻灾害调查分析

6.2.1　物理过程

2008 年 1 月中下旬,受冷暖空气共同影响,我国出现 4 次明显的雨雪天气过程,河南、湖北、安徽、江苏、湖南和江西西北部、浙江北部出现大到暴雪;湖南、贵州、安徽南部和江西等地出现冻雨或冰冻天气。4 次过程出现时段分别为:1 月 10—16 日,1 月 18—22 日,1 月 25—29 日和 1 月 31 日—2 月 2 日。具有过程频繁集中、间隔短、4 次过程总时间长等特点(郑国光,2008)。第一次过程:1 月 10—16 日,黄淮南部及其以南地区先后出现降雨、雨雪转降雪天气,陕西中部、山西南部、河南、安徽中北部、江苏北部、湖北、湖南和江西西北部出现大到暴雪;湖南中南部、贵州西部和南部出现冻雨。第二次过程:1 月 18—22 日,湖北东部、河南南部、安徽中部和北部、江苏北部和湖南北部出现大到暴雪,安徽南部、湖南大部、贵州全省和广西东北部出现冻雨。第三次过程:1 月 25—29 日,河南南部、湖北东部、安徽、江苏和浙江北部出现暴雪,1 月 28 日积雪深度达 2～45 cm。江西出现大范围的冻雨天气,贵州大部和湖南部分地区也维持冻雨天气。第四次过程:1 月 31 日—2 月 2 日,江南、华南雨雪量大,其中湖南中部、江西北部、安徽南部、江苏南部、浙江北部等地出现暴雪,2 月 2 日,安徽中部、江苏南部、浙江北部及湖南中部、江西北部等地局部地区积雪厚度达 20～35 cm;贵州、湖南、江西、浙江、云南等地出现冻雨。1 月 10 日—2 月 2 日期间的 4 次天气过程,导致降雨(雪)量主要集中在长江中下游、华南大部及云南西北部等地,这些区域的累积降水量达 50～100 mm,其中,苏皖南部、江南大部、华南部分地区超过 100 mm。与常年同期相比,长江以北大部分地区、江南南部、华南大部及云南西部、西藏东南部及西部等地降水偏多 1～2 倍,部分地区超过 2 倍。我国西北和中东部地区平均气温普遍较常年同期偏低 1～4 ℃,湖北中东部、湖南大部、贵州中东部、广西中北部、甘肃大部、宁夏、内蒙古西部、南疆南部等地偏低 4 ℃以上(图 6-7)(王东海 等,2008)。

6.2.2　受灾情况分析

2008 年 1 月中旬—2 月上旬,我国南方地区连续遭受 4 次低温雨雪冰冻极端天气过程袭

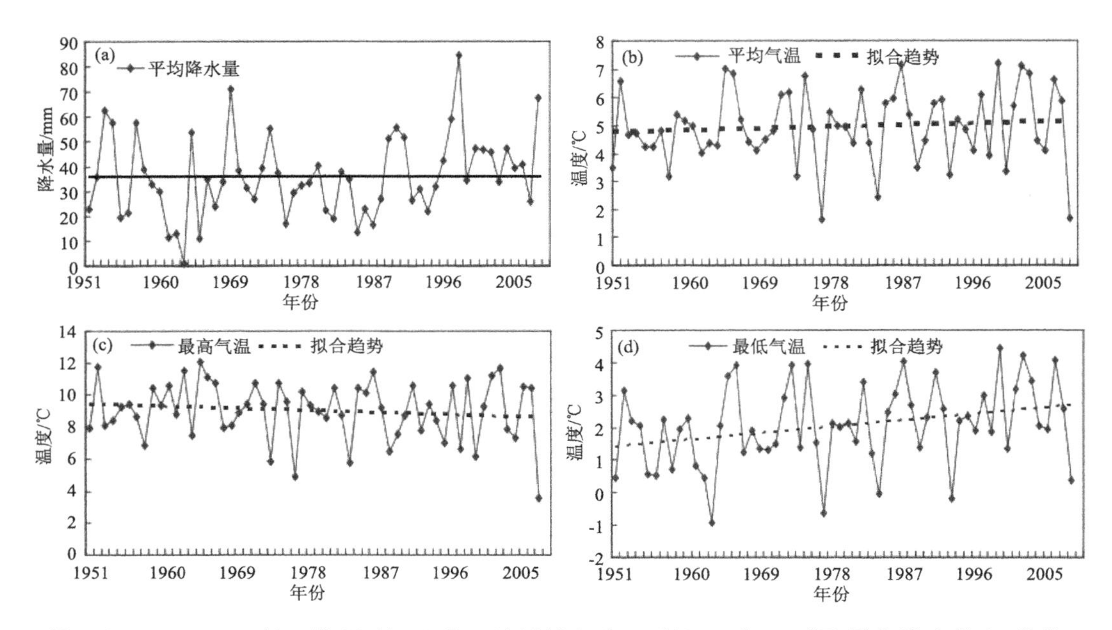

图 6-7　1951—2008 年 1 月 11 日—2 月 2 日区域(25°—35°N,105°—120°E)平均降水量(a,单位:mm)、平均气温(b,单位:℃)、最高气温(c)和最低气温(d)的时间演变(黑色粗实线为多年平均值,虚线为线性拟合趋势)

击,总体强度为 50 a 一遇,其中贵州、湖南等地为百年一遇。这场极端灾害性天气影响范围广,持续时间长,灾害强度大。全国先后有 20 个省(区、市)和新疆生产建设兵团不同程度受灾。低温雨雪冰冻灾害给电力、交通运输设施带来极大破坏,给人民群众生命财产和工农业生产造成重大损失(张平,2008)。

(1)交通运输严重受阻

京广、沪昆铁路因断电运输受阻,京珠高速公路等"五纵七横"干线近 2 万 km 瘫痪,22 万 km 普通公路交通受阻,14 个民航机场被迫关闭,大批航班取消或延误,造成几百万返乡旅客滞留车站、机场和铁路、公路沿线。

(2)电力设施损毁严重

持续的低温雨雪冰冻造成电网大面积倒塔断线,13 个省(区、市)输配电系统受到影响,170 个县(市)的供电被迫中断,3.67 万条线路、2018 座变电站停运。湖南 500 kV 电网除湘北、湘西外基本停运,郴州电网遭受毁灭性破坏;贵州电网 500 kV 主网架基本瘫痪,西电东送通道中断;江西、浙江电网损毁也十分严重。

(3)电煤供应告急

由于电力中断和交通受阻,加上一些煤矿提前放假和检修等因素,部分电厂电煤库存急剧下降。1 月 26 日,直供电厂煤炭库存下降到 1649 万 t,仅相当于 7 d 用量(不到正常库存水平的一半),有些电厂库存不足 3 d。缺煤停机最多时达 4200 万 kW,19 个省(区、市)出现不同程度的拉闸限电。

(4)农业和林业遭受重创

农作物受灾面积 2.17 亿亩,绝收 3076 万亩。秋冬种油菜、蔬菜受灾面积分别占全国的

57.8%和36.8%。良种繁育体系受到破坏,塑料大棚、畜禽圈舍及水产养殖设施损毁严重,畜禽、水产等养殖品种因灾死亡较多。森林受灾面积3.4亿亩,种苗受灾243万亩,损失67亿株。

(5)工业企业大面积停产

电力中断、交通运输受阻等因素导致灾区工业生产受到很大影响,其中湖南83%的规模以上工业企业、江西90%的工业企业一度停产。有600多处矿井被淹。

(6)居民生活受到严重影响

灾区城镇水、电、气管线(网)及通信等基础设施受到不同程度破坏,人民群众的生命安全受到严重威胁。据民政部初步核定,此次灾害共造成129人死亡,4人失踪;紧急转移安置166万人;倒塌房屋48.5万间,损坏房屋168.6万间;因灾直接经济损失1516.5亿元。

6.3 南方低温雨雪冰冻灾害应对管理过程

6.3.1 灾前预警及准备

2008年1月10日—2月2日,我国大部尤其南方地区连续遭受4次低温雨雪冰冻天气的袭击,在此之前,气象部门都做出了较为准确的预报。据公开发布信息,1月8日中国气象局即发布“将有一次明显的小到中雪的过程”的天气预报。10日,我国华中地区普降首场大雪,预报比实际降雪开始时间提早了2 d,并发布了针对部分行业的气象预报。中国气象局于1月10日发布了“全国主要公路气象预报”,为提前部署交通运输工作提供了支持。

中国气象局于1月11日06时发布了“暴雪橙色预警”,并区分了不同等级暴雪的影响范围。气象预报为此次灾害过程的应对提供了重要支撑。但要注意的是,气象预报不等于灾害预报,也不等于灾害预警,发布的暴雪预警也未能全面涉及可能造成的灾害损失和社会影响,提出的防御措施和行动指南相对宽泛、针对性不强,也因此未能引起地方政府部门的足够重视。

6.3.2 应对措施

灾情发生后,党中央、国务院高度重视,迅即部署开展大规模的抗灾救灾斗争。国家发展和改革委员会、交通部、铁道部等部委快速组织成立中央抗冰救灾应急小组,提出需要集中力量解决的问题:一是保电网安全运行;二是保交通枢纽,京广铁路、京珠高速南北通道畅通;三是保煤电油运;四是稳定物价,保障群众生活。在党中央、国务院正确坚强领导和统一指挥下,受灾地区各级党委、政府带领广大党员、干部和人民群众奋起抗灾,各有关部门和单位迅速行动,人民解放军、武警部队勇挑重担、顽强拼搏,社会各界同舟共济、相互支援。

(1)及时启动应急响应机制,全面部署抗灾救灾工作

根据中国气象局发布的天气预报,国务院办公厅于1月10—21日发出四次灾害预警通知,要求有关地区和部门落实防范措施,做好应对准备。1月14日,国家发展和改革委员会启动跨部门协调机制,部署增产和抢运电煤工作。1月18日,铁路部门提前5天进入春运,公安、交通部门相继启动交通应急管理。

1月25日后,贵州和湖南电网出现网架垮塌、大面积停电的严峻局面,京广、沪昆等铁路干线部分区段运输受阻,京珠高速公路出现严重阻塞。1月26日,国务院办公厅召开紧急会议,研究煤电油运和应急抗灾工作;1月27日,国务院召开电视电话会议进行具体部署;1月

28日，国务院决定成立煤电油运和抢险抗灾应急指挥中心（以下简称“应急指挥中心”），统筹协调抗击灾害和煤电油运保障工作，做好雨雪天气交通、煤炭、电力和鲜活农产品保障等紧急通知。国家减灾委召开会议，部署灾区群众生产生活保障工作。中国气象局、民政部和电监会及时启动重大气象灾害、救灾和电网大面积停电应急预案，铁道部、交通部、公安部、保监会等部门全面启动应急预案，财政部、国家发展和改革委员会紧急下达抢险救灾应急资金，灾区各级人民政府迅速进行动员部署，电网、电信等国有企业认真履行社会责任，人民解放军、武警部队发扬人民子弟兵的优良传统，全力奋战在抢险抗灾第一线。

应急指挥中心在综合分析研判灾情的基础上，按照中央要求，迅速确定了工作重点，并成立了“煤电油运保障”“抢通道路”“抢修电网”“救灾和市场保障”“灾后重建”“新闻宣传”6个指挥部，分别加强对重点领域的指挥协调。

（2）迅速行动，全力打好“五个攻坚战”

一是动员全社会力量，打好抢通道路攻坚战。动员社会各方面力量特别是人民解放军和武警官兵除雪破冰，及时抢通受阻公路并疏导滞留车辆；调集内燃机车和发电设备疏通京广、沪昆铁路，并采取迂回运输等应急措施；动员民工留在当地过年，以减轻春运压力；加强统一指挥和信息发布，实施省际交通联动协调和跨区域分流，以避免造成新的交通拥堵。1月31日京广、沪昆铁路运输能力基本恢复，2月3日主要机场全部开放，2月4日京珠高速全线贯通，2月5日广州地区350万铁路旅客全部疏运完毕。

二是合理安排生产调运，打好抢运电煤攻坚战。各主要产煤省（区）和重点煤炭生产企业，顾全大局，千方百计增加煤炭生产。铁路、交通部门组织突击抢运电煤，铁路电煤日均装车量达4.3万车，同比增长53.9%，大秦铁路日均完成100万t运量，同比增长22%；秦皇岛港等北方四港日装船130万t，同比增长24%。加强电煤产运需协调，对告急骨干电厂实行煤矿、铁路和电厂的“点对点"衔接。经过各方面共同努力，2月24日，直供电厂存煤达到14天用量，基本恢复并保持在正常水平。

三是集中优势兵力，打好抢修电网攻坚战。国家电网有限公司、南方电网有限责任公司在全国调集了大批技术力量赴重灾区抢修受损供电设施，解放军、武警官兵和社会各方面全力支援，奋战在电网抢修一线人员最多时达42万人。2月6日除夕，全国因灾停电的170个县城以及87%的乡镇基本恢复用电；3月8日，国家电网有限公司、南方电网有限责任公司系统电网全面恢复运行；3月底，各地已基本完成电网修复重建任务，受损电网基本恢复供电。

四是落实政策措施，打好保障灾区群众生活攻坚战。按照保吃饭、保御寒、保有住处、保有病能医的要求，灾区各级政府和有关部门及时组织向灾区调拨粮食、棉衣被、发电机、成品油等救灾物资，妥善安置受灾群众，及时救助滞留旅客；中央财政紧急下拨中央自然灾害生活救助资金18.24亿元，安排救灾综合性财力补助资金10亿元，增拨重灾省份城乡低保对象临时补助7.1亿元；各级卫生部门先后派出2.5万支医疗卫生队伍救治因灾伤病人员，防止疫病流行，确保大灾之后无大疫。

五是加强组织调运和市场监管，打好保障灾区市场供应攻坚战。坚持一手抓抢险抗灾、一手抓灾区市场供应，各有关部门适时投放储备肉及其他生活必需品，组织蔬菜、成品粮、食用油调运；及时组织灾区农民抓紧修复损毁设施，采取抢种速生蔬菜等多种形式扩大生产；加强信息引导，组织灾区和非灾区之间鲜活农产品产销对接活动，引导灾区和销区农产品批发市场联手保障灾后市场供应；实施运输“绿色通道”，免收车辆通行费（张平，2008）。

6.3.3　灾后救援行动

紧急救援和搜救：当灾害发生时，各级政府会立即启动应急响应机制，组织相关救援队伍进行紧急救援和搜救行动。救援人员通常包括消防队、医疗队、民政部门等，并利用各种工具和装备开展搜救工作，确保被困人员的安全。

疏导交通和救援物资调运：在灾害期间，道路交通常常受到严重影响，为了保障救援行动的顺利进行，救援人员组织疏导交通，清理道路冰雪，确保救援车辆的通行。同时，还调运救援物资，包括食品、饮用水、棉被、药品等紧急需求物资，确保受灾人员的基本生活需求。

提供医疗救助：雨雪冰冻灾害容易引发交通事故、意外伤害以及寒冷疾病等健康问题。救援人员组织医疗队伍提供紧急医疗救助，设立临时救援点或医疗站，治疗和救助受灾人员。

安置和救助受灾群众：对于无家可归或家庭受损的受灾群众，相关部门会组织安置工作，提供临时避寒场所或安全的住所，并提供必要的生活救助，确保他们基本的生活需求。

恢复重建：灾情得到控制后，救援行动逐渐转向恢复重建阶段。各级政府制定相应的恢复重建计划，修复受损的基础设施，补偿受灾群众的财产损失，并进行后续的防灾减灾工作。

6.4　南方低温雨雪冰冻灾害应对经验教训及建议

6.4.1　应对过程中的不足与缺陷

城乡基础设施和住房抗灾能力有待进一步提高。城乡基础设施建设抗灾设防标准不高，布局不尽合理。重要电力设施和线路缺乏优化和差异化设计，通信设施抗灾能力较差、容灾备份能力不足；一些民房抗灾设防标准低，建筑设施的规划、选址、设计、建设、监理和监管等各个环节亟须加强。

灾害监测预警体系有待进一步健全。气象监测手段和技术水平不高，对重大气象灾害形成机理研究不够，气象监测站网还不能满足精细化灾害预报的需要，缺乏气象灾害综合监测体系和有针对性的灾害影响评估系统；灾害信息获取处理、遥感减灾应用等方面与发达国家相比仍有不小差距，预警信息发布渠道不够畅通，特别是对农村和偏远地区的预警信息服务亟待加强。

应急救援队伍建设有待进一步加强。我国应急救援队伍力量分散，规模偏小，大型和特种机械装备缺乏，分散于各专业部门的救援队伍联动协作机制不够完善，远程快速救援、现场处置能力尤其是第一时间的生命搜救能力亟待增强。社会单位、公益性民间组织和志愿者队伍等社会力量参与抢险救灾的机制尚不健全。

应急物资保障能力有待进一步增强。我国应急物资实物储备品种少，规模小，储备库点布局不尽合理。亟须进一步完善应急物资储备网络，增加应急物资储备的数量和品种，建立救灾物资协同保障机制，完善救灾物资紧急调拨和配送体系，建立救灾物资应急采购和动员机制，积极探索市场经济条件下的能力储备新形式，实现社会储备与专业储备的有机结合，全面提高救灾物资应急保障能力。

应急预案不完善，当时南方许多地方对此类极端天气事件的应急预案不完善，对气象预警后该如何组织防范和响应的具体措施没有很好地制定。应急资源储备不足，南方地区由于很少出现这种天气，所以应急资源如防滑链、除冰药剂、发电机等的储备很缺乏，这也加大了灾害响应的难度。

宣传和培训不足，公众对低温雨雪冰冻灾害的认知和防范知识不足，许多人不知道如何在极端低温天气下保暖防冻，这也加大了人员伤亡的可能。交通不具备抗灾能力，当时南方的道路和机场设施没有考虑到这种极端天气，没有足够的防滑和除冰设施，导致交通陷入瘫痪。

6.4.2　应对措施建议

加强气象预警系统建设：建立更加准确和及时的气象预警系统，以便提前预知极端天气情况，为相关部门和群众提供足够的时间做好准备。

加强基础设施建设：加大对南方地区基础设施建设的投入，特别是对电力、交通、供水和通信等重要基础设施的改造和提升，以增强其抵御极端天气的能力。

加强抗灾应急能力：加强政府的抗灾应急能力建设，提高应灾的能力和效果，包括组织救援力量、调集物资和提供紧急救助等。

推动农业结构调整：鼓励农民逐步调整种植结构，减少对灾害易受损作物的种植，增加对抗灾作物的种植，以减少农业灾害造成的损失。

加强社会保障体系：完善社会保障体系，特别是对灾害受灾人群的救助和帮助，包括提供临时救助、住房安置和医疗救助等。

提高公众的防灾意识：加强对公众的防灾教育和宣传，提高公众的防灾意识和自我保护能力，以减少灾害对个人和社会造成的损失。

加强国际合作和交流：加强与国际社会的合作和交流，共同应对气候变化和极端天气事件，分享经验和技术，提高南方地区的抗灾能力。

第 7 章　台风“山竹”灾害①

7.1　台风“山竹”灾害背景调查

7.1.1　物理过程

2018 第 22 号台风“山竹”于 9 月 7 日 20 时在西北太平洋洋面上生成，之后朝偏西方向移动，11 日 08 时发展为超强台风，15 日凌晨从菲律宾北部登陆后移入南海，减弱为强台风，并在西太平洋副高南侧偏东气流引导下向西北偏西方向移动。16 日 17 时“山竹”在广东台山市登陆，登陆时为强台风，中心最低气压 955 hPa，中心附近最大风力 14 级(45 m/s，相当于 162 km/h)(蒋建莹 等，2019)。登陆后西北行进入广西境内，17 日 20 时中央气象台停止对其编号。“山竹”在广东登陆时强度强、结构完整、范围大。登陆后 16 日 20 时其东北方向云系达 1000 多千米，覆盖华南大部分地区，此时台风云系之外的长江三角洲地区已有较强的对流云团发展(陈淑琴 等，2021)。

这次历时两天的暴雨过程按照降水系统的移动可分为两个阶段：第一个阶段是 16 日下午到夜里，苏南到浙江境内有零散的对流单体生成发展，朝偏北方向移动，在苏南浙北地区形成强对流雨带，且停滞少动。降水中心在长江口附近，雨量 100～200 mm。第二阶段是 17 日凌晨到下午，江苏南部的雨带缓慢东移，与浙东的雨带合并后逐渐南压到浙江南部沿海。

7.1.2　灾害特点

强度强：台风“山竹”2018 年 9 月 7 日 20 时起编，11 日 08 时加强为超强台风，15 日 05 时仍为超强台风级别，中心附近最大风力达 17 级以上(65 m/s)。

强风范围大：台风“山竹”云系庞大，直径范围达 1000 km，七级风圈半径达到 350～600 km，远超“飞燕”同期。

风雨影响严重：2018 年 9 月 16—18 日，华南中西部沿海风力达 14～16 级，阵风达 17 级以上；广东南部、香港、澳门、广西南部、海南岛、云南南部等地部分地区有大暴雨，局地有特大暴雨；广东西南部、广西南部、海南岛北部和云南东南部暴雨灾害风险高或极高。

影响区域重叠：台风“山竹”登陆雷州半岛到海南岛东北部，影响区域与同年第 23 号台风“百里嘉”重叠，风雨的叠加效应明显。

大风极端性较强：台风“山竹”的大风极端性较强，给广东西南部、广西南部沿海造成重度破坏，简易厂房、低矮自建房以及广告牌等户外悬挂物、部分海上渔排网箱和小型船只受损。

---

① 本部分内容中引用了甘琳，甘偲凤，潘江萍，等 2020 年发表于《广东气象》的文章《台风“山竹”引起的华南地区降水过程分析》，特此说明和致谢。

7.2　台风“山竹”灾害调查分析

7.2.1　灾害归因分析

(1)大尺度环流及水汽条件

台风“山竹”生成于广阔温暖的太平洋中心，吸收了大量的能量向我国移动。西太平洋副热带高压的波动给它提供了大量的能量，暖心结构稳定加强。中国下游上空的大气温度较高，含水量较高。东亚西风槽和副热带高压控制着我国东部地区，致使华南地区有产生中尺度对流的不稳定条件(Zheng et al.，2011)。登陆后，西太平洋副高的维持，抑制了台风的西行，有利于台风登陆后的移速较慢，减少了能量的损失，为华南西北部的连续降水提供了稳定的背景。由于下垫面由海表向陆表转换，低层环流的强迫作用对台风降水有较强的影响(钮学新等，2010)。

台风“山竹”登陆我国华南地区前，北侧与西太平洋副热带高压接壤，有东南急流，因此太平洋的水汽能够通过东南急流传输到我国的华南地区。此外台风南侧还受到西南急流的影响，从孟加拉湾输送水汽到南海和华南地区，形成中国南方强降水的水汽条件。当进入高温海区吸收的热量与强烈的水汽通道输送相结合时，流入的热量和水汽减弱了台风“山竹”膨胀冷却的影响，导致台风“山竹”低层温度水平梯度小，是台风“山竹”发展和维持的原因之一(甘琳等，2020)。

(2)与厄尔尼诺的关联

自2018年2月起，太平洋厄尔尼诺关键区海温指数持续上涨，且海温指数在6月已突破正常值。9月，中国国家气候中心宣布，赤道中东太平洋海温进入厄尔尼诺状态。台风“山竹”生成于西太平洋偏东区域(165°E，13°N)附近，刚好对应海平面温度等值线30 ℃的区域[图7-1(彩)](崔静思，2022)。在厄尔尼诺状态下，台风“山竹”的风力级别巨大，更强的强度和更长的移动距离使得水汽的来源范围更大，且水汽的通量相较其他台风更充足(崔静思，2022)。

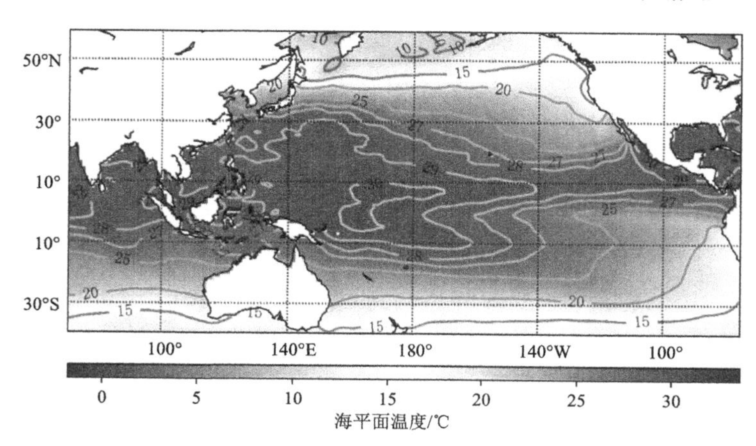

图7-1(彩)　2018年9月海平面温度分布情况

(3)动力条件

①散度场

从2018年9月16日08时高低层辐合辐散分布看出，850 hPa上在21°—23°N附近有辐合区，在22°N附近，高层辐散强于低水平辐合，高空流出气流具有强大的“抽吸作用”，为上升运动提供动力条件，使得台风“山竹”在陆地的强度维持。此时，200 hPa的高空急流区于2018年9月16日00时位于21°—23°N，靠近广东南部沿海地区，位于北风轴线上，是一个强烈的辐散区带，南侧辐散区保持在18°—20°N，南侧强烈辐散区的能量较弱于北侧。北侧强烈的辐散区于2018年9月16日20时断裂，高空台风中心辐散区减弱发散，台风中心周围辐合区增多加强，低空辐合区较上一时次有缩小集中的趋势。但来自上层的辐散气流仍具有强大的吸力，并为强降水提供动力提升，使该次暴雨的持续时间和降雨面积增加。2018年9月17日散度场强度减弱，低层仍有弱辐合运动造成降水(甘琳 等，2020)。

②垂直速度

垂直速度是影响降水程度的重要因素之一。低空的强烈上升运动与充足的水汽条件结合，配合对流不稳定层结，就可以引发强降水。从台风“山竹”的垂直速度变化图可以看出，在2018年9月16日08时，台风“山竹”即将登陆广东地区前的高空垂直速度结构稳定，中心有弱的下沉运动(21°N，116°E)，东侧和南侧有强的上升运动。低空台风中心有比较明显的上升运动。到2018年9月16日20时，台风中心已经转移至广东地区，由于下垫面的转换以及台风风圈的影响，高空上升运动较上一个时段减弱但是区域扩大。由于摩擦作用造成低空上升运动加强且范围扩大，强烈的上升运动造成广东乃至广西地区的强降水。

③涡度场

涡度场可以客观反映台风“山竹”的强度变化，其中台风正涡度中心最大值一般位于500 hPa附近。从2018年9月15日12时—16日08时，500 hPa、850 hPa的涡度变化可以看出，变化趋势与加强趋势是一致的。根据历史台风资料可知，这一阶段的中心涡度值相对较高，台风强度处于历史平均高值。从台风“山竹”的涡度场变化可以看出，正涡度区集中在台风“山竹”中心附近(21°N，116°E)，负涡度区或正、负涡度交叉区域距中心100 km左右，其中500 hPa涡度变化显示出在登陆前24 h，台风“山竹”中心的正涡度略有减弱，但是区域正涡度区域有扩大，说明环境场不断有正涡量传送到台风中心，导致登陆后降水范围更为广阔。

7.2.2 灾害损失统计

截至2018年9月18日17时，台风“山竹”已造成我国广东、广西、海南、湖南、贵州5省(区)近300万人受灾，5人死亡，1人失踪，160.1万人紧急避险转移和安置；造成5省(区)的1200余间房屋倒塌，800余间严重损坏，近3500间一般损坏；农作物受灾面积17.44万hm^2，其中绝收3300 hm^2。截至2018年10月18日，“山竹”造成中国经济损失达136.8亿元。据事后统计，台风“山竹”共造成菲律宾120人死亡，138人受伤，4人失踪，经济损失约431.9亿比索(张岩 等，2020)。

7.3 台风“山竹”灾害应对过程

7.3.1 灾前预警及准备

(1)落实防台风相关责任人

广东省政府在应对此次台风“山竹”时，根据其发生的规模和影响程度来进行任务分配，将各项责任落实于各级政府和相关部门，要求地方政府予以配合。这种条块结合的管理结构对公共危机事件处理起到了帮助作用。在处理台风“山竹”时，采用了分级分部门的形式进行细化和落实，要求相关责任人必须到场，工程抢险必须第一时间赶到，发现问题时必须第一时间救助和整改，并且严格执行奖惩制度，对造成损失的责任人要严厉处理。具体来看，台风“山竹”的处理部门主要包括：①武警广东省总队，负责主要抢险救援工作，是抢险救援的主要力量，同时提供冲锋舟、橡皮艇、各类运输车辆、救生衣及挖掘机、推土机等设备；②广东省消防总队，负责主要抢险救援工作，是抢险救援的尖刀力量，准备抢险救援车、冲锋舟、橡皮艇等设备，并提前调集机动救援力量部署在珠海、江门、阳江等地；③广东省气象局，负责发布台风预警信号，根据台风规模、风速等数据信息，及时发布台风预警信号，启动变更台风应急响应，发布预警信息，及时通知群众，避免群众受到袭击；④国家海洋局南海分局，主要负责海面应急观测，发布海浪警报、风暴潮警报、信息快报等，提前通知出海人员，取消出海计划；⑤广东省委宣传部，主要负责下发防台风紧急通知，并且负责全省各大媒体相关播报情况，尤其是对台风预警信息和避险、自救等知识进行宣传；⑥广东省公安厅，主要负责各地道路交通安全隐患排查，对交通信号灯进行维护，防止漏电事故，对旅游景点道路和部分易引起山体滑坡路段进行了封闭，配合当地政府部门做好防台工作以及保障人民群众财产转移和救灾物资车辆的安全畅通；⑦广东省民政厅，主要负责开放应急避难场所，并且负责受灾人员基本保障和基本生存条件，调拨相关物资，开放应急避险场所，明确各级责任人，确保在紧急情况下公众安全、有序的转移或疏散。广东省住房和城乡建设厅，主要负责调集工程机械、渣土车等应急车辆，准备围挡、防洪沙袋、反光衣等应急物资；⑧卫生部门负责组建医疗卫生应急专业技术队伍，根据需要及时赴现场救援，并指导和协助当地医疗救治、疾病预防控制等卫生应急工作，及时为受灾地区提供药品、器械等卫生和医疗设备。必要时，组织动员红十字会等社会卫生力量参与医疗卫生救助工作。

(2)成立突发事件应急委员会

根据我国行政机构的分级和划分，广东省政府是处理广东省内危机事件的最高领导机构，因此，台风“山竹”灾害发生时，广东省政府各职能部门根据职责分工采取应对措施。根据省政府公开资料显示(粤府函〔2017〕78号)，副省长任广东省突发事件应急委员会主任，副主任分别为省委副书记、省委常委、常务副省长和副省长、省公安厅厅长，成员包括省政府秘书长、省政府副秘书长、省委办公厅副主任、省委宣传部副部长等，由以上各机构负责人统一领导和协调相关领域的突发事件应急管理。在此基础之上，如遇重大突发事件，还可设置临时指挥机构，其他地方政府相关部门也可共同参加维护。另外，广东省还设置有“广东省防汛防旱防风总指挥部办公室”，该机构主要组织、协调、监督、指挥全省防汛防旱防风防冻工作，对重要江河湖泊和重要水利工程实施防汛抗旱调度和应急水量调度，承担省防汛防旱防风总指挥部的日常工作。

此外，根据国家对于突发事件预案的要求，广东省政府也制定了相应的防台风、防自然灾害等应急预案，并且也建立起了应急响应制度及广东省突发公共事件总体应急预案。同时，广东省政府已联合了解放军、武警部队等人员进行救灾工作，并指挥公安、消防、水利、气象、发改、民政和交通等部门协调处理危机事件。

(3)发布预警

广东省政府在2018年9月15日18时46分，按照灾害监测和预警要求，针对台风的各类指标以及变化情况，对其风力大小、登陆时间、登陆路线、登陆过程和相关水情等进行了预测。通过电话、网络、广播、短信、微信、微博等途径发布了《广东省人民政府关于切实做好今年第

22号台风"山竹"防御工作的紧急动员令》，文件中要求全省迅速动员，全力投入防风防汛和抢险救灾工作，坚持以人为本，全力做好人员安全转移工作。科学精准预测风情、雨情、潮情、汛情和登陆地点，加强风险防控，抓紧做好隐患排查和应急处置工作。加强组织领导，建立畅通有序的应急指挥组织体系，加强信息发布，增强群众防台风意识。

(4)人员转移

在发布紧急动员令后，广东省政府在多市实施停工、停业、停产、停运等应急措施，全省累计转移人员245万余人，启用避险场所18327个，关停景区632个，关停在建工地29611个，渔船回港48661艘，渔排作业人员上岸3万余人。

7.3.2　应对措施

台风"山竹"来袭后，广东省防汛防旱防风总指挥部办公室按照不同职能部门的职责，建立了各自的应急指挥体系，组建了不同领域的专业应急队伍，同时还构建了预警体系、协调体系等，旨在能够指导不同的职能部门来承担危机应对工作，其他相关部门配合参与。对于台风"山竹"应对工作而言，由省委省政府批准省防汛防旱防风总指挥部办公室所要执行的一系列应对措施，批准后，相关单位具体执行。

同时，由广东省各级党政主要领导来统一指挥协调抢险救灾工作，发挥统一调度、统一指挥的制度优势，根据上级指示抓紧落实，这大大提高了应对台风"山竹"的工作效率。在国家应急管理部和广东省委、省政府的直接领导下，广东省消防总队全力以赴，先后调集广州、佛山、东莞、中山、湛江、茂名等12个支队、7458名消防员、536辆消防车、350艘冲锋舟艇参与救援行动。

7.3.3　灾后救援行动

事后阶段的任务主要是恢复相关设施及相关社会运行工作，对受灾居民的临时安置以及医疗救援等。2018年9月17日上午，广东省委、省政府在应急指挥中心举行了相关会议，会议内容主要是讨论确定了台风"山竹"下一阶段防御和救灾复产工作，工作内容主要包括以下几个方面。①要继续做好防御措施，抓好风后防灾工作，严防次生灾害和意外险情，避免大意带来的损失。②要保证受灾群众的基本生活保障，及时发放救灾物资，切实保障受灾群众衣、食、住、医等基本需求。③要促进修复相关设施，例如供水、供电、道路、桥梁等设施，这些设施是大众所必需的基础保障设施。④要抓好疫病防治工作，尤其是在台风过后，有些水源受到污染，要加强水质监测，并且做好受灾地区清毒、防疫工作，避免疫情发生。⑤要组织好恢复生产和重建家园工作，尽快开始复产、重建等工作，帮助受灾群众和企业渡过难关。⑥要认真开展查灾核灾，及时准确掌握受灾情况，确保救灾帮扶的完整性。⑦要认真总结这次台风防御工作，找到工作中存在的不足，不断完善自身能力，进一步提高防灾、减灾、救灾工作能力。

台风"山竹"过境后，根据各地受灾实际情况，迅速将工作重心调整到防范次生事故和地质灾害上，消防总队机关领导全部下沉一线，深入山体滑坡、泥石流多发易发区域，主动对接三防、国土、地质等部门，落实重点布防，加强救援准备工作。全省各级民政部门要积极做好因灾安置群众生活救助工作，确保因灾转移安置的群众有饭吃、有衣穿、有干净水喝、有病能及时得到医治，并且及时组织了相关灾情核查，使得有序开展救灾救助和恢复重建工作更加高效。

7.4　台风“山竹”灾害应对经验教训及建议

7.4.1　应对过程中的不足与缺陷

应急管理案例从其发生及应对的整个过程来看，可以分为减缓阶段、准备阶段、响应阶段以及恢复阶段，本节将围绕这四个阶段对台风“山竹”应对过程中的不足进行分析。

(1)减缓阶段

在应对此次山竹“台风”减缓阶段过程中，广东省已经制定了《广东省突发公共事件总体应急预案》，该预案是当前广东省应对危机事件的主要依据。该预案强调了在处理危机事件时不同部门的责任，要求各部门切实履行政府的社会管理和公共服务职能，把保障公众健康和生命财产安全作为首要任务，把预防危害性突发公共事件作为应急管理工作的基础和中心环节，加强部门之间的配合，充分发挥专业应急指挥机构的作用。虽然预案已制定，但广东省台风应急宣传教育还存在一定的问题，很多群众就算知道台风要来袭后，也不知道应该如何应对。正是因为缺少危机意识，对台风的级别和破坏力认识程度不深刻，所以在进行日常隐患排查时有所疏忽，使得隐患长期存在，台风来临时给居民区、工厂企业带来更大的损失(刘振东，2020)。

(2)准备阶段

在准备阶段，广东省前期已经对多处隐患进行了排除，台风“山竹”结束后，根据省水务局统计可知，仅广州市排除的安全隐患就达到了 134 处，其中排除倒灌隐患 32 处、排除渗漏隐患 55 处、排除漫顶隐患 25 处、排除水闸隐患 10 处、排除堤围缺口隐患 12 处，这些隐患的排除也在一定程度上提高了整体应对能力。此外，全省消防救援队伍对装备器材进行逐一盘点，全省消防部队准备了 3000 余辆消防车、450 艘冲锋舟艇、113 架无人飞机、23 套远程供水泵组油水电气充足，3.4 万余件(套)抗洪抢险器材完整好用。

但其主要还包括以下几个方面的问题。

第一，预警信息传达还不够顺畅。在台风“山竹”袭击广东省后，省政府要求各地持续监测台风相关的指标并进行反馈，并建立了相关监测数据档案，及时传达给上级部门，以便能够更加科学地制定应对方案。这一工作大大提高处理应急事件的效率，通过持续、准确的监测以及信息的整合，有利于应急处理小组及时制定应对措施。但在实际信息传达过程中依然存在传达不到位的情况，尤其是到了乡、村级，因为地理位置、通信基础条件受限等原因，导致信息传递速度慢，村民不能够及时获取台风的风力级别等信息，存在一定的侥幸心理，有的还在存有安全隐患的厂房里工作，台风来时才急忙加固或找沙包防水。

第二，演练准备不充分。在准备阶段中，广东省部分城市已经做了演习工作，例如广州、深圳等城市，包括救灾资源发放等，熟悉救援现场的临场感。但其他大部分城市在实际工作中，还只是停留在理论层面，并未对实际操作进行演练，导致在执行过程中效率较低、应变能力不足。许多工作人员对预案内容不是很了解，相关操作没有熟练掌握，上级无法具体落实相关工作。

(3)响应阶段

台风“山竹”发生后，有 10 余位省领导带队深入各个地市进行抗灾救灾工作，武警和解放军官兵共出动超 12 万人次，财政部门拨付救灾资金 6000 多万元，为救灾提供了有力的资金支持。水利部门则根据台风情况对水利工程进行了科学调度，保证广东省各个城市的安全；交通部门则转移重要施工设备331台，转移施工船舶99艘，成立了应急抢险救灾队伍175个，江门市调集58支应急队，湛江市调集13支队伍；省安全生产监督局则派出6个工作组赴湛江、阳江等地协助做好防风工作；省住房和城乡建设厅则出动应急人员4700余人次，应急车辆467次，启动应急设备171台(套)，转移人员15人；省民政厅则转移安置共9.02万人，省公安厅则共排查整改1500多个点段，维护交通安全设施约500处，投入警力6500多人次。在通信保障方面，广州、珠海、江门等12个通信分队组成“防风圈通信环动力量”，利用无人机拍摄实时全景图，为领导指挥决策提供依据，为各大媒体宣传提供最前沿、最实时的动态资料，首次全方位、多视角支持央视全程直播，保障大型复杂灾害现场指挥体系畅通。

但主要还包括以下几个问题。

保障能力不足，导致应对过程比较吃力。虽然广东省已经做了较为充分的准备，但应急管理是一项系统的工作，它要求省、市、区(县)、村等各个级别以及各个部门的力量都必须到位，并且能够无缝对接，因此广东省政府在制度保障、物资保障、队伍保障和民众保障四个方面还存在一定的问题，导致整个应对过程比较吃力。

从制度因素来看，主要是缺乏相关问责制度，导致部分基层干部比较松散，不能保证工作有序推进。对于任务也没有具体的细分，只分到了部门级别，没有责任到人。尤其是到了村级，防风防汛组织体系较为脆弱，相应管理不到位。从物资因素来看，合理储备应急物资是灾害应急管理的重要环节，但广东省部分地市对灾害认识存在一定的问题，对物资没有妥善保管，沙袋数量远远不够，台风来临时，大量潮水涌进道路，尤其是物资储备更加欠缺的较为偏远的村子。

从队伍因素来看，应对台风的防汛抢险工作需要一定的专业性，要熟悉抢险的工作流程以及相关装备，还必须要有一定的知识储备和经验积累，团队之间要有默契。但目前政府应急管理相关工作往往都是由年轻人承担，虽然年轻人有着较好的体力，但经验不足，有时不能够发挥很好的作用。从民众因素来看，民众对应急管理的重要性认识不够深刻，尤其是“山竹”台风登陆时，有些民众仍然外出，给应急管理工作带来了阻碍。

(4)恢复阶段

在恢复阶段，主要任务包括评估灾害损失、排水、供电、供水以及通信设施恢复等。消防救援总队前沿指挥部将广州、深圳、东莞860名救援力量划分127个作战条块，实行编号分片作战，迅速清除各类路障，40小时对240余千米的道路进行了修复，确保灾后第二天城市道路基本恢复畅通。此外，在恢复阶段，广东省消防救援总队还加大了后勤保障，利用社会化保障资源，启动与三防、民政等部门物资紧急调用协议，进一步健全“社会储备、消防使用”的战勤保障机制。

其主要问题表现在：在应对“山竹”台风后，很多临时组建的救援部门需要解散，但往往这些部门没有对工作进行很好地梳理和交接，直接影响了灾后恢复工作。有些县和村镇在台风“山竹”过后已经遭受了重大损失，但没有总结经验，形成可用的整改方案。村干部也对上级的指导工作落实不够到位，存在一定的侥幸心理。从灾后恢复情况来看，台风“山竹”半年后，有些隐患点依然未真正解决，引起了群众的不满，造成不良影响。

(5)规范化应对过程总结

①调查评估组织与实施

在资源分配方面：如果没有对灾害的详细评估，便难以知道哪些地区受到了最严重的影响,哪些人需要紧急援助。可能导致资源分配的不平衡,一些地区可能得到了过多的援助,而其他地区则可能被忽视的结果。

灾害长期影响方面:调查评估可以帮助确定灾害的长期影响,包括对基础设施、生态系统和社区的影响。如果这些长期影响未被及时发现,可能会导致未来的问题和后续的灾害。

改进预防和应对措施方面:调查评估还可以提供有关台风灾害的详细信息,有助于改进预防和应对措施。如果没有对灾害进行评估,吸取经验教训,就无法提高未来应对此类灾害的能力。

公众信任方面:如果当地应急管理部门没有对灾害进行评估并采取适当的行动,可能会降低公众对政府应对紧急情况的信任。可能导致民众不愿意合作或依赖政府在未来发生类似事件时提供支持。

②调查评估报告

此次台风灾害发生后,当地应急部门以及专家学者均对此次灾害的预警、应对过程、灾害成因、措施建议等做出了分析和总结。但是在总体层面,这些总结和归纳最终并未形成规范化的、系统性的调查评估报告。这可能造成以下不利影响。

信息碎片化:没有一个系统性的报告将导致灾害相关信息的碎片化。各个专家和学者的分析和总结可能会分散在不同的地方,难以集中查阅,无法给政府、决策者和公众提供全面的了解。

决策困难:缺少系统性的报告可能会使政府和决策者难以做出明智的决策。导致缺乏全面的数据和分析来指导资源分配、应急响应和灾后恢复计划。

难以吸取教训:系统性报告通常会包括对灾害的根本原因、应对措施的评估以及未来改进的建议。如果没有这样的报告,缺乏经验教训的总结,无法改进未来的台风应对和预防计划。

国际合作受阻:在一些情况下,台风可能跨越国界影响多个国家。系统性的报告有助于促进国际合作和信息共享,以更好地应对跨国台风灾害。

一个系统性的调查评估报告对于台风灾害的全面理解、决策支持和改进应对能力非常重要。它有助于整合各方面的专业知识和数据,提供全面的情报,从而更好地应对和减轻未来类似灾害的影响。

7.4.2 完善应急管理预案建设

一是在应急预案的制定上,要提升针对性和可操作性。预案制作应贯彻分级分类的总体原则,省级应立足全省灾情种类编制类型预案,部门应按照职能分工分别设置类型预案和重大危险源专项预案。如消防救援部门应设置高层建筑、石油化工、大型城市综合体等火灾扑救预案,水利部门应设置台风、洪涝灾害以及城市内涝预案等。预案制定要首先进行调研评估,在深入掌握现有情况和未来发展方向的基础上进行制作。各级预案牵头单位要明确,基础数据要准确,部门责任要清晰,启动流程要法定。在基础数据的采集方面,应尽量结合数字城市建设,实现实时和自动提取,减少人工采集的误差;应尽量贴近一线和实战需要,提升预案的针对性和可操作性。

二是在应急预案的启动上,要体现规范和法治。预案中必须明确启动程序和响应等级,启动条件应避免根据首长意志,而是应该严格根据灾害规模启动相应的等级。预案一旦启动,各相关单位必须严格执行和坚决落实,只有严格执行应急预案,才能够充分发挥应急指挥部的统筹能力,发挥最好的协作效力,才能使现有人力物力财力发挥最大的效果,使得已有资源充分被利用。在预案启动期间，所有部门的行为和所做实际工作均应记录在案，任何失职渎职都要在事后严格问责。

三是在应急预案的修订上，要形成逻辑闭环。预案的修订应分为年度修订和案例修订。一般情况下结合全年人员、装备、相关岗位职能的变化每年修订一次，保证预案中人员、装备、岗位等重要信息的准确性。案例修订应结合辖区发生的此类应急管理实践进行总结性完善。如台风“山竹”发生后，应结合此次应急管理过程中各个环节存在的问题和不足，进行深刻的总结并将相关经验和教训以案例形式完善到台风事故应急预案之中，保证预案的即时性和有效性。同时，在预案修订时要注重多机构共同协作，要充分考虑多方力量，例如社会保险、慈善机构、社会团体等力量，既减轻国家的负担又帮助灾区最大程度减轻损失。

7.4.3　健全应急管理体制

从广东省政府应对台风“山竹”这一危机事件来看，建立了从省政府到地方各部门的垂直应急管理体制，当灾情发生后，通过全程会商研判的方式，联合气象、地质等部门开展“灾前、灾中、灾后”全过程综合会商的方式，能够较为迅速地传达相关指令和信息，实时掌握灾情发展动态，牢牢把握防风救灾工作主动权，通过这种应急对应体制，能够向广东省各地发布针对性风险提示，及时调整作战力量部署，确保台风影响中心圈救援力量充足。

但其主要问题表现在，横向各部门之间的责任分工还有一些重叠和职责交叉的现象，这也导致了有时个别部门避免担责而不积极主动采取措施，在统一协调机制方面还有待提高，尤其是中央直属部门和地方各职能部门之间，有时协调还存在一定的难度，资源不能够实现完全共享。例如当台风“山竹”袭击广东省后，军队、武警、医疗、交通等不同部门都采取了相应措施，虽然整体上紧密配合，但在某些细节还存在不够具体的规范机制，有时耽误了应对危机的最佳时机。政府虽然也组织了专业的救援队伍以及临时抢险小组，但因为平时缺少演练，在真正应对危机的过程中，还不能够发挥最大效能，信息沟通渠道也还需要进一步加强，处理重大险情时还稍显不足，难以取得事半功倍的效果。为了弥补绩效评估方面的不足，要进一步加强绩效管理，设定合理的目标，并对实现结果进行系统评估，绩效衡量中各项指标的构建又是绩效评估的关键，广东省在处理危机事件时要注意民众对于政府处理危机事件的满意程度，如果政府及时采取了正确的方法，那么会减少危机事件带来的损失，保护了民众的生命财产安全，进一步增强了政府的信誉。同时，绩效评估的作用还在于激励相关部门和相关人员，积极应对应急管理，在制度上为广东各级政府应急管理行为提供相应的正向激励，避免相关部门隐瞒灾情。在绩效评估时要注意，不能以单纯的经济指标来衡量，要构建科学的评价模型，通过评分标准、评价指数来衡量指标，例如包括减灾能力、准备能力、应急能力和恢复能力等。

强大的组织体系是应对危机事件的基础保障，当前环境下更需要多元化的特征，不仅需要纵向信息能够有效互通，更需要横向联通。在应急管理体制建设方面，要以广东省突发事件应急委员会和省应急管理厅为牵头单位，明确应急管理厅在处置突发事件时的职责、权限，使之成为政府处置突发事件的主导实体，在突发事件处置具体行动中，可依托各地消防救援队伍这支“主力军、国家队”，形成应急管理厅(局)主协调，消防救援队伍主导救援行动，各职能部门根据各自职能做补充的应急救援体制。

具体来看，要加强省级的突发事件应急委员会建设。该委员会负责省内的危机管理，应对危机事件。但该委员会由多个部门共同组建，在提出相关措施时还有交叉现象，所以下一步也应该对其进行细分，以便能够更加具体的落实责任。省政府办公厅或省应急管理厅应当承担综合协调任务，灾害一旦爆发，则需要具体针对该事件来分配已有资源，发挥更大的核心协调作用。同时要建立信息报告制度，将应急管理的当前进展情况反馈给省突发事件应急委员会，包括发生的背景、时间、地点、影响范围、人口受灾情况、人员伤亡数字等，必须保持其准确性和时效性，避免报告不及时、内容不全面等问题。同时，在地级市、县城一级可以参照省级体制运行，在乡镇、村一级应建设镇村主要领导负责的应急机构，依托民兵预备役、农村治保队伍等，建设好相关应急处置队伍，完善纵向到底、横向到边的应急管理体制。

7.4.4 强化基础设施抗灾能力

台风引发的城市内涝灾害，主要是由台风-暴雨灾害链，以及台风-风暴潮灾害链共同作用，危害效应叠加放大，因此不同城区区域应采取不同的应急预防策略。如在沿海沿江区域，或是城区易涝点的布防应有不同，因此抗灾韧性基础建设也应该结合分区分类，有的放矢的开展应急预防建设模式，从而提升滨海城市抵御台风灾害的风险水平阈值。

(1)提高标准，加强河道堤防建设

严格执行设计标准。提高外江及内涌堤围防御标准，合理设计堤顶高程及防浪墙高程，并严格按标准核实现状高程。

开展定期养护管理。每年汛前开展堤岸检修，修复水毁点，补齐堤岸缺口消除短板，形成完整闭合的防洪体系。

(2)加强雨洪管理，落实海绵城市建设

采取“渗、滞、蓄、净、用、排”等多种方案组合消纳多余雨水。具体而言：恢复河道河涌生态体系。通过建设河底湿地、暗渠揭盖复涌、清淤疏浚、违建拆除、生态修复等措施多管齐下，恢复河道功能，提高防洪、排涝等能力。如融合海绵城市理念，有条件的中心城区改造生态堤岸、湿地、岸带绿化；无空间的建成区可改造硬底化河道，淤泥见阳光，中间走活水，形成河底湿地。采用底泥原位修复利用＋弹性海绵河道“涌底修复、底填高挖、暗渠复涌”方式，构建具有空间弹性、景观弹性的海绵河道空间，淤泥采取原位两侧堆积，就低种植本地植物，实现旱季低水位浅水流保证生态基流，雨季高水位大面积保证行洪水。

提高城区管网排涝建设标准，实施雨污分流。建议按城区级别修订市政管网建设标准，敷设高质量管道，以确保排量达标；完善暗渠管网及排水单元排水管网，分出清水，实现“雨污分流”，尤其是实现城中村内雨污分流，为雨水修建“专用通道”，使之不再挤占污水管网，顺畅排入河道；加强外江排口拍门设计要求，根据堤岸高程适当提高外江排口高度，并加装拍门，尽量杜绝外江洪水倒灌造成内涝。

第 8 章　台风“天鸽”灾害

8.1　灾害基本情况概述

8.1.1　受灾区域

(1)广东

在 2017 年台风“天鸽”影响期间，广东汕头—汕尾沿海出现了 50～120 cm 的风暴增水，广东惠州—珠海沿海出现了 120～310 cm 的风暴增水，广东江门—阳江沿海出现了 60～110 cm 的风暴增水，广东惠州、盐田、珠海、赤湾、黄埔和横门潮位站出现了达到当地红色警戒的高潮位，并破历史最高潮位纪录。珠海站观测到了 614 cm 的高潮位，超过当地红色警戒潮位 147 cm。广东沿海 16 个水位站超警，最大超警幅度 1.29 m，广东漠阳江、鉴江、广西西江等 12 条中小河流发生超警洪水。珠海、南沙、东莞等地海堤受损严重，引发海水倒灌，珠江三角洲站超历史最高潮位，南沙潮位达到 50 a 一遇，40856 艘出海渔船全部回港避风。

珠海市是广东省内受灾最严重的区域，在台风“天鸽”期间，陆地风力达到 12 级，阵风达到 13～14 级，沿岸及海面风力 13～14 级，阵风达到 16～17 级，全市农作物受灾面积 3 万亩，大部分地区出现停水停电，树木被折断 60 万余棵，道路因为树木倒伏通行受阻，全市交通陷入瘫痪，近 110 座塔吊难以抵抗狂风骤雨，坠落倒塌，直接经济总损失 55 亿元。台风“天鸽”风暴潮灾害导致的海水淹没区域主要集中在香洲区情侣北路、中路和南路地区，南坪镇的湾仔码头、横琴镇湿地公园和客运码头也出现了海水淹没情况，金湾区和斗门区的海水淹没情况并不明显。淹没类型以漫堤、漫滩和管涌淹没为主，最大淹没深度达 200 cm(涂金良 等，2021)。

(2)澳门

台风登陆当日，澳门受严重烈风和风暴潮影响，8 月 23 日 12 时友谊大桥南站 1 h 最高平均风速 132 km/h，打破 1993 年强热带风暴“贝姬”124 km/h 的纪录。大潭山站 23 日 11 时 06 分最高阵风 217.4 km/h，打破 1964 年台风“露比”在东望洋山站 211 km/h 的纪录。妈阁站 12 时 20 分叠加风暴潮后的潮汐水位达 5.58 m(澳门基面)，是自 1925 年澳门有潮水记录以来潮位最高的一次。澳门在 2017 年 8 月 23 日一天之内，连续悬挂八号风球、九号风球、十号风球，其多处风力达到飓风程度，这是继 1999 年台风“约克”后，首次悬挂十号风球；澳门全区停工停班停课，交通停摆，包括机场、船只、公交、出租等；澳门大停电，海陆空对内对外交通基本瘫痪；澳门本岛与氹仔之间的 3 座跨海大桥、西湾大桥下层行车道全部封闭，澳门与珠海之间的 3 个口岸也暂停运作。

(3)香港

台风“天鸽”袭港期间，全港所有测风站均录得强风或以上的风速，这是新标准以来首次出现此类情况。天文台指定 8 个近海平面测风站中有 5 个录得烈风或以上风力，是继台风“黑格比”“巨爵”“韦森特”和“海鸥”后第五个达标的八号信号。长洲泳滩、赤腊角机场和北角均录得开站以来最高持续风速，分别为 132 km/h、102 km/h 及 100 km/h。香港天文台总部录得最高阵风122 km/h，是自台风约克后再次录得飓风程度阵风。2017 年 8 月 23 日早上香港天文台连续发出九号、十号飓风信号，是继 2012 年强台风“韦森特”后，香港天文台首次发出九号和十号信号。香港地区的横澜岛、昂坪、长洲、维多利亚港、赤腊角机场均受强烈飓风影响。

(4)云南

台风“天鸽”过程云南省出现一次中到大雨，局部暴雨、大暴雨的天气过程，强降水主要集中在云南南部和东部地区，48 h 累积最大降雨量 200.6 mm，最大小时雨强 44.7 mm，208 站次出现短时强降水，过程雨量 150 mm 以上 22 站次(集中在东部)，100～149.9 mm 的共 163 站(集中在南部)，50～99.9 mm 的共 866 站，0.1～49.9 mm 的共 2270 站。台风“天鸽”在广东登陆后西北移动过程中，受其外围云系影响，全省雷暴、短时强降水天气突出，局地还出现了大风天气。受台风“天鸽”影响，云南持续 66 h 降水，累积降水高值区主要位于滇中及以东以南区域，台风低压在带来大量降水的同时，造成云南多地发生洪涝、滑坡、泥石流等次生灾害，局地还出现冰雹、大风等灾情，使大量人员受灾，造成巨大损失。台风“天鸽”在登陆西移中影响云南，产生强降水，部分地区出现洪涝及其次生灾害，造成巨大的经济损失。台风“天鸽”2017 年 8 月 20 日 14 时生成于 20.4°N、128°E，中心气压 1000 hPa，风速 18 m/s，并向偏西方向移动，最强达到强台风，中心风速为 45 m/s，气压 950 hPa，先后影响我国广东、广西和云南，最终在文山州减弱为热带低压并继续沿 23°N 以南向滇西南移动。

(5)其他地区

受台风“天鸽”影响，2017 年 8 月 22—23 日，福建东南沿海的部分地区出现暴雨，局地大暴雨(100～159 mm)；台湾东部降雨 100～200 mm，花莲、台东、屏东局地达 250～444 mm；另外，贵州东部、四川盆地西部、甘肃陇东、陕西、山西西部和北部、河北中北部、北京、辽宁西部和北部出现大到暴雨，四川盆地西部、河北中北部和北京北部等局地大暴雨(100～171 mm)，四川盆地最大小时雨量 65～90 mm。南海北部、台湾海峡、琼州海峡、北部湾以及福建南部沿海、海南东部和北部沿海出现 7～9 级大风。琼州海峡和广西涠洲岛全面停航。其残留云系造成云南西部和南部，四川盆地有大雨到暴雨，局地大暴雨(30～70 mm，局地 100～150 mm)，云南西南部和东北部、四川南部和中部等地发生地质灾害和中小河流洪水等气象灾害。

8.1.2　灾害特点

(1)强度变化大

台风“天鸽”2017 年 8 月 20 日 14 时预报登陆强度均为热带风暴级，21 日 14 时加强为强热带风暴或台风，22 日 14 时加强为台风。8 月 22 日上午以热带风暴强度进入南海后，24 h 内风力连跳 5 级，风力从 9 级猛增到 14 级。8 月 23 日 06 时调整为强台风。且进入南海后移速加快，一直在 25 km/h 以上，部分时段超过 30 km/h 时，从进入南海到登陆仅有 29 h，布防时间紧迫。

(2)路径变化大

台风“天鸽”2017 年 8 月 21 日 14 时预报路径均指向粤东汕尾，22 日 14 时全部调整为指向珠江口以西。

(3)风暴潮增水历史罕见

风暴潮刚好与天文大潮和高潮“碰头”，2017 年 8 月 23 日，6 个站点出现了超历史最高、超百年一遇高潮位。台风“天鸽”经过的广东中东部海面和南海北部海域出现了 6～10 m 的狂浪狂涛。

(4)行进路径和登陆点极其不利

行进路径与海岸线夹角较小,导致珠三角城市群均位于破坏力更强的台风右侧,造成台风横扫珠三角的广州、深圳、珠海、佛山、中山、江门、东莞、惠州、肇庆 9 市以及阳江、云浮、茂名等地区,广州、中山、珠海、东莞、江门等地均遭遇强风和严重的风暴潮。

(5)台风后续降雨猛烈

粤西局部地区出现特大暴雨,1 h 雨量最大值出现于江门台山市三合镇 126.3 mm,创下了 50 a 一遇的降水纪录,过程最大雨量出现于茂名高州市谢鸡镇,达 322.4 mm。

8.2　台风“天鸽”灾害调查分析

8.2.1　物理过程

台风“天鸽”于 2017 年 8 月 20 日 14 时在西北太平洋洋面上生成。此后其强度不断加强,于 8 月 22 日被升为台风级,中心位于珠海市东偏南方向约 540 km 的南海北部海面上,中心附近最大风力 12 级(33 m/s),中心最低气压 975 hPa。又于 8 月 23 日发展为强台风级,华南沿海一带已出现较强降雨和 10 级以上瞬时大风,一天连跳两级,最强达到 15 级,48 m/s(最佳路径中升为超强台风级,16 级,52 m/s)。23 日 10 时其中心位于广东省珠海市东南方向大约 75 km的近海海面上,其后于 23 日 12 时 50 分前后被中央气象台认定以强台风级(14 级,45 m/s)登陆中国广东省珠海市南部,17 时台风“天鸽”由广东省进入广西壮族自治区境内。并于 22 时减弱为热带风暴,再后于 24 日 14 时在百色市境内减弱为热带低压,最终于 17 时被停止编号。“天鸽”台风路径如表 8-1 所示。

表 8-1　2017 年台风“天鸽”路径信息

(信息来源于中央气象台台风网:http://typhoon.nmc.cn/web.html)

时间	风速	强度
2017-08-20 14 时	15 m/s	热带低压
2017-08-20 20 时	18 m/s	热带风暴
2017-08-21 02 时	20 m/s	热带风暴
2017-08-21 08 时	20 m/s	热带风暴
2017-08-21 14 时	20 m/s	热带风暴
2017-08-21 20 时	23 m/s	热带风暴
2017-08-22 02 时	23 m/s	热带风暴
2017-08-22 08 时	25 m/s	强热带风暴
2017-08-22 14 时	30 m/s	强热带风暴
2017-08-22 20 时	33 m/s	台风
2017-08-23 02 时	35 m/s	台风
2017-08-23 08 时	45 m/s	强台风
2017-08-23 14 时	42 m/s	强台风
2017-08-23 20 时	25 m/s	强热带风暴
2017-08-24 02 时	23 m/s	强热带风暴
2017-08-24 08 时	18 m/s	热带风暴
2017-08-24 14 时	15 m/s	热带低压

8.2.2　成因分析

台风“天鸽”登陆我国之时，正是其强度巅峰状态，且恰逢天文大潮，风暴潮与天文大潮波峰叠加，影响巨大。强台风“天鸽”是由关岛附近洋面的热带系统西移发展而来，进入南海后，良好的热力环境和高空东风急流的增强使得台风“天鸽”急剧爆发，对流活动强烈，造成极其严重的破(中国气象局国家卫星气象中心，2017)。

台风形成的基本条件是至少 60 m 厚的海水被加热到 26 ℃，海面上的空气与水汽受热上升，形成低压区，周围的冷空气会向低压区补充，然后又被加热上升，源源不断地水汽在海面上空汇聚，受地转偏向力的影响，在北半球气流会绕着中心作逆时针方向旋转，气旋就形成了，气旋持续积攒能量，到中心风速达到 8 级时，即形成台风。而台风“天鸽”成因之一即是海面温度异常升高，2017 年全球温度相比常年(1981—2010 年)偏高 0.46 ℃(±0.10 ℃)，超过工业化时代之前(1850—1900 年)的温度 1.1 ℃(±0.10 ℃)，低于受厄尔尼诺事件影响的 2016 年，成为有完整气象观测记录以来第二高值(孙劭 等，2018)。海面温度升高可以加强台风的能量，在南海北部、广东中西部海面都表现出异常偏暖，台风“天鸽”移入广东中部海面时，潜热释放增强、对流加剧，增大了台风“天鸽”的能量(周冠博 等，2022)。台风“天鸽”途经的南海北部温度 28.5～30 ℃，较同期偏高 0.5～2 ℃，为台风“天鸽”的生成、发展提供了必要条件，加速台风的快速增强。台风“天鸽”的近海加剧与南亚高压和副热带高压也具备正相关，南亚高压的加强东移与副热带高压加强西伸共同影响了台风“天鸽”的近海急剧加强(覃丽 等，2019)。

水汽条件也是导致台风“天鸽”急剧加强的一个重要原因，在台风“天鸽”靠近沿海的过程中，源源不断的水汽被输送至环流之内，西南季风加强。当台风“天鸽”移入南海后，西南急流与偏东风急流合并卷入台风环流，台风周围的水汽通量增大，水汽不断输送至台风环流，高层辐射与低层辐合的加强会导致气流快速发展，利于台风“天鸽”的急剧加强[图 8-1a(彩)]。台风“天鸽”本身的内部非对称环流结构也会导致台风中心附近正涡度增大、水平风速非对称分布变深厚，引起台风中心附近正涡度大值区向对流层中上层伸展，从而导致台风“天鸽”急剧增强[图 8-1b(彩)](冯德花 等，2021)。

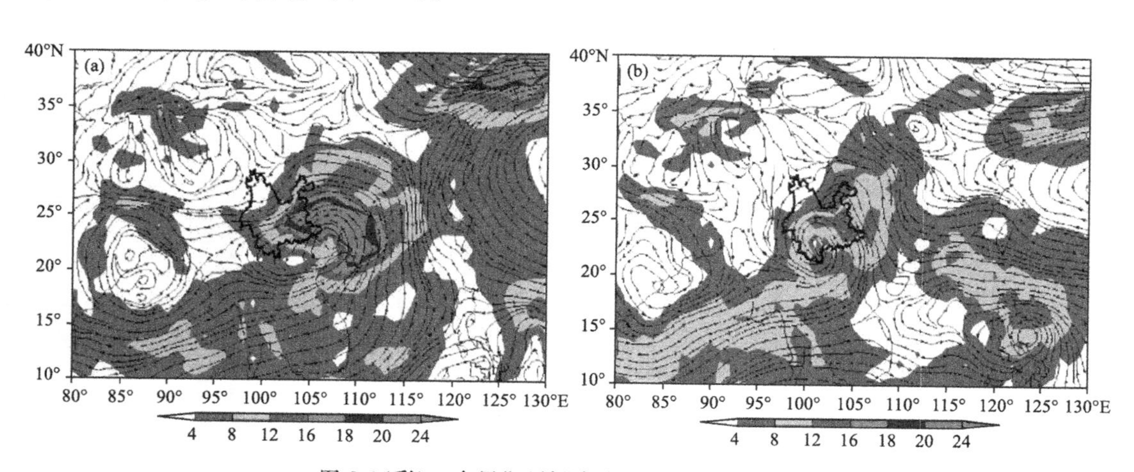

图 8-1(彩)　台风“天鸽”水汽通量和流场合成图

(a)2017 年 8 月 24 日 08 时；(b)2017 年 8 月 25 日 08 时

8.2.3　灾害损失统计

截至2017年8月24日15时，受台风“天鸽”影响，广东省珠海、中山、江门、广州、茂名、阳江、佛山、东莞等市受灾，因灾死亡9人，直接经济损失118.4545亿元，农作物受灾面积75.7004万亩，受灾人口44.6271万人，转移人口53.5306万人，倒塌房屋6425间。受台风“天鸽”影响，广西贵港、南宁、钦州、崇左、防城港、百色等7市27个县(区、市)出现台风灾害。截至8月26日14时，灾害造成受灾人口36.19万人，紧急转移安置1万多人，因灾死亡1人。受台风“天鸽”影响，云南持续66 h降水，累积降水大值区主要位于滇中及以东以南区域，台风低压在带来大量降水的同时，造成云南多地发生洪涝、滑坡、泥石流等次生灾害，局地还出现冰雹、大风等灾情，使大量人员受灾，以及造成财产和经济巨大损失。

台风“天鸽”使得中央气象台发出2017年首个台风红色预警信号，港澳气象部门发出十号飓风信号，且登陆时恰逢天文大潮，为珠海、香港、澳门等地区带来重大破坏。2017年10月26日，中国气象局在世界气象组织台风委员会的成员报告网站上发布2017年《台风年鉴》报告称，台风天鸽造成了24人死亡和68.2亿美元经济损失，其中43.8亿美元来自中国内地，10.2亿美元来自香港，14.2亿美元来自澳门。

8.3　台风“天鸽”灾害应对措施

8.3.1　预防与应急准备

2017年8月20日上午，国家防汛抗旱总指挥部(简称国家防总)高度重视台风防御工作，国家防总副总指挥、水利部部长主持会商，研判台风发展态势，提前部署防御工作。向福建、江西、湖南、广东、广西、四川、贵州、云南省(自治区)防指和长江、珠江防总发出通知，要求密切监视热带低压发展情况，滚动预测预报，加强会商分析，及时发布预警，按照防台风预案提早落实各项防范措施，切实做好海上作业船只、作业人员以及近海养殖人员防风避险准备，落实沿海工矿企业、重要基础设施、旅游景区等重点部位防风防潮防雨措施，加强山洪、泥石流、中小河流洪水防御、水库安全度汛和城市内涝防范工作，及时转移危险地区人员，确保人民群众生命安全。

2017年8月22日16时，国家防汛抗旱总指挥部将防汛防台风Ⅳ级应急响应提升至Ⅲ级，并向浙江、福建、江西、湖南、广东、广西、海南、贵州、云南省(自治区)防汛抗旱指挥部和长江、珠江、太湖防汛抗旱总指挥部发出通知，要求切实组织开展巡查值守、预警发布等各项工作，确保人民群众生命安全。

2017年8月22日，国家海洋局组织召开台风“天鸽”风暴潮、海浪灾害防御工作部署会，启动海洋灾害Ⅰ级应急响应。台风“天鸽”影响期间，广东和福建沿海正值天文大潮期，风暴潮灾害预警级别升至橙色，近海海浪灾害预警升为橙色，广东沿岸海域海浪预警级别升为红色。

2017年8月22日，国家减灾委、民政部针对2017年第13号台风“天鸽”可能造成的影响紧急启动国家救灾预警响应，指导地方民政部门及时做好灾害应急救助各项准备工作，最大限度减轻灾害造成的损失。

为做好台风“天鸽”风暴潮、海浪灾害防御工作，国家海洋局预报减灾司副司长强调，要切实加强组织领导，确保各项应急管理措施落实到位；强化运行管理，确保各类应急设备设施正常运行；密切关注台风动态，及时发布海洋灾害预警。2017年8月22日，广东省将应急响应提升至Ⅱ级，全省共转移 27.9 万人，40856 艘出海渔船全部回港避风；23 日深圳启动Ⅰ级应急响应，全市范围内实行“四停”，即：停工、停业、停市、停课；中山市启动防台风Ⅰ级应急响应，全市范围实行“三停”，即：停工（业）、停产、停课；江门市启动防风Ⅰ级应急响应，全市范围内实现“三停”，即：停工（业）、停产、停课；珠海市启动Ⅰ级防风响应，除必要人员外，全市单位、企业、公共服务场所停工歇业；广西 23 日将应急响应提升至Ⅲ级，全区共转移 12.8 万人，10362 艘渔船回港避风；海南、贵州、江西于 23 日分别启动防汛防台风Ⅳ级应急响应；珠江、长江防总先后将防汛防台风应急响应提升至Ⅱ级、Ⅲ级；澳门悬挂十号风球；香港开启十号飓风信号。

2017 年 8 月 22 日，民航局提前作出应对台风部署，要求民航中南地区管理局、广东监管局及相关单位启动应急预案，并根据台风动向随时进行调整，科学研判，完善各项应对措施；各机场要做好防风防汛工作，加固停场飞机，及时做好排水；航空公司要根据台风进程，及时调整航班，做好旅客安置台风登陆后航运作恢复期的旅客服务工作。2017 年 8 月 22 日上午，广东省气象局与中央气象台和各地市气象局进行三次加密会商，研判台风路径、强度和风雨影响，通过各种渠道发布台风信息。省气象局联合省政府应急办、省三防对江门、阳江等 8 个地市全网发布台风预警短信，提醒做好防御。2017 年 8 月 23 日，广东省公安厅交管局部署深圳、东莞、珠海、阳江、江门、中山、佛山、茂名、湛江、云浮市公安机关交警部门，对辖区内 14 条高速公路采取交通管制，防止因台风吹袭引发道路交通事故，其中珠海、江门辖区所有高速公路全线封闭。广东省省防总要求各地、各有关部门要加密台风监测预报，提前发布预警，适时会商分析和启动应急响应；要及时组织海上渔船、休闲船只、“三无船舶”回港避险和运输船舶、工程船舶避开危险海域；要加强海岛、沿海防灾安全管理；要提前对山洪危险区、地质灾害隐患点等进行拉网式排查，发现隐患马上采取措施整治。广东省通信局对防御本次台风袭击工作高度重视，在台风登陆前启动了通信保障二级响应。全省基础电信运营企业、铁塔省公司通过视频会议系统进行了布置，设立省、市应急通信保障指挥组织体系，并将预计受台风灾害影响较严重的地市纳入重点防御目标区域，提前落实全省应急通信资源调度和值班制度。福建省气象局 8 月 20 日 20 时提示相关部门和公众密切关注台风动向及其风雨影响，航行作业的船只及时回港避风，沿海养殖设备提前加固，建筑工地加固临时搭建物，妥善安置易受大风影响的室外物品。福建省漳浦县城乡规划建设局组织市政管理人员，对地势较低道路的排水口进行清淤，消除障碍。8 月 23 日广西电网重要厂站恢复有人值守，重点加强对存在地质灾害和低洼隐患的电网设备巡视，同时对变电站和临近带电线路的在建工程脚手架等临时材料进行加固或拆除，全力应对此次台风。

广东省各级公安机关借助 LED 显示屏、村居广播、警务微信、警情通报和手机短信等媒介平台，及时动态播报当前气象预警，广泛发动群众、企事业单位做好防范准备。组织广大民警深入辖区村居、施工工地、企事业单位和滩涂养殖区等重点部位开展宣传，指导加强内部安全防范工作。全省公安边防部队发放宣传单 32725 份，发布台风预警信息 108597 条，组织 4520 艘渔船返港、7799 名渔船民上岸避风。

8.3.2 监测与预警

台风“天鸽”登陆前后，沿岸测站的监测数据显示其中心附近的平均风速为 45 m/s（14 级），最大风速甚至达到 60 m/s（17 级）。据雷达监测图显示，22 日 12 时—23 日 12 时，广东中部和中东部沿海地区、福建东南部、广西南部、香港的部分地区累计降雨量超过 50 mm，局地 100～165 mm；广东珠江口附近和中部沿海地区及岛屿最大阵风有 8～10 级，其中深圳和江门

11～13 级，珠海、澳门、香港、珠江口海面岛屿等地 16～17 级，局地超过 17 级。23 日下午—24 日，南海北部、台湾海峡、巴士海峡以及广东沿海、福建中南部沿海、广西沿海、海南北部沿海将有 7～9 级大风，珠江口附近 10～12 级，台风“天鸽”中心经过的附近地区的风力将有 13～14 级，阵风 15～17 级。23 日下午—25 日，广东、广西、海南及云南、贵州、四川盆地等地先后有大到暴雨，部分地区大暴雨，局地特大暴雨；上述地区累计雨量普遍有 40～80 mm，部分地区 100～200 mm，局地可超过 350 mm；最大小时雨量有 60～80 mm；强降雨时段出现在 23—24 日。

广东气象微博微信发挥矩阵作用，滚动发布台风最新消息，提醒公众特别是外来游客等群体做好台风防御工作，与《南方日报》等主流媒体共同发声，扩大传播影响力和覆盖面。广东省气象局派出工作组赴粤西地市进行防台工作检查督导。以预警信息牵动全民神经，22 日广东省突发事件预警信息发布中心组织三大通信运营商向深圳、珠海、江门、阳江等 9 个地级市发布全网预警短信 1.4 亿条。特别是深圳市分别于 22 日 12 时、19 时向区域内包括漫游用户在内的所有手机用户两次发布全网短信共 4492 万条。21 日—23 日 15 时，全省发布各类台风预警信号 304 站次，暴雨预警信号 75 站次，雷雨大风预警信号 124 站次，15 个市县发布红色预警信号。截至 23 日 15 时，深圳市气象局共启动发布 4 次全网短信，累计发送达 8780 万条，覆盖全体市民和来深游客。深圳市气象局新媒体组开展微博直播 3 次，直播峰值观众达 150 万人，综合微博、今日头条，壹深圳、斗鱼等各大平台，在线查看人数超 700 万，互动反响强烈。截至 23 日 16 时，深圳市气象局已经发送气象信息快报 3 份，重大气象信息快报 3 份。深圳市气象局依托广播、电视、网络、微信、微博、APP 等多种传播渠道，及时向公众发布预报预警及防御提示等信息。

8.3.3　应急处置与救援

2017 年 8 月 22 日 16 时 30 分，国家减灾委、民政部针对今年第 13 号台风“天鸽”可能造成的影响紧急启动国家救灾预警响应，指导地方民政部门及时做好灾害应急救助各项准备工作，最大限度减轻灾害造成的损失。国家减灾委办公室下发紧急通知，要求福建、广东、广西、海南、贵州、云南等地民政部门进一步加强应急值守，严格执行 24 小时值班制度，密切跟踪台风移动路径，及时发布预警预报信息，引导受影响区域群众提前购买储存至少 1～3 d 的生活必需品，协助提前做好人员避险转移、船只回港避风等防范工作，及时报送灾情和救灾工作信息，视灾情启动救灾应急响应，紧急组织调运发放救灾物资，安排下拨救灾应急资金，确保受灾群众基本生活。按照国家防总指示，珠江防总组派和派员参加 4 个国家防总工作组，分赴广东、广西、贵州和云南协助指导地方开展防汛防台风工作。

灾情发生后，广东省防总第一时间调配 738 名武警官兵驰援抢险救灾，广东省军区派出 2700 余人参与抢险救灾。珠海警备区派出 50 名官兵，顶风冒雨清理路障，确保珠海市区主干道畅通。武警广东总队根据地方党委政府统一部署，出动 950 名官兵担负珠海、江门、中山等地路障清理任务。珠海市各级各部门组织党员、干部、职工积极开展救灾复产，当地市民和志愿者也纷纷走上街头，参与道路清理。广东省民政厅 24 日向灾情较为严重的珠海市紧急调拨矿泉水 400 箱、八宝粥 800 箱、饼干 800 箱等物资一批；向江门市紧急调拨毛巾被 2000 床、手电筒 1000 把、手摇式应急灯 364 盏，保障受灾群众基本生活。南方电网广东公司累计投入抢修人员超过 2.5 万人次；调拨抢修车辆 8555 台，应急发电车(机)204 台。根据《福建省防汛防台风应急预案》，福建省防指已于 21 日上午启动防台风四级应急响应。福建省还要求，21 日

18时之前，漳州沿海养殖渔排上的全部人员（包括劳动力和老弱妇幼人员），福州、平潭、莆田、泉州、厦门沿海养殖渔排上的老弱妇幼人员务必全部撤离上岸；22日08时之前，台湾浅滩渔场、闽南渔场、闽中渔场、闽东渔场的海上作业渔船务必全部就近到港避风；福州以南地区沿岸的休闲旅游度假区、景区景点、工程工地也要于22日全部关闭。

各级人民政府加强巡查值守和应急处置，抓好各项防御措施的落实；严格实行领导带班和24小时值班制度，保持通信畅通，及时上报信息；要抓好值班人员的管理和值班制度的落实，不定期抽查值班值守情况；对各个重要灾害隐患点进行检查、督查。珠海全市停工、停市、停业、停课，珠海交警部门从23日上午10时10分，对珠海大桥等多座桥梁、道路实施交通管制，珠海大桥双向车道封闭。横琴大桥、横琴二桥、淇澳大桥、鸡啼门大桥、斗门大桥、横坑大桥、南屏大桥、新月桥也全部封闭，禁止车辆、行人通行。除此之外，珠海全区的高速公路也全部封闭，广州至多市的客运班线停发、广州水巴及珠江夜游航班全部停运。2017年8月21日，农业部紧急部署第13号台风“天鸽”防御工作，要求福建、江西、湖南、广东、广西、贵州等省（区）农业部门切实做好台风防御和灾后生产恢复工作，确保农业生产和人民生命财产安全。2017年8月21日开始，深圳市气象局不断加密与国家、省部门会商频次，紧跟台风动态，认真研判台风的发展和影响并及时发布台风消息和影响评估。同时，不断加强与三防部门的会商沟通，加强风情雨情监测，通过气象灾害防御联动协同化平台等与市、区三方负责人实时联动，共同做好防汛防风应对工作。2017年8月22日，珠江防总向流域各有关水库下发《关于切实做好水库水电站安全管理的通知》，要求认真落实水库防汛各项责任制，严肃调度纪律，强化巡坝查险与险情处置，确保水库及上下游防洪安全。同时，珠江委向大藤峡公司下发通知，要求切实做好台风防御和工程度汛安全各项工作。

国务院港澳事务办公室、国家减灾委员会组织了由22人组成的专家团队，包括来自中央部委和省（市）在防灾救灾总体规划、预警、气象、水利、建筑、电力、通信、消防等多个领域的专家赴澳门展开救灾指导活动（图8-2）（闪淳昌，2019）。澳门特别行政区卫生局于8月23日上午启动灾难应变方案，安排足够的医护及后勤人员参与应变期间各项工作，同时开放8间卫生中心提供紧急服务。民政总署联同其他部门夜以继日地清理倒树、道路障碍物及各类垃圾，8天时间里清理了16500多吨垃圾。巡查了860间与食品相关的场所，销毁受停电、水浸等影响变质的冻肉等食品360多吨。灾后数日每天组织600多人在各区提供清理社区、派发食物饮水等义务支援。8月25日中午，澳门特区政府提出急需一批相关救灾物资。广东省商务厅立即启动救灾应急机制，配合澳门中联办全力调运相应救灾物资，短短6小时内便从广州、珠海、惠州、东莞、中山等市紧急调运了大型垃圾袋20万个、扫把5000枝、口罩6万个、劳工手套1.5万对、铁锹3000支、雨鞋3000双、手锯20个、四轮垃圾车50部、手电筒300支等，送往珠海口岸进行交接。为缓解澳门大部分区域停水停电造成的食物短缺，珠海方面迅速开启救灾物资通关快速通道，确保台风灾后饮用水安全供澳，珠海检验检疫局启动应急预案，建立灾后产地、珠海、澳门三地“检检”“检企”沟通平台，确保澳门市场需求信息畅通传递，开辟供澳食品绿色通道，8月23—25日，共5批次97.2 t的供澳饮用水经珠海检验检疫局快速验放顺利运抵澳门。

按照《澳门特别行政区基本法》和《驻军法》规定，经澳门特区政府请求，中央人民政府批准，8月25日解放军驻澳门部队根据中央军委命令，依法协助澳门特区政府救助灾害。这是澳门回归祖国以来，驻军首次参与澳门特区救灾工作。驻澳门部队约千名官兵在司令员率领

图 8-2　国家减灾委专家委副主任、国务院应急管理专家组组长(左)与澳门特区行政长官(右)会谈(新华网)(闪淳昌,2019)

下,闻令迅即奔赴受灾最严重区域,在澳门半岛十月初五街和氹仔广东大马路附近区域展开路障和垃圾清理(图 8-3)(王政淇,2017)。

图 8-3　解放军驻澳门部队官兵在十月初五街一带参与台风“天鸽”灾后援助工作(新华社)(王政淇,2017)

广东、广西、云南 3 省(区)积极进行灾后重建,全力抢修电力通信设施,加速恢复生产。26 日,各地基础设施已基本恢复正常,供电线路全部恢复,市内高速公路、国省道、县道等恢复通车,城区内公共交通正常运营,通信基站也在积极抢修中。各部门着力于加强重点区域、重点部位的监测巡查,着力防范台风和降雨造成的次生灾害发生,对在建工地临时住房、农村危房等进行排查,及时转移安置好群众。为全力开展灾后重建工作,珠海市向市民发出救灾倡议,呼吁市民们增强安全意识,注意饮食、卫生,绿色出行,尽量乘坐公共交通工具,为清障人员让出宝贵空间。节约用水、用电,减少垃圾产生量,定点投放垃圾。奉献爱心,积极参与交通疏导、道路清障、垃圾清扫等志愿活动。不信谣不传谣,积极传递社会正能量。除官方政府组织,民间救援队、市民朋友们也自发成立灾后重建志愿者团队，参与抢险救灾，开展道路清障工作。

为全力帮扶企业积极开展灾后自救，安抚情绪、提振信心，帮助企业渡过难关，江门市新会区国家税务局和江门市新会区地方税务局联合落实灾后重建相关税收优惠政策。灾后，珠海市市慈善总会积极发动社会众筹，募集台风“天鸽”灾害专项款363万多元。派专员实地走访、认真考察、收集受灾求助资料，报市民政局核查认定后，为受灾困难家庭援建爱心房，重建家园。此外，市慈善总会还根据其他爱心单位的意愿，拨付11.8万元定向用于指定的台风“天鸽”灾后重建项目。

8.4　台风“天鸽”舆情分析

台风“天鸽”期间，众多受灾民众利用社交媒体平台发布求助信息，请求外界支援和救援，也通过社交媒体平台互相提供帮助和支持。受灾民众在社交平台上实时发布自己所处的位置并描述实时的灾害情况，分享实用信息和资源，组织自救和互救活动，加强团结和合作。其他未被影响地区的网络用户也贡献了稳固的支持力量，通过转发政府、救援机构和志愿者发布的实用信息，帮助扩散信息，提高灾情救援的响应速度和效率。救援队伍可以通过社交媒体平台发布救援信息，让受灾民众及时了解救援进展和救援指南，提高救援工作的透明度和公开性。救援队伍还可以通过社交媒体平台协调资源，动员志愿者和慈善组织，组织力量和物资，实现救援工作的最大化。政府也可以通过官方社交媒体账号发布灾害预警信息、受灾区域、受灾情况、实时举措等权威信息，以稳定民心，安抚公众情绪。此外，政府还可以通过社交媒体与其他政府部门、救援队伍和自发的志愿者组织队伍沟通灾情及救援情况，保证更好地调配资源，实现救援范围全覆盖。台风“天鸽”期间，澳门政府和珠海政府主要通过FaceBook、微博等社交平台利用“澳门特区政府新闻局”Facebook官方账号、“澳门交通事务局”“珠海市交警支队”“珠海天气”“中国气象局”“珠海市应急管理局”等微博官方账号发布灾害预警、救援信息、实时的天气预报、灾情报告、疏散指南等权威信息。台风“天鸽”期间，微博平台上关于“台风天鸽”的话题总阅读次数达2.6亿，讨论次数达9.4万。

通过新浪微博数据中心官方API，以“台风天鸽”为关键词，采集自2017年8月23日00时—8月24日12时的微博文本。原始微博文本中包含诸如空格、http链接、标点符号等干扰信息，需要对原始文本中的无效信息去除，并进行分词，利用LDA模型进行主题分类，获得5个主题。“观点情绪”类话题占比最多，为31%，“内地受灾情况”和“官方发布”分别为第二位和第三位，分别占比22%和19%，“应急响应”占比16%，“澳门香港受灾情况”占比12%(图8-4)。“观点情绪”类话题占比居首位反映了社交媒体在灾害情境下可成为人们进行情感交流和救援呼吁的主要渠道。“官方发布”和“应急响应”总量约占三成，反映国家部门与各级人民政府可通过社交媒体合理地协调行动，调配资源，及时有效地发布权威消息，避免谣言扩散，可即时做到澄清与警示。“内地受灾情况”和“澳门香港受灾情况”表明了灾害期间，社会公众对于受灾区域及受灾百姓的密切关注，显示出中国人民的团结一心。

在采集的微博数据中(图8-5)，来自受台风“天鸽”波及最多区域的广东省的微博数量最多，达到2649条。在台风“天鸽”登陆期间所采集的微博数据分别来自全国23个省、4个直辖市、2个特别行政区、5个自治区，虽然受灾区域主要波及广东珠海、澳门与香港，但全国人民都在关注此次灾害，在社交媒体上积极发言，转发救援信息、捐助信息，时刻关注灾况，随时准备贡献自己的力量，展现了中国人民同舟共济、患难与共的美好品德。

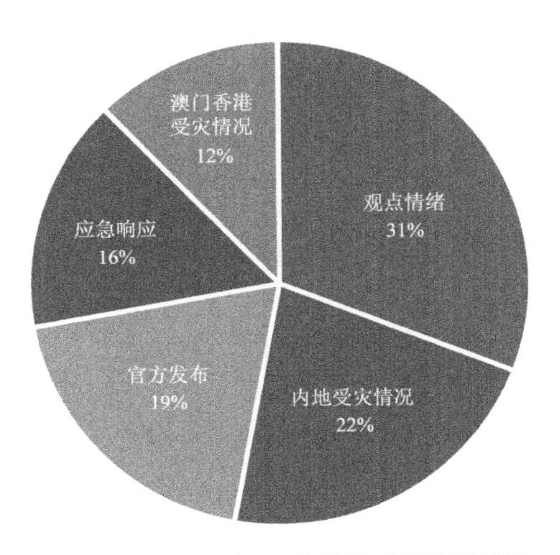

图 8-4　台风“天鸽”相关微博话题分类情况

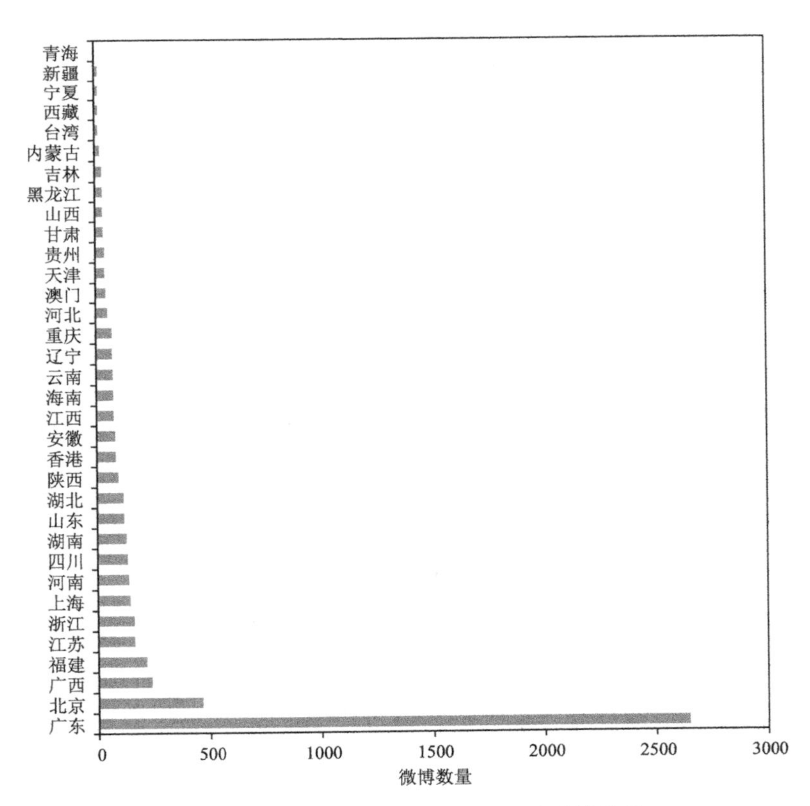

图 8-5　全国各区域台风“天鸽”相关微博数量

8.5　台风“天鸽”灾害应对经验教训及建议

在此次应对台风“天鸽”过程中，得到以下经验教训。

(1)加强应急预案的制定和实施。应对台风“天鸽”暴露了应急预案制定和实施方面的不足之处。因此,应加强应急预案的制定和实施,明确应急组织机构和各部门的职责,确保其科学合理、切实可行,组织应急演练,提高应急处置的能力,储备应急物资和救援装备,建立救援队伍和志愿者队伍,为应对灾害做好充分准备,增强公众的危机意识和紧急反演能力。

(2)加强灾害预警和信息传递。加强气象监测和预警能力,确保预警信息准确传达到受灾地区,提前通知居民并采取必要的防护措施。提高预警系统的准确性和及时性,帮助居民有足够的时间做好防灾准备和紧急撤离。

(3)提高公众的应急意识和能力。台风来袭时,公众的应急意识和能力至关重要。因此,应加强应急宣传和培训,提高公众的应急意识和能力,让他们能够在灾害来临时快速响应、有效应对。加强公众的防灾意识教育,可以提高居民对台风等自然灾害的认知和理解,培养他们采取适当的自我保护措施和应对能力。

(4)加强城市防灾建设。台风“天鸽”暴露了城市防灾建设的不足之处,包括城市排水系统和抗灾能力等方面。因此,应加强城市防灾建设,提高城市的排水能力和抗灾能力,提前加固电力系统、清理排水系统、排除安全隐患,确保公共设施和基础设施的正常运转,可以承受台风带来的严重降雨和洪水,减小自然灾害对城市造成的影响和损失。

(5)提高救援水平。需要建立完善的救援和救灾资源库存系统,确保足够的物资、装备和人力资源储备,并能够迅速调配到受灾地区以增强救援队伍和救灾资源的储备与调配能力。还需要提高救援队伍的训练水平,加强应急救援能力。建立灾害应急响应机制,推进信息技术的应用,提高救援行动的协调和指挥效率,确保救援队伍能够快速到达受灾地区,并展开救援行动。

(6)强化协同合作机制。台风“天鸽”暴露了协同合作机制的不足之处,包括各部门之间、各地区之间的协调和合作等方面。因此,应强化协同合作机制,建立高效的指挥调度机制,加强政府部门之间的沟通和协调,确保救援行动和恢复工作有序进行,最大限度地提高效率。加强部门之间、地区之间的协调和合作,确保应急救援工作的顺利进行。

(7)加强灾后重建和恢复工作。加强对灾区居民的关爱和援助,及时展开灾后重建工作,提供必要的住房、食品、医疗和基础设施支持,帮助受灾地区尽快恢复正常生活。加强灾后重建工作的规划和组织,注重心理援助和社会支持,帮助受灾居民渡过灾后困难时期,尽快恢复正常生活。

(8)加强社交媒体的应急管理。基于社交大数据的灾害信息分析虽然不能直接转化为灾后规划政策,然而却对快速、准确获得灾害信息,判断援救规模、地点和区位,以及针对不同受灾状况定制重建与恢复规划方案有着重要帮助(王森 等,2018)。政府和救援机构应建立有效的社交媒体应急管理机制,及时发布灾害信息、救援联系方式和救援进展情况,并对虚假信息进行及时辟谣,防止造成恐慌和误导。快速准确地获取受灾群众的位置信息,及时响应并做出决定,展开救援行动,分析受灾群众的情绪感知,做好群众的情绪安抚工作。

此次灾害的主要问题是公众的社会风险意识不足、基础设施保障不足以及缺乏及时准确的预警和应急响应机制。提出以下建议。

(1)提高宣传教育的力度。政府应该加强对公众的灾害防范知识的宣传和教育,让民众充分了解台风等自然灾害的威胁,并明确应对措施,定期组织防灾知识培训,加强公众的自我保护能力,提高公众防灾意识,提高其应急技能。

(2)增强基础设施的抗灾能力。政府应加强基础设施建设,投入更多资源改善排水系统、供电系统等基础设施,增强其抗灾能力,对可能受台风影响的关键设施进行抗灾评估和加固,确保其在灾害来临时能够正常运转。

(3)完善气象预警系统。官方可建立更细致的台风等级分类,提高预警系统的准确性和及时性,积极探索大数据应用,为台风防御提供精细化服务。确保台风预警信息能够准确及时传达给公众和相关部门,让公众有足够的时间做好准备、及时疏散。

(4)建立专业应急救援队伍。政府可以投入更多资源用于培训和建设应急救援队伍,增加应急救援的专业力量,确保应急物资和救援设备充足,并建立物资储备体系,以备不时之需。

(5)定期组织应急演练。官方可以定期组织应急演练,让相关部门和救援队伍熟悉应急预案和救援流程,提高应对灾害的应变能力。同时,组织跨部门、跨地区的综合演练,以检验应急响应体系的有效性和协调性。

(6)加强国际合作。台风事件影响范围较大,我国相关部门可加强与邻国和国际组织的合作与交流,共享灾害信息和救援资源,形成合力共同应对自然灾害。

第 9 章　典型洪涝灾害事件应对过程共性做法提取

9.1　国外典型洪涝灾害事件应对案例分析

9.1.1　国外五大典型洪涝灾害事件案例概况

近年来，受全球气候变化的影响，一些国家和地区洪涝灾害频发，面临着十分严峻的洪涝灾害挑战，其中比较典型的有 2021 年德国洪涝灾害事件、2022 年巴基斯坦洪涝灾害事件、2018 年日本特大暴雨灾害事件、2021 年美国田纳西州暴雨灾害事件和 2022 年澳大利亚暴雨灾害事件。本章节详述了此五大事件的灾害过程。

(1)2021 年德国洪涝灾害事件

灾害过程。2021 年 7 月 13 日，德国发生强降雨过程，单日降雨量达 60～180 mm，对德国西部和西南部地区造成严重影响，包括莱茵河在内多处河水溢出河岸，街道受淹。其中受影响最严重的是莱茵兰－普法尔茨州阿尔韦勒区，伤亡人数超过 130 人。虽然这场洪水是 500～1000 a 一遇，但并非不可预见。德国气象局在遵循欧盟洪水指令的基础上，将最新技术应用于洪水警报和通信系统中，在这场暴风雨来临之前就发出了预警，但仍无法避免洪水带来的破坏。另外，此次洪水也同时影响了比利时和荷兰等国，与德国相比，荷兰由于更为精良的雨水管理系统和更好的应对措施(如及时转移和疏散莱茵河下游居民)，做到了零伤亡。

灾害应对情况分析。对于德国来说，造成此次洪灾悲剧的原因主要有两方面。一是相关部门虽然在暴雨发生前就发布了预警，却没有采取进一步的疏散措施，在灾害已经发生时才进入灾难状态，直接导致了严重的公众伤亡及救援人员的牺牲。二是在预警过程中，偏远且易受灾害影响地区被忽略。如居住在阿尔河附近的部分居民未收到政府的预警。莱茵兰－普法尔茨州阿尔韦勒区的水位接近最高纪录 3 m 时，地方官员才首次向河岸附近居民发出预警。3 小时后，水位超过当地的历史洪水纪录，政府部门才宣布进入紧急状态。

(2)2022 年巴基斯坦洪涝灾害事件

灾害过程。2022 年 6 月中旬以来，受南亚季风异常活动影响，巴基斯坦多个地区遭遇多轮暴雨侵袭，引发多重灾害，洪水淹没了其三分之一的国土面积，超 3304 万人受灾。持续性强降水过程是造成巴基斯坦洪水的主要原因，而位于该国东北部，与喜马拉雅山脉连贯的冰川融化汇流促使当地河流处于较高水位，从而加剧了洪涝灾害的发生。世界气象组织数据显示，截至 8 月 27 日，巴基斯坦的降雨量相当于全国 30 a 平均水平的 2.9 倍。根据巴基斯坦国家灾害管理局发布的数据，自 6 月中旬—9 月，巴基斯坦因季风降雨已造成约 1559 人丧生，近 1.3 万人受伤，近 198 万所房屋被毁，97 万余头牲畜死亡，近 1.3 万 km 的道路和 374 座桥梁被毁。

灾害应对情况分析。2010 年巴基斯坦就发生过严重的洪涝灾害，虽然近几年该国政府部门加大了对大规模基础设施的加固和完善，以及灾后救助方面的投资，但这些资源没有得到有效分配和利用，政府部门对于相关经验教训也不够及时和充分。国家的洪水管理战略主要关注城市水利和大规模基础防御工程设施，忽略了降低非工程性灾害风险。尽管政府部门对预警系统进行了投资，但公众避险意识和应急能力十分有限。尤其是在教育和就业率很低的农村地区，57%的识字率极大地限制了信息的获取，公众对洪水风险及相关应对几乎没有意识。此次洪灾发生后，巴基斯坦政府宣布进入紧急状态，当地气象部门持续发布了暴雨、洪涝、滑坡等灾害预警，但实际效果极为有限。

(3)2018年日本特大暴雨灾害事件

灾害过程。2018年7月5日开始，日本西部遭受连日暴雨灾害，截至7月12日，累计降雨量达到1000 mm，多地24小时降雨量突破300 mm，导致了大范围严重洪涝。截至7月20日，日本15个县共计225人死亡，13人失踪，超过800万人被迫疏散到周边地区。

灾害应对方面，日本政府于7月6日设置了"首相官邸联络室"，发布和收集灾情信息，提供紧急庇护所及临时住房。据统计，日本西部地区有3238个避难所共收容受灾民众约3万人次。日本警察、消防、自卫队、海上保安厅等部门共调遣83架直升机参与灾区搜救工作，救灾规模部队达到7.5万人。这是自1982年7月长崎水灾以来日本本土出现的最严重暴雨灾害。洪水引发的泥石流、山体滑坡等次生灾害加重了灾害的损失。冈山县仓敷市真备町是受灾较为严重的地区，该地因堤坝决裂导致半数以上区域被洪水淹没，遇难人数高达42人。

(4)2021年美国田纳西州暴雨灾害事件

灾害过程。2021年8月21日，美国田纳西州遭遇破纪录强降雨，同天热带风暴"亨利"在美国东北部登陆，也带来大量降雨，特别是汉弗莱斯县不到24小时降雨量高达430 mm(占该地区年均降雨量的三分之一)，比田纳西州单日降雨量历史最高纪录超出80 mm。洪水侵袭田纳西州，冲毁道路、移动信号塔和电话线路。据田纳西州警方8月22日通报，汉弗莱斯县遇难人数达到22人，包括儿童和老人；截至当晚近19时，仍有25人失联。数百间房屋和几十家工厂被摧毁，700个家庭受灾。

灾害应对方面，暴雨当天田纳西州宣布进入紧急状态，大量搜救人员从该州许多周边县市赶来支持洪涝应对工作。8月23日，拜登总统批准了汉弗莱斯县的联邦灾害声明，承诺提供联邦资金以协助灾后重建工作。在此次暴雨灾害中，由于田纳西州对极端天气下的洪水预警和准备不足，加重了灾害的人员和财产损失。

(5)2022年澳大利亚暴雨灾害事件

灾害过程。2022年2—4月，受澳大利亚昆士兰南部海岸上空的低气压影响，创纪录的强降雨袭击了昆士兰州东南部和新南威尔士州沿海地区。2月28日—3月1日累计降雨量高达400 mm，引发了严重的洪水和城市内涝，多地发布疏散令。3月7日，布里斯班河的最高水位达到3.85 m，超过1.8万所房屋被淹。洪灾不仅使昆士兰东南部地区近千所学校被迫关闭，还造成22人死亡，近15亿澳元的经济损失。截至3月21日，新南威尔士州洪水已造成20亿澳元的损失，超5人丧生。

在灾害应对方面，澳大利亚当局对400 km的沿海地区发布了暴雨和强风警报，应急服务部门为民众提供紧急避难场所。昆士兰州东南部和新南威尔士州北部受洪水影响地区的民众获得相关救灾补助，符合条件的每位成人最多可获得1000澳元，每位儿童可获得400澳元。为系统调查评估本次灾害应急中的经验和教训，新南威尔士州代理州长保罗·图尔表示将在受灾地区以向公众咨询的方式来调查救援中所出现的问题，例如救援电话响应是否过慢，救援船只和直升机是否短缺等问题，以确保未来能更好地应对自然灾害。

9.1.2 国外五大典型洪涝灾害事件应对经验教训与建议

根据 2021 年德国洪涝灾害事件的经验教训，该事件强调了预警和应对体系的重要性，以及必要的基础设施和跨国合作。改进这些方面可以减轻灾害带来的破坏，保护生命和财产。此事件经验教训总结如下。①预警和疏散：预警系统应该及时、精确，且相关部门应积极采取措施确保居民及时疏散。提前规划疏散路线和设备以应对可能的洪水是关键。②区域管理：特别是偏远和易受灾害地区需要得到更多的关注，以确保每个人都能获得预警信息和支持。政府应加强对这些地区的监测和预警系统。③跨国合作：跨国洪灾需要国际合作。邻近国家应分享信息和协同行动，以减轻灾害的影响，尤其是在共享河流流域内(例如欧洲的莱茵河)的情况。④基础设施和应对能力：国家应继续投资于雨水管理系统、堤坝、水资源管理和紧急救援设施，以增强对抗洪水的能力。在洪灾发生后，政府和机构需要具备快速应对和救援的能力。⑤公众教育：教育公众关于如何应对洪水以及如何遵守预警指示是至关重要的。公众需要了解危险，知道如何行动，以减少人员伤亡。

根据 2022 年巴基斯坦洪涝灾害事件的经验教训，该事件强调了改进基础设施、提高公众意识、完善预警系统以及更好地协调和资源分配的紧迫性。这些改进有助于减轻未来洪灾可能带来的破坏和人员伤亡。具体如下。①防灾基础设施：尽管巴基斯坦政府加大了对基础设施的投资，但需要确保资源得到有效分配和利用。除了大规模基础设施的加固外，也应重点关注非工程性灾害风险的降低，包括改善土地利用规划和自然资源管理。②经验教训学习：政府应更加及时和充分地吸取以往洪灾事件的经验教训，以改进其应对策略。建立一个有效的知识共享和反馈机制，确保经验不断积累并得以应用。③公众教育和意识提升：政府需要加强公众对洪水风险的教育和意识提升。特别是在农村地区，应采取措施提高人们的防灾意识，促进信息获取和紧急应对能力的提高。④预警系统改进：虽然政府对预警系统进行了投资，但需要确保其效果，包括及时、准确、易于理解的预警信息的发布。这将有助于居民更好地应对潜在的灾害。⑤跨部门协调：政府各部门之间需要更好地协调和合作，以提高应对灾害的整体效率。这包括卫生、紧急救援、食品供应等不同领域的协同行动。

根据 2018 年日本特大暴雨灾害事件的经验教训，该事件强调了继续改进防洪基础设施、多层次的应对措施、预警系统的升级以及有效的部门协调的必要性。具体如下。①预防和基础设施：暴雨灾害强调了预防措施的重要性。日本政府需要继续加强对堤坝和水利基础设施的定期检查和维护，确保其在面临极端降雨时的可靠性。提前规划和建设足够强大的防洪设施，以减少洪水的冲击。②多层次应对：日本政府在灾害应对方面采取了多层次的措施，包括紧急庇护所、临时住房、大规模救援行动等。这种综合性应对方法对于降低伤亡和损失至关重要。③预警系统：日本政府应继续改进和升级其预警系统，确保能够及早发出准确的灾害警报，使居民有足够的时间进行疏散和应对。同时，公众也需要积极响应和遵循预警指示。④部门协调：不同政府部门、军队和救援机构之间的有效协调是关键，以确保救援工作的高效性。在灾害发生时，需要建立紧密的合作机制，以最大程度减少灾害带来的破坏。⑤风险沟通和公众教育：政府需要积极向公众传达风险信息，提高人们对自然灾害的认识和防范意识。教育和意识提升计划应针对不同地区和人群，以确保信息广泛传达。

根据 2021 年美国田纳西州暴雨灾害事件的经验教训，该事件强调了预警和准备、政府合作、灾后重建和公众教育的关键性。具体如下。①预警和准备：田纳西州面临了异常强降雨，但灾前预警和准备工作显然不足。重要的经验教训是要加强对极端天气事件的监测、预警和应对准备。这包括提前规划疏散计划、确保有效的通信和联络系统，以及及时发布紧急警报，以便公众能够采取行动。②联邦和地方合作：这次事件中，联邦政府迅速提供支持，但更好的联邦和地方合作机制可能有助于更快速、更协调的应对行动。建立协调机制，以确保各级政府能够在紧急情况下有效合作，共同应对自然灾害。③灾后重建：在灾害发生后，需要制定有效的重建计划，以迅速修复受损基础设施、房屋和工厂。政府、社区和私营部门应共同合作，以实现迅速恢复正常生活和经济活动的目标。④公众教育：提高公众对极端天气事件的认识和防范意识非常重要。政府和社区应该加强对居民的教育，使他们了解如何应对潜在的风险，并采取措施来减轻灾害的影响。

根据 2022 年澳大利亚暴雨灾害事件的经验教训，该事件强调了预警、基础设施、公众教育、部门协调和调查评估的重要性。具体如下。①预警和紧急响应：澳大利亚政府和当局在面临极端降雨时采取了预警措施，但还需要不断改进和加强这些系统，以确保及时、准确的警报发布。紧急响应需要更高效，包括提供避难所、救援和医疗服务。②防洪和基础设施：考虑到气候变化可能导致更频繁和强烈的降雨事件，需要加强防洪基础设施的建设和维护，以减轻洪水造成的破坏。这包括堤坝、排水系统和水文监测设施的改进。③公众教育：提高公众对极端天气事件的认识和应对能力非常重要。政府和当局应加强对居民的教育，包括如何应对潜在的风险、遵守预警指示以及紧急疏散计划。④跨部门协调：不同政府部门之间的有效协调是关键，以确保救援工作的高效性。建立协调机制，以确保各级政府和机构能够在紧急情况下有效合作，共同应对自然灾害。⑤调查和评估：对于灾害应急中出现的问题进行系统调查和评估非常重要。这有助于发现问题、改进救援流程、确保资源充足，以更好地应对未来自然灾害。

基于以上五个灾害事件的经验教训和建议，综合提取灾害应对经验教训和建议。具体如下。

(1)预警和准备

①强化气象监测和预警系统，确保能够提前预测极端天气事件，如洪水、暴雨、风暴等。

②提高公众对潜在风险的认识，鼓励居民遵守预警指示和疏散计划。

③制定紧急应对计划，包括避难所和救援措施，以应对紧急情况。

(2)防洪和基础设施

①加强基础设施的建设和维护，特别是防洪设施、堤坝、水利设备和排水系统等基础设施。

②考虑气候变化，制定长期防洪战略，以应对未来可能更频繁和更强烈的降雨事件。

(3)公众教育

①提高公众对自然灾害的认识，包括风险、应对措施和紧急疏散计划。

②推广防灾教育，尤其是在容易受灾地区，以提高人们的自我保护和紧急应对能力。

(4)跨部门协调

①建立紧密的政府部门和机构之间的协调机制，以确保在紧急情况下高效地合作。

②加强各级政府之间的合作，以实现更好的资源分配和支持。

(5)调查和评估

①对灾害应急中的问题进行系统调查和评估，及时发现问题、改进救援流程，并确保资源充足。

②制定明确的改进计划，以应对未来自然灾害，减轻人员伤亡和财产损失。

9.2 我国典型洪涝灾害事件应对过程共性做法提取

基于河南郑州“7·20”特大暴雨灾害、2019 年 6 月上中旬广西、广东、江西等六省(区)洪涝灾害、2020 年 7 月长江淮河流域特大暴雨洪涝灾害、珠江流域性洪水等重特大灾害、2008 年南方低温雨雪冰冻灾害、2018 年台风“山竹”、2017 年台风“天鸽”灾害事件中灾害应对过程经验与教训,本章节提取了此类灾害在灾前预报预警、应急响应和灾后救援方面中的共性做法,以助于应用于各种自然灾害情境,有效提高国家和地区在面对灾害时的准备和应对能力,减轻灾害带来的破坏(表 9-1)。

我国典型洪涝灾害事件应对过程共性做法如下。

(1)预防与应急准备

①启动应急预案,实施相关预警和应对措施。

②贯彻防汛责任制度,强化监督问责机制。展开隐患排查巡查,严格问责,并将责任细化到各级各部门相关责任人员。

③进行应急演练,确保充分的应急准备。

④建立完善的抗洪抢险救援力量架构,成立专业的应急救援队伍。

⑤迅速启动应急预警机制,发布相应的预警信息。各级政府根据气象数据和监测结果,通过电话、短信、网络、广播、直播、微信、微博等多样化通信手段,向社会公众传达详细的预警信息。

⑥提前进行应急部署,并展开隐患排查工作。各地在灾害预防阶段进行细致的隐患排查,重点关注倒灌、地灾、渗漏、缺口等潜在风险,以确保重要基础设施和消防救援装备器材的完好无损。

⑦增强防汛物资储备,做好交通、通信、医疗等基础服务保障工作。

(2)监测与预警

①实时监测灾害相关参数,并发布预警。各省(区、市)均建立了天气预报、水文监测、灾害监测等实时监测系统,通过雷达、水文站等设备,实时监测降雨、河流水位等参数。及时启动预警响应,采取发布预警信息、组织力量做好应急准备等措施,确保灾害来临前人员撤离,财产转移,降低损失。

②加强对重点地区、重要基础设施的监测。针对易发生灾害的地区,以及水库、堰塞湖等重要基础设施,各地采取定点监测、CCTV 监控、现场巡查等方式进行重点监测,实时监控水情。

③采取分级预警措施。建立多层次的预警系统,包括国家级、地方级的气象、水文、地质等方面的预警系统。根据气象、水文等部门提供的监测信息,综合判断灾害发展态势,采取蓝色、黄色、橙色、红色四级预警体系,提高预警的针对性。轻度降雨发布蓝色预警,提醒相关部门注意发展态势;大雨发布黄色预警,准备可能采取措施;暴雨发布橙色预警,建议采取防范措施;特大暴雨发布红色预警,要求立即组织力量应对灾害。

④多次发布预警信息,并随灾情升级。根据监测结果,多次发布预警信息。

⑤多渠道发布预警信息。通过电视、手机短信、微信提醒等多种渠道,向可能受灾地区群众扩散预警信息。采取重复多次发布、全方面覆盖的方式,确保信息最大可能传递给群众,提高预警质量。

表 9-1　重特大灾害应对过程

阶段	2021 年河南郑州“7・20”特大暴雨灾害	2019 年 6 月上中旬广西、广东、江西等六省(区)洪涝灾害	2020 年 7 月长江淮河流域特大暴雨洪涝灾害	2022 年 6 月珠江流域性洪水等重特大灾害评估	2008 年南方低温雨雪冰冻灾害	2018 年台风“山竹”	2017 年台风“天鸽”
预防与应急准备	1.7 月 17 日下午，郑州市城市防汛指挥部召开紧急会议，全面部署应对工作，组建防汛应急抢险队伍； 2.7 月 19 日河南启动水旱灾害防御Ⅳ级应急响应； 3.7 月 20 日，郑州市防汛抗旱指挥部发布紧急通知，提升防汛应急响应至Ⅰ级； 4. 启动应急响应，郑州市气象局连续发布红色预警，郑州市气象局发布《气象灾害预警信号》； 5. 郑州地铁第一时间启动防汛应急预案并安排专业技术人员加大对车站内外的巡视力度，准备专用防汛物资和器具	1. 各地建立应急救援队伍，进行洪涝灾害应对应急演练； 2. 各省（区）制定并发布洪涝灾害应急预案； 3. 开展防汛知识宣传，加强防汛科普宣传； 4. 加强基础设施，增强防汛物资储备，拓展防灾救灾志愿服务队伍； 5. 各地进行灾害风险评估，制定整改措施方案，开展安全隐患排查工作； 6. 明确应急指挥体系构建，规范并完善协调机制； 7. 修补通信基站设施，制定网络服务应急预案	1. 深入开展专业化训练和实战演练，通过汛情灾情特点，结合全员的岗位大练兵举办综合性实战演练，全面做好抗洪抢险的应急准备； 2. 根据雨情对 5 个片区召开了 5 次专题地灾防治视频调度会，增强地质灾害防治工作的针对性和时效性； 3. 安排了 2500 余处试验点。加强技术指导，一共组成了 66 位专家派驻相关省（市），帮助指导地方工作	1. 珠江委组织构建了防汛抗旱“四预”平台； 2. 充分发挥近 20 万山洪责任人作用，采取多种预警模式和手段发布预警信息，确保预警信息到达责任人； 3. 珠江委坚持每日会商，逐流域、逐区域、逐河段分析研判防汛形势和风险隐患，制定洪水发展期、关键期、退水期不同阶段防御方案，及时启动应急响应 23 次； 4. 珠江委滚动会商 59 次，编发防汛抗旱简报 40 期，向社会公众发布洪水预警 63 次、预警信息 10.7 万余条； 5. 提前建设应急救援队伍成立“三人小组”（受灾镇党委书记、消防队员、专业救援队员）。社会团体成立临时救援小队	1.1 月 10 日发布了“全国主要公路气象预报”，为提前部署交通运输工作提供了支持； 2.1 月 10 日发布了“全国主要公路气象预报”，为提前部署交通运输工作提供了支持； 3. 中国气象局于 1 月 11 日 06 时发布了“暴雪橙色预警”，并区分了不同等级暴雪的影响范围	1. 广东省政府在应对此次台风“山竹”时，根据其发生的规模和影响程度来进行任务分配，将各项责任落实于各级政府和相关部门，要求地方政府予以配合； 2. 在通信保障方面，广州、珠海、江门等 12 个通信分队组成“防风圈通信环动力量”，利用无人机拍摄实时全景图，为领导指挥决策提供依据； 3. 广东省政府按照灾害监测和预警要求，针对台风的各类指标以及变化情况，对其风力大小、登陆时间、登陆路线、登陆过程和相关水情等进行了预测； 4. 广东省前期已经对多处隐患进行了排除； 5. 广东省消防部队准备了 3000 余辆消防车、450 艘冲锋舟艇、113 架无人机、23 套远程供水泵组油水电气充足，3.4 万余件（套）抗洪抢险器材完整好用	1. 加强对存在地质灾害和低洼隐患的电网设备巡视，同时对在建工程脚手架等临时材料进行加固或拆除； 2. 及时组织海上渔船、休闲船只、“三无船舶”回港避险和运输船舶、工程船舶避开危险海域； 3. 为抗击台风“天鸽”，组织开展抗击台风“天鸽”抗洪抢险应急拉动演练； 4. 深圳市气象局不断加密与国家、省部门会商频次，紧跟台风动态，认真研判台风的发展和影响并及时发布台风消息和影响评估； 5. 广东省各级公安机关借助 LED 显示屏、村居广播、警务微信、警情通报和手机短信等媒介平台，及时动态播报当前气象预警； 6. 广东省全省公安边防部队发放宣传单 32725 份，发布台风预警信息 108597 条

续表

阶段	2021 年河南郑州“7·20”特大暴雨灾害	2019 年 6 月上中旬广西、广东、江西等六省(区)洪涝灾害	2020 年 7 月长江淮河流域特大暴雨洪涝灾害	2022 年 6 月珠江流域性洪水等重特大灾害评估	2008 年南方低温雨雪冰冻灾害	2018 年台风“山竹”	2017 年台风“天鸽”
监测与预警	1.河南启动自然灾害救助Ⅰ级响应,省防办不间断进行视频调度,了解各地防汛救灾情况; 2.河南省实行城市汛情“一日一报”制度,明确专人 24 小时值守易涝点、积水点,加强汛情应对和预警能力,保障人民生命安全	1.2019 年 6 月进入汛期后,各省(区)水文中心制定了本省(区)汛期水文监测方案,针对重点流域和主要河流新增监测断面,以加强对重点河流的监测; 2.2019 年 6 月中旬,各省(区)气象部门连续发布多次暴雨蓝色预警,并在局地提升为黄色、橙色预警,提示可能出现强降雨,各地防汛部门根据预警信息,采取防范措施,以减轻损失; 3.2019 年 6 月初,各省(区)水利部门陆续启用新版水情发布系统,增加了实时发布河流水位、水库蓄水位等功能,部分省(区)还增加了雨情发布功能	1. 聚焦提高洪水预报能力,强化江河洪水预报及工程调度运行信息的共享和耦合,扎实推进预报调度一体化; 2. 加强强降雨过程会商,实现实时雨量、雷达测雨及短期临近精细化降雨预报信息共享,努力延长预见期	1. 运用珠江防汛“四预”平台实时分析研判“降雨一产流一汇流一演进”过程,滚动更新预报成果,同步开展洪水应急监测; 2. 珠江委党组紧急动员全委 3000 多名干部职工、防汛专家和技术骨干随时待命,集结水文预报、水工程调度等技术团队昼夜研究制定洪水调度方案; 3. 分别提前 38 h、33 h预报出北江、连江将发生超 100 a 一遇特大洪水,准确预报北江干流、浈江、连江等超历史实测洪峰水位(流量)	中国气象局于 1 月 11 日 06 时发布了“暴雪橙色预警”,并区分了不同等级暴雪的影响范围	在台风“山竹”袭击广东省后,省政府要求各地持续监测台风相关的指标并进行反馈,并建立了相关监测数据档案	1. 广东省突发事件预警信息发布中心组织三大通信运营商向深圳、珠海、江门、阳江等 9 个地级市发布全网预警短信 1.4 亿条; 2. 针对台风“天鸽”,中国气象局气象探测中心通过天气雷达组网探测,实现对台风“天鸽”的三维实时观测; 3. 深圳市气象局新媒体组开展微博直播 3 次,直播峰值观众达 150 万人,综合微博、今日头条、壹深圳、斗鱼等各大平台,在线查看人数超 700 万,互动反响强烈

续表

阶段	2021年河南郑州“7·20”特大暴雨灾害	2019年6月上中旬广西、广东、江西等六省(区)洪涝灾害	2020年7月长江淮河流域特大暴雨洪涝灾害	2022年6月珠江流域性洪水等重特大灾害评估	2008年南方低温雨雪冰冻灾害	2018年台风“山竹”	2017年台风“天鸽”
应急处置与救援	1.国家防总河南工作组已紧急赶赴现场协助开展抗洪抢险工作； 2.武警河南总队郑州支队出动150余名官兵,救援装备5800余件,紧急参与抢险救援任务； 3.国家电网统筹调集北京、天津、河北、江苏、安徽等14个省份电力保障队伍,共计181辆发电车、1600多名运维抢修人员,分别赶赴河南郑州、新乡、焦作、鹤壁等地区支援防汛抢修,保障供电； 4.河南省消防救援总队共处置抗洪抢险救援408起,郑州市消防救援支队出动消防车548辆次,舟艇25艘次,指战员2710人次,营救被困人员849人,疏散转移群众1500余人,消防救援队伍已做好跨区域增援准备	1.2019年6月上旬,各省(区)政府启动了防汛一级响应,成立了省级抗洪指挥部,统筹调度全省(区)的防汛救灾力量； 2.2019年6月中旬,各省(区)与相邻省份签订了防汛救灾合作协议,建立了信息通报、救援物资调配等联动机制； 3.2019年6月中旬,各省(区)启动了抗洪资金及救灾物资的调拨使用,支持灾区救援工作； 4.2019年6月洪涝期间,各省(区)密切关注次生地质灾害情况,及时组织处置,防范扩大	1.国家防办应急部和气象、水利、自然资源等部门加强滚动会商,共同分析研判雨情、水情、灾情发展趋势,及时派出国家防总联合工作组深入灾区,协助指导防汛救灾工作； 2.武警江西总队出动1400余名官兵火速驰援鄱阳湖,担负起转移受灾群众,搜救失联人员,加固泄洪堤坝等任务； 3.在野外驻训的第71集团军某旅迅速启动应急预案,紧急收拢部队,经10余小时近千里机动,2300余名官兵12日18时前分别赶至九江市濂溪区、都昌县、永修县等10个县(区)展开抢险救援行动； 4.应急管理部会同财政部、粮食和物资储备局及时下达了防汛抢险救灾资金20.85亿元,向江西、安徽、湖北、湖南等省调拨了14个批次总价将近一个亿的中央防汛物资,以及9批次共19.5万件中央救灾物资,还调集了20支排涝的专业消防救援分队	1.广西水文系统上下联动启动111次应急响应,发布洪水预警219次,制作并发布水情信息服务专报、快报等近800期,完成应急监测河流155条次、167个断面,实现应急监测率达100%,预警发布率100%； 2.及时处置北江大堤石角段等11处管涌,及时排除韶关市苍村水库溢洪道陡坡段冲坑等6宗水库和清远市5宗小型水库漫坝险情； 3.广东省预置水利抢险队伍764支2.3万人,处置城乡内涝591处,安全转移安置人员10.3万人,紧急调运排水抢险车等17批次3012万元水利抢险物资,应急排涝累计800余万米^2； 4.广东省交通运输系统先后共出动应急抢险救援人员1.4万人次,设备3293台次	1.国家减灾委召开会议,部署灾区群众生产生活保障工作； 2.气象局、民政部和电监会及时启动重大气象灾害、救灾和电网大面积停电应急预案； 3.铁道部、交通部、公安部、保监会等部门全面启动应急预案； 4.财政部、发展改革委紧急下达抢险救灾应急资金,灾区各级人民政府迅速进行动员部署； 5.电网、电信等国有企业认真履行社会责任； 6.人民解放军、武警部队发扬人民子弟兵的优良传统,全力奋战在抢险抗灾第一线； 7.1月18日,铁路部门提前5天进入春运,公安、交通部门相继启动交通应急管理； 8.灾区各级政府和有关部门及时组织向灾区调拨粮食、棉衣被、发电机、成品油等救灾物资； 9.各主要产煤省(区)和重点煤炭生产企业,顾全大局,千方百计增加煤炭生产； 10.动员社会各方面力量特别是人民解放军和武警官兵除雪破冰,及时抢通受阻公路并疏导滞留车辆	1.台风“山竹”发生后,有10余位省领导带队深入各个地市进行抗灾救灾工作,武警和解放军官兵共出动12多万人次,财政部门拨付救灾资金6000多万元,为救灾提供了有力的资金支持； 2.省民政厅转移安置共9.02万人,省公安厅共排查整改1500多个点段,维护交通安全设施约500处,投入警力6500多人次； 3.全省累计转移245万多人,启用避险场所18327个	1.灾情发生后,广东省防总第一时间调配738名武警官兵驰援抢险救灾； 2.珠海市各级各部门组织党员、干部、职工积极开展救灾复产。8月23日,广东省珠海市,台风“天鸽”过后,武警广东总队珠海支队派出3个应急救援梯队、近300名官兵,对受灾严重地区进行抢险救援； 3.广东省军区派出2700余人参与抢险救灾； 4.珠海警备区派出50名官兵,顶风冒雨清理路障,确保珠海市区主干道畅通； 5.武警广东总队根据地方党委政府统一部署,出动950名官兵担负珠海、江门、中山等地路障清理任务； 6.澳门特区行政长官指示,澳门基金会将为澳门受灾居民提供援助,预算约13.5亿澳门元,约合11.2亿元人民币； 7.澳门卫生局于8月23日上午启动灾难应变方案,安排足够的医护及后勤人员参与应变期间各项工作,同时开放8间卫生中心提供紧急服务

续表

阶段	2021年河南郑州“7·20”特大暴雨灾害	2019年6月上中旬广西、广东、江西等六省(区)洪涝灾害	2020年7月长江淮河流域特大暴雨洪涝灾害	2022年6月珠江流域性洪水等重特大灾害评估	2008年南方低温雨雪冰冻灾害	2018年台风“山竹”	2017年台风“天鸽”
亡人事件预防		1. 广西壮族自治区采用无人机等对重点区域实施巡查,及时发现险情; 2. 广东省建立上门救助机制,对残疾等特殊人群进行防护救助; 3. 江西省通过短信、广播等方式发布险情提醒,警示边沿涝区人员; 4. 各地还组建水上巡查队伍,对江河湖泊等重点区域进行巡查,最大限度减少人员伤亡				1. 广东省前期已经对多处隐患进行了排除,台风“山竹”结束后,根据省水务局统计可知,仅广州市排除的安全隐患就达到了134处,其中排除倒灌隐患32处、排除渗漏隐患55处、排除漫顶隐患25处、排除水闸隐患10处、排除堤围缺口隐患12处,这些隐患的排除也在一定程度上提高了整体应对能力; 2. 全省消防救援队伍对装备器材进行逐一盘点,全省消防部队准备了3000余辆消防车、450艘冲锋舟艇、113架无人机、23套远程供水泵组油水电气充足,3.4万余件(套)抗洪抢险器材完整好用	1. 预警信号快速准确,公众及时响应; 2. 政府响应及时,组织渔船回港、出海渔民上岸避风; 3. 采取交通管制措施; 4. 各级政府及时落实台风及其后续强降雨次生灾害防御措施

续表

阶段	2021年河南郑州“7·20”特大暴雨灾害	2019年6月上中旬广西、广东、江西等六省(区)洪涝灾害	2020年7月长江淮河流域特大暴雨洪涝灾害	2022年6月珠江流域性洪水等重特大灾害评估	2008年南方低温雨雪冰冻灾害	2018年台风“山竹”	2017年台风“天鸽”
灾后恢复与重建	1. 应急管理部连夜调派北京、上海、江苏、山东、湖南5省(市)510名消防指战员驰援河南，全力开展排水排涝、清淤除障和灾民救助、防疫消杀等恢复生产生活工作； 2. 中央财政部21日紧急下达1亿元救灾补助资金，支援灾区开展应急抢险救援和受灾群众救助工作、灾后农业生产恢复和水毁水利工程设施修复等工作	1. 广西壮族自治区安排了10亿元防汛抗旱资金，调配救灾帐篷1万顶； 2. 江西省调拨资金5亿元，调配救灾物资1.2万件； 3. 各地统筹调配抽水机、发电机等装备； 4. 各地还组织开展疏通阻塞道路、清理垃圾等工作，保障了灾区的基本生活秩序	根据汛情的发展，会同财政部、粮食和物资储备局及时下达了防汛抢险救灾资金20.85亿元，向江西、安徽、湖北、湖南等省调拨了14个批次总价将近1亿元的中央防汛物资	1. 清远市防汛救灾复产英德前线指挥部在英德成立，指挥部设救灾物资统筹组、供水排涝组、供电通信交通保障组、灾后卫生防疫组、灾后复产组等10个工作小组，有序有效做好重灾区英德的防汛救灾复产各项工作； 2. 6月27日遭遇洪灾的韶关、清远(英德)两市，已转入灾后重建工作； 3. 清远市慈善总会共接收捐款6002395.44元和价值56万余元的物资用于灾后恢复和重建	1. 国家电网公司、南方电网公司在全国调集了大批技术力量赴重灾区抢修受损供电设施； 2. 中央财政紧急下拨中央自然灾害生活救助资金18.24亿元，安排救灾综合性财力补助资金10亿元，增拨重灾省份城乡低保对象临时补助7.1亿元； 3. 各级卫生部门先后派出2.5万支医疗卫生队伍救治因灾伤病人员，防止疫病流行，确保大灾之后无大疫	1. 修复相关设施，例如供水、供电、道路、桥梁等设施； 2. 抓好疫病防治工作，尤其是在台风过后，有些水源受到污染，要加强水质监测，并且做好受灾地区清毒、防疫工作，避免疫情发生； 3. 开始复产、重建等工作，帮助受灾群众和企业渡过难关	1. 武警广东总队根据地方党委政府统一部署，出动950名官兵担负珠海、江门、中山等地路障清理任务； 2. 珠海市各级各部门组织党员、干部、职工积极开展救灾复产，当地市民和志愿者也纷纷走上街头，参与道路清理； 3. 广东、广西、云南三省(区)积极进行灾后重建，全力抢修电力通信设施，加速恢复生产

续表

阶段	2021年河南郑州“7·20”特大暴雨灾害	2019年6月上中旬广西、广东、江西等六省(区)洪涝灾害	2020年7月长江淮河流域特大暴雨洪涝灾害	2022年6月珠江流域性洪水等重特大灾害评估	2008年南方低温雨雪冰冻灾害	2018年台风“山竹”	2017年台风“天鸽”
经验	1. 郑州市气象部门密切监视天气变化,滚动发布监测预报预警信息,为党委政府、有关部门防汛救灾和社会公众避险自救提供了高频次、递进式的气象预报服务; 2. 在这次灾害应对中,省委、省政府及时部署防汛工作,加强指挥调度,督促指导各地做好巡堤查险、抢险救援、转移安置和恢复重建等工作,群众基本生活得到较好保障、生产秩序较快恢复。总体看,省委、省政府认真贯彻落实党中央、国务院决策部署,对这场灾害应对是重视的、部署是及时的、工作是积极的,全省除郑州市外总体效果也是比较好的,问题主要集中在郑州市; 3. 登封市是郑州市所有区县(市)中启动应急响应最早的,也是山丘区4个市中因灾死亡失踪人数最少的。19日20时登封市启动Ⅳ级应急响应,23时30分根据调度研判情况决定直接提升至Ⅰ级应急响应,比郑州市早了17 h,赢得了灾害应对处置的主动权。荥阳市启动应急响应最晚(21日04时启动Ⅰ级应急响应),因灾死亡失踪人数最多	1. 各级防指和相关部门都对强降雨过程防范工作高度重视; 2. 各地认真落实水利部安排部署,积极有序开展各项防御工作	7月10日,国家防总副总指挥、水利部部长主持会商,分析研判长江、淮河流域防汛形势,有针对性安排部署洪水防御工作	2022年汛期,珠江委坚持以流域为单元,统筹上下游、左右岸、干支流,强化流域统一调度,会同有关省(自治区)调度大中型水库1778座次,拦蓄洪量335亿 m^3,减淹城镇587个次、耕地604万亩,避免人员转移352万人次。其中,针对西江4号洪水、北江特大洪水,下达30余道调令,调度西江干支流24座水库群拦蓄洪水38亿 m^3,削减梧州站洪峰流量6000 m^3/s(降低水位1.8 m),将洪水出峰时间延后38 h,避免西江、北江洪水恶劣遭遇,为北江洪水安全宣泄创造了有利条件;及时制定北江飞来峡水库适度蓄洪、首次启用潖江滞洪区部分滞洪、芦苞闸与西南闸分洪调度建议方案,指导飞来峡水库、潖江滞洪区等工程联合调度运用。通过实施流域防洪统一调度,将石角站洪峰流量削减为18500 m^3/s,成功将洪水量级压减至西江、北江干流和珠江三角洲主要堤防防洪标准内,确保了西江干堤、北江大堤和珠江三角洲城市群防洪安全	1. 及时启动应急响应机制,全面部署抗灾救灾工; 2. 动员全社会力量,打好攻坚战; 3. 强化政府信息引导,把握正确舆论导向	1. 东莞市反应速度较快,台风“山竹”是9月16日登陆广东台山海晏,东莞市气象部门在9月10日向全市预报东莞市将在9月16—17日受台风“山竹”的严重影响,有狂风暴雨过程,提醒市民提前做好应灾准备。在灾情发生前启动东莞市气象灾害应急预案,灾情发生后及时启动防风Ⅰ级应急响应,全市进入防台风备战状态,保证救灾的最佳时机; 2. 在准备阶段,广东省前期已经对多处隐患进行了排除,台风“山竹”结束后,根据省水务局统计可知,仅广州市排除的安全隐患就达到了134处,其中排除倒灌隐患32处、排除渗漏隐患55处、排除漫顶隐患25处、排除水闸隐患10处、排除堤围缺口隐患12处,这些隐患的排除也在一定程度上提高了整体应对能力。此外,全省消防救援队伍对装备器材进行逐一盘点,全省消防部队准备了3000余辆消防车、450艘冲锋舟艇、113架无人机、23套远程供水泵组油水电气充足,3.4万余件(套)抗洪抢险器材完整好用	1. 为应对台风“天鸽”,广东、广西提前做好预案,采取有效措施部署抢险、救灾和转移工作。因政府预警信息充分,以及多年来抗击台风的经验,一些民众显得“淡定”; 2. 深圳市气象局新媒体组开展微博直播3次,直播峰值观众达150万人,综合微博、今日头条、壹深圳、斗鱼等各大平台,在线查看人数超700万,互动反响强烈

续表

阶段	2021年河南郑州“7·20”特大暴雨灾害	2019年6月上中旬广西、广东、江西等六省(区)洪涝灾害	2020年7月长江淮河流域特大暴雨洪涝灾害	2022年6月珠江流域性洪水等重特大灾害评估	2008年南方低温雨雪冰冻灾害	2018年台风“山竹”	2017年台风“天鸽”
教训	1. 应对部署不紧不实； 2. 应急响应严重滞后； 3. 应对措施不精准不得力； 4. 关键时刻统一指挥缺失； 5. 缺少有效的组织动员； 6. 迟报瞒报因灾死亡失踪人数	1. 宣传力度不够，群众安全意识不强，无法很好做到事前预防； 2. 应急队伍专业性不够，抢险能力不足，无法很好做到事中处理； 3. 防灾救灾资金投入不足，应急物资短缺，无法很好做到事后处理	1. 气象部门在特大暴雨发生前成功预测了暴雨的发生，但是对暴雨的量级、雨强、总降雨量和空间分布的预报还存在一定误差； 2. 气象部门发布的预报预警更多是大范围的定性预测，预报缺少精细化数据，不利于相关部门做好洪水和次生灾害的精准预测及采取相应的防御措施，这种误差和精细化不足问题在一定程度上影响了灾害的预警效果； 3. 一些大江大河缺乏控制性枢纽，洪水调控手段不足，部分河段的防洪标准尚未达到规划要求，部分水工程未经过洪水检验，中小河流防洪能力低，病险水库数量多，蓄滞洪区启用难； 4. 洪水预测预报水平有待提高，山洪灾害监测预警平台运行维护有待加强，部分基层干部群众防洪意识不强、抗洪抢险实战经验不足等，尤其是北方河流长期不来洪水，意识不强、实战经验不足的问题更为突出	1. 由于本次北江特大洪水部分站点出现了历史最高水位、历史实测最大流量，预报过程无相似历史洪水过程作为参考，洪水作业预报主要依靠实时跟踪降雨、滚动调整涨水预报、多次进行联合会商来进一步提高预报精度。经统计，北江飞来峡水库17—24日入库水量预测误差仅偏少1.3%，北江石角站洪水过程预报确定性系数达0.92，干流洪水过程预报总体精度较高。但支流洪峰预报仍有较明显偏差，如滃江、连江的控制站24 h以内预见期的洪峰预报误差均偏大10%左右，连江高道站峰现时间时差相对较大； 2. 气象机构发布的短期预报降雨，尤其是北江特大洪水造峰雨量级和落区存在较明显误差。如6月20日北江降雨是特大洪水造峰雨，预见期仅为24 h，欧洲模式整体预报降雨量偏小，没有预报出大暴雨量级，中国模式预报的大暴雨区域仅集中在中游飞来峡库区，实际上游浈江和中游连江的预报降雨量均明显偏小。主要洪水来源区域的预报降雨误差是造成北江洪水预报有效预见期较短的主要原因	1. 发布的暴雪预警也未能全面涉及可能造成的灾害损失和社会影响，提出的防御措施和行动指南相对宽泛、针对性不强，也因此未能引起地方政府部门的足够重视； 2. 涉灾部门之间也存在信息分割、共享机制不畅、协调联动性不强等问题。如在低温雨雪冰冻灾害早期，有些地区的电路监测点较早发现凝冰现象，但未与气象部门实现信息共享； 3. 部分地区对道路除冰不及时、简单采取封闭道路措施、京广大动脉等核心道路应对极端灾害能力不足、准备不足； 4. 2008年南方低温雨雪冰冻灾害造成交通运输严重受阻、电力设施损毁严重、电煤供应告急、农业和林业遭受重创、工业企业大面积停产等重大损失； 5. 温家宝总理在政府工作报告中提出，要加强电力、交通、通信等基础设施建设，提高抗灾和保障能力；加强应急体系和机制建设，提高预防和处置突发事件能力；加强对现代条件下自然灾害特点和规律的研究，提高防灾减灾能力	1. 虽然预案已制定，但广东省台风应急宣传教育还存在一定的问题，很多群众就算知道台风要来袭后，也不知道应该如何应对。正是因为缺少危机意识，对台风的级别和破坏力认识程度不深刻，所以在进行日常隐患排查时有所疏忽，使得隐患长期存在，台风来临时给居民区、工厂企业带来更大的损失； 2. 气象预报不够精细量化。由于东莞市气象局对风暴潮没有做到精细化定量、定点、定地的预测预报，导致虎门镇政府及相关人员没有特别重视此次筑堤防潮。16日14时30分，虎门出动民警和辅警共60余人在长堤路路段堆砌沙包筑起海旁防线约1.3 m，但因海水倒灌加剧，防线溃堤，海水大量涌入虎门街道，造成严重的内涝； 3. 灾后恢复工作的装备人手不足。由于台风“山竹”来势凶猛、破坏性强，造成灾害后路面上到处是被刮倒的大树、线杆，部分路面出现裂、塌现象，人车均无法通行，需要组织力量尽快疏通路面，恢复交通	1. 民防架构统筹协调作用发挥不够； 2. 粤港澳应急联动机制有待完善； 3. 公共沟通与动员机制不健全； 4. 防灾减灾救灾法律体系需要进一步完善； 5. 应急预案体系和灾害监测预警预报等技术标准需要进一步完善健全； 6. 防洪闸和防洪堤设防标准低； 7. 供水供电通信等重要基础设施设防标准低； 8. 专业技术人才和装备相对缺乏； 9. 灾害预警及响应能力薄弱

⑥指导和协调应对措施。在发布预警时，充分发挥指导作用，要求有关部门根据预警等级，启动应急预案，组织物资调配、人员转移、抢险救援等工作，提高响应效率。灾害发生后，继续协调各方力量做好救援工作。

⑦预警信息覆盖面广。通过多渠道预警，确保覆盖可能灾区所有居民点，使群众能够收到预警并采取防范措施。鼓励社会各界的参与，包括媒体、志愿者、企业等，通过信息传播、资源调配等方式，提高整个社会对灾害的感知和应对能力。

⑧加强预警与响应的衔接。预警部门与应急管理、抢险救援等部门保持紧密沟通，建立工作机制，在发布预警时主动联络应急部门做好准备，确保预警转化为救援行动。同时应急部门全力配合，根据预警等级启动响应，提高救援效率。

(3)应急处置与救援

①转移和撤离人员。灾害发生后，各地都立即组织实施人员转移撤离。

②调派救援力量。各地在灾害发生后都从其他地区抽调救援力量实施救援。

③修复堤防工程。多次洪灾中，堤防工程都出现不同程度的破损，各地都迅速组织力量对堤防进行加固和修复，以减小洪水灾害损失。

④补充救灾物资。洪灾过后，各地都立即对灾区的救灾物资进行补给。主要补给物资包括饮用水、棉被、药品等生活必需品以及抗洪抢险救生设备等。建立储备体系，确保有足够的应急物资，包括食品、药品、床铺、通信设备等。实时监测灾情发展，灵活调配物资，确保最迫切需求得到满足。

⑤修复工程设施。洪水造成部分防洪工程设施损坏，各地都启动修复工作，以减小洪涝损失。

⑥组建指挥部。在多个案例中，省(市)级政府都成立了指挥部，统筹指挥救灾工作。指挥部负责调度各类救援力量开展救援。建立多级别的指挥体系，确保信息能够迅速传递和决策能够及时执行。在各级政府和救援组织之间建立有效的协调机制，确保资源的合理配置和协同作战。

⑦采取措施全力保障交通服务进行抢险救援。

⑧密切关注次生衍生灾害情况。

⑨组织从事防灾减灾救灾工作的社会组织和城乡社区的应急志愿者参与抢险救援工作。

(4)亡人事件预防

①及时快速发布预警，短信、广播等方式发布险情提醒。

②及时采取交通管制措施。

③重点区域进行巡查，排除隐患。

④对特殊人群建立上门求助机制。

⑤严防次生灾害带来的二次损害。

(5)灾后恢复与重建

①救灾力量及时调度，及时加强灾区恢复和重建力量。建立储备体系，确保有足够的应急物资，包括食品、药品、床铺、通信设备等。实时监测灾情发展，灵活调配物资，确保最迫切需求得到满足。

②及时下达救灾资金，保障物资供应。

③组织各级力量(包括干部、职工、志愿者)开展疏通阻塞道路、清理垃圾等，保障和恢复灾

区的基本生活秩序。

④防止灾后疫病流行，加强医疗卫生队伍，加强地区消毒，加强水质监测，确保大灾之后无大疫。

⑤积极进行设施重建，加速恢复生产。

(6)经验

①及时启动应急响应机制，全面部署和有序开展抗灾救灾工作，抓住有利时机。

②动员全社会力量，打好攻坚战。

③密切监视天气变化，不间断发布预报预警信息，通过各种渠道传播信息。

④主持会商、分析研判灾情，针对性主动安排部署防御，抓住主动权。

⑤科学调度水库等防洪设施。

⑥强化政府信息引导，把握正确舆情方向，维护社会稳定。

(7)教训

①宣传不够，公众缺乏危机意识，事前预防不充分。

②应对部署不实，预案执行力差。

③组织体系不健全，关键时刻缺乏统一领导。

④预测预报系统仍然不够精准。

⑤供水供电通信等重要基础设施设防标准低。

⑥应急队伍专业性不足，专业技术人才和装备缺乏。

⑦缺少有效的组织动员。

⑧防灾救灾资金投入不足，应急物资短缺。

下篇

基于典型案例分析的洪涝灾害调查评估指标体系研究

第 10 章　提升重大灾害应对能力思路

10.1　重大灾害应对调查评估工作现状

本节详细梳理了灾害应对调查评估工作现状，包括灾害应对调查评估工作的内容体系、技术方法体系以及指标体系。

10.1.1　内容体系

(1)工作目的与要求

根据应急管理部印发的《重特大自然灾害调查评估暂行办法》(应急〔2023〕87 号)文件，灾害调查评估工作目标为全面查明灾害发生经过、灾情和灾害应对过程，准确查清问题原因和性质，评估应对能力和不足，总结经验教训，提出防范和整改措施建议。具体目的是查清灾情、发现问题、总结经验、吸取教训、深化认识、改进工作、提升能力、强化保障、完善法规和工作机制等。灾害调查评估工作包括调查评估组织、调查评估实施、调查评估报告编制。实施过程中需要遵循一定的工作原则，一般有以下四项原则。

第一，客观性原则。自然灾害调查评估在方案设计、专家团队组建、评估分析方法运用等方面首先需保证调查评估的客观性，确保最终形成的调查评估报告能够客观真实地反映灾害的实际情况，工作过程中需将调查组成员的主观认识对调查评估报告客观性的影响降至最低。

第二，科学性原则。自然灾害调查评估注重从灾害事件全过程出发，调查灾害发生经过、灾情和灾害应对过程，查清问题原因和性质，评估灾害的灾情特点和应对工作情况，总结经验教训，提出防范和整改措施建议。调查内容一般包括灾害情况、预防与应急准备、监测与预警、应急处置与救援救灾、灾后恢复与重建、措施建议等多个方面，保证了调查评估工作的系统性。此外，由于调查评估工作通常涉及诸多行业领域，调查组的成员构成需同时兼具多元性和专业性以确保评估结论的科学性。

第三，时效性原则。为确保对灾害事件调查的时效性，及时回应政府民众之关切，调查工作组一般自成立之日起 90 日内需形成调查评估报告。特殊情况确需延期的，延长的期限一般不宜超过 60 日。

第四，前瞻性原则。开展重大灾害事件的调查评估，是为了发现当前应急管理工作的短板和弱项，以便更好地推动应急管理体系和能力现代化。因此，自然灾害调查评估工作不能局限于对单一灾害过程的灾害情况和应对工作进行评估，还需系统性地对完善应急管理体系建设提出工作意见和建议，为下一步应急管理体系建设的顶层设计提供参考，需要兼具指导性和前瞻性。

(2)工作内容

根据灾害调查评估工作目标，灾害调查评估工作内容要回答基本情况、应急响应、成因定性、趋势研判和对策建议等问题(APEC,2009)。基本情况包括灾害发生时间、危害范围、人员伤亡、威胁人员、财产损失、社会功能如交通影响情况等。应急响应要陈述针对灾情或险情采取的应急响应及救援情况、人员搜救、医疗救护、避险安置、生活供应,以及交通、治安、通信、指挥调度、信息发布和舆论引导等工作。成因定性要回答灾害发生原因,包括环境条件、引发因素、发生过程、成灾机理、灾害因素、人为因素等。趋势研判灾害影响及造成的损失,评估应对能力,总结有效措施经验以及问题环节教训。对策建议,针对趋势研判结果,进一步提出防范和整改措施建议。

案例1:南平市灾害调查评估

对福建省南平市"7·9"暴雨洪涝灾害调查评估工作显示:在洪涝灾害发生后,南平市迅速启动了应急响应机制,第一时间组织相关部门、人员和资源投入救援行动。迅速组织疏散受灾群众,并安排住所和生活物资;政府积极调动社会力量,提供临时避难场所,确保受灾群众的基本生活需求,这体现了对受灾群众安全和生活的关切。建立了多种信息发布和沟通渠道,及时向公众发布灾情和应急信息。通过媒体、互联网和微信等平台,广泛传递救援指导和安全提示,增加了民众的应急意识和自我保护能力;建立了跨部门、跨地区的联防联控机制,加强了信息共享和资源协调。相关部门密切合作,共同制定救援方案和行动计划,确保救援工作的高效进行:积极运用先进的技术手段,如遥感、无人机等,进行灾情评估和救援指导。同时,增加了救援装备的投入,提高了救援行动的效率和安全性。南平市在2020年"7·9"暴雨洪涝灾害中的应急处置为提高重大灾害应急能力提供了宝贵的经验。

10.1.2　技术方法体系

自然灾害调查的技术方法,按照技术要求可分为行政决策方法和专业技术方法两大类。简要概述如下。

(1)行政决策方法。我国的自然灾害调查由行政机关主导,《特别重大自然灾害损失统计调查制度》和《自然灾害情况统计调查制度》等制度,规定行政机关采用的调查方法主要有全面调查、抽样调查、多部门会商和综合评估等。具体而言,现场勘查、调阅资料数据、走访座谈和第三方辅助等是自然灾害调查中常用到的行政决策方法。针对一些大范围、持续性的灾害,例如台风、干旱,往往需要有关方面调阅卫星数据、气象观测数据来还原灾害发生过程。自然灾害往往是跨地域的,需要跨部门跨区域联合应对,因此,灾害调查阶段,对当事部门和人员大量的走访座谈、问询谈话以查清事实,是必不可少的。例如国务院调查组在调查河南郑州"7·20"暴雨时,做了大量工作,开展座谈调研近200次、问询谈话450余人次。一些自然灾害发生时可能无人在场,发展蔓延后才为人所关注,这导致事后调查灾害原因较为困难,这时可以引入专家或第三方的力量。例如,凉山州西昌市"3·30"森林火灾调查工作中,由于火灾发生时无人在场,调查组委托有关科研机构或第三方对可燃物载量、预留引流线风摆、灾损确定等进行试验、检测检验、调查评估、专家论证、综合分析还原了森林火灾起始点情况。

(2)专业技术方法。由于自然灾害的复杂性、突发性,在行政工作方法之外还需要结合遥感和数学模型等专业技术方法,才能对灾害进行客观、准确、全面的调查。受灾地区往往范围较大且自然条件复杂,现场勘查、走访座谈等地面调查方法难以全面覆盖受灾地区。遥感技术能够监测受灾地区动态变化,对偏远地区大面积重复观测,且受昼夜、天气影响较小。在地质灾害调查中,遥感技术是快速调查识别与评价的有效途径,可大大减少现场工作时间,并能提供全方位、多角度和可视化的高精度遥感成果。自然灾害往往突然爆发,缺乏可靠的现场记录，而建构数学模型、公式可以在现场勘测、遥感技术等方法获得的资料基础上，还原灾害的静力学和动力学过程。例如，等通过建构数学模型计算容重、屈服应力、运动速度等参数还原汶川震区映秀镇“8·14”特大泥石流灾害的发生过程和特征（李宁 等，2020）。

本章节对10种主要技术方法进行介绍。

（1）调阅资料

调阅资料是灾害调查评估工作中的一个重要环节，它包括搜集、整理和分析各种与灾害相关的资料和信息。调阅资料方法是依靠收集和分析大量的文字、图片、音视频资料等进行灾害情况考证，对灾害原因进行推断，对灾害结果进行评估的一种方法。这种方法可以避免进入受损严重的灾区进行实地调查，而通过资料收集和分析开展调查评估工作。通过合理的调阅资料方法，可以获得准确、可靠的灾害信息和数据。准备工作、搜集方法、整理分析和质量控制都是调阅资料过程中需要注意的关键点，只有做好这些环节，才能为灾后救援和恢复提供科学依据，保障人民群众的生命安全和财产安全。

①调阅资料的准备工作

在开始调阅资料之前，需要进行一些准备工作，确保能够高效地搜集到所需的资料。具体包括以下几个方面。

（a）明确调查目的：明确需要调查的问题、目标和内容，以便有针对性地搜集资料。

（b）确定搜集范围：根据调查目的，确定需要搜集的资料类型和来源，涵盖相关的政府文件、科研文献、统计数据、媒体报道等。

（c）建立调阅资料清单：根据调查目的和搜集范围，制定详细的调阅资料清单，列出需要搜集的具体资料名称、来源机构、时间范围等信息。

（d）确定调阅方式：根据搜集范围和资料特点，确定合适的调阅方式，如在线阅读、实地查阅、借阅复印等。

②调阅资料内容

（a）收集灾前灾后资料：收集灾害发生前后产生的与该事件相关的各类文字、图片、音视频等第一手资料，重点是获取直接反映灾前和灾后情况的原始资料，为开展考证提供依据。

（b）查阅历史档案：查阅该灾害发生地区以往发生的同类灾害档案，或者类似类型灾害的历史档案，寻找类似灾害的发生规律和教训，为当前灾害情况分析提供借鉴。

（c）收集第三方评估报告：收集媒体报道、科研机构、评估机构等第三方对该次灾害做出的评估报告，可以了解外部对灾害的分析视角，提供参考。

（d）构建数据库整理资料：通过构建数据库，对收集到的资料进行整理、存储、标注等处理，进行统一集中化管理，方便进行查询和分析对比。

（e）资料考证分析：运用类比、交叉验证、时间序列等方式，对收集到的关于该次灾害的各类文字、图片、音视频资料进行全面的考证和分析，找出问题原因和责任归属。

③调阅资料的搜集方法

在准备工作完成后，开始具体的搜集工作。

（a）政府文件和相关法规：通过查询政府部门网站、档案馆或图书馆等渠道获取与灾害调查评估相关的政府文件和相关法规。

（b）科研文献和专业期刊：通过学术数据库、图书馆等途径，搜集与灾害类型、灾害评估等相关的科研论文和专业期刊。

(c)统计数据和报告:通过国家统计局、地方政府统计局等机构,搜集与灾害相关的统计数据和报告,包括灾害发生时的人口、财产损失、灾区情况等数据。

(d)媒体报道和新闻资讯:通过电视、报纸、新闻网站等渠道,了解与灾害发生时相关的媒体报道和新闻资讯,获取一手信息。

(e)历史档案和案例资料:通过地方档案馆、图书馆等渠道,搜集与历史类似灾害的调查报告、救援经验等资料,为当前灾害的评估提供参考。

(f)现场调研和采访:根据需要,开展现场调研和采访工作,了解灾情、灾后重建等实际情况,并获取相关资料和信息。

④调阅资料的整理和分析

在搜集到资料后,需要进行整理和分析,以便获得准确、完整的信息。具体步骤如下。

(a)资料分类和归档:将搜集到的资料按照类型、来源、时间等因素进行分类,建立起清晰的档案系统,并标注相关信息。

(b)资料筛选和核实:对搜集到的资料进行筛选,排除重复、错误或无关的信息,并核实其准确性和可靠性。

(c)资料转化和汇总:对筛选后的资料进行转化处理,如数字化、电子化等方式,便于后续的分析和应用。

(d)数据分析和整合:通过统计分析、图表制作等手段,对搜集到的资料进行数据处理和整合,形成灾害调查评估报告等相关成果。

⑤调阅资料的质量控制

在调阅资料的过程中,需要注意质量控制,以确保搜集到的资料真实、准确、完整。具体措施如下。

(a)选择权威来源:优先选择政府部门、研究机构和高校等权威机构发布的资料,确保其可信度和可靠性。

(b)核实多方信息:对于重要资料,尽量通过多个渠道进行核实,并比对不同资料之间的一致性和差异性。

(c)注意数据采集方法:对于统计数据和样本资料,要关注其采集方法和数据处理过程,确保数据的科学性和合理性。

(d)参考多角度观点:对于涉及争议性问题的资料,应该参考多个角度和观点,做到客观、全面地分析。

(e)详细记录参考资料:在调阅资料过程中,要详细记录所参考的资料名称、作者、出版时间等信息,为后续引用和审查提供依据。

(2)现场勘察

现场勘察灾害调查评估工作中的一种方法,它通过实地勘查和观察,获取灾害发生地的详细信息和数据,以便进行准确的灾情评估、灾后恢复规划和防灾减灾措施制定等工作。现场勘察的目的是深入了解灾害发生地的实际情况,包括灾害的性质、范围、损失程度、影响因素等,同时还可以获取与灾害相关的地形地貌特征、环境条件、人员安置情况等信息。这些信息对于灾害评估、救援行动和灾后重建至关重要。

登门入户进行实地现场评估是一种广泛应用于灾后调查和救援工作的方法。它可以提供详细的受灾情况和需求信息,系统地了解每个家庭或居民的受灾状况,包括损失程度、人员伤亡情况、基本生存需求等，以便更准确地制定救援计划和资源分配方案。这有助于全面了解灾区情况，及时提供救援和支持。通常由专业的救援人员、志愿者或相关机构的工作人员组成小组，负责现场评估。因此调查人员需要接受相应的培训和指导，了解评估标准和数据收集方法。这种调查评估方法需要大量的人力、事件和资源，但准确率很高，通常在灾害造成的损失不太明显或需要对灾情信息有更高的可信度时使用。

除了入户调查进行实地现场评估，现场勘察灾害调查评估工作还可以采用其他方法来获取更全面的信息。①重点区域勘察。重点对灾害发生地或受灾严重的区域进行详细勘察，包括关键设施、重要建筑物和交通路线等。这些区域通常受灾最严重，了解其受损程度和恢复需求对于灾后重建至关重要。②采样调查。通过采取样本调查的方式，从受灾地区的不同区域和不同类型的受灾对象中获取代表性数据。这有助于全面了解整个灾区的受灾情况和需求，以便制定综合性的救援和恢复方案。③社区参与。积极与当地社区居民和相关利益方进行沟通和合作，了解他们的意见、需求和建议。社区居民对灾害的观察和经验可以提供宝贵的信息，同时也增强了他们对灾后工作的参与感和支持度。通过综合运用重点区域勘察、采样调查和社区参与等方法，可以更全面、准确地了解灾害发生地的实际情况。重点区域勘察关注受灾严重的区域，采样调查提供代表性数据，而社区参与则促进与当地居民的合作和信息交流。这些方法相互补充，为灾后评估、救援行动和灾后重建提供科学依据。在实施这些方法时，需要确保调查人员具备相关的专业知识和技能，并遵循评估标准和数据收集方法，以确保调查结果的准确性和可靠性。

(3)数据分析

数据分析法是指利用各种统计学和数据处理技术，对灾害调查所得的相关数据进行整理、分类、分析和解释的方法；是依托收集、整理、分析大量定量数据的方式，对灾害进行综合评估的一种研究方法。它以数据为依据，运用各种分析技术对数据进行处理，得出对灾害情况的评价。这种方法可以使灾害调查评估更加科学系统。其目的在于从数量和质量上，全面准确地描述和评估灾害发生的特征、规模、影响等方面的信息，并推导出有关灾害原因和未来趋势的结论。

①地理空间分析

地理空间分析可以使用卫星、航空图像和数据来快速评估破坏情况，例如可以通过使用卫星遥感、航空遥感、无人机摄影测量等技术，获取大范围、高分辨率的灾害相关数据，包括地表形态、土地利用、植被覆盖、水文信息等，通过地理信息系统(GIS)的技术手段对灾害区域进行精确的描述和相关分析。地理空间分析中GIS技术的应用，为灾害调查评估提供了强大的工具和方法，通过对地理数据的收集、整合和分析，可以更好地了解灾害情况，提高调查评估的效率和准确度，为灾害管理和救援工作提供科学依据。

②预测建模

预测建模是在灾害调查和评估中的一种方法，它通过分析历史数据和相关因素来预测灾害事件的可能性和影响。基于灾害特征，可以使用各种预测建模技术，如统计模型、机器学习算法等，建立预测模型，这些模型可以利用历史数据进行训练和验证，以捕捉灾害发生的规律和趋势。以下是一些常见的预测建模技术和其在灾害评估中的应用：

概率统计模型：可以使用历史灾害数据和相关环境因素，来计算未来灾害事件的可能性。例如，通过分析过去的地震数据和地壳活动情况，可以建立地震发生的概率模型，从而评估某个地区未来一段时间内发生地震的可能性(国家减灾委员会 等,2008)。

气象和气候模型:可以使用气象数据和气候变化情况,来预测灾害事件如风暴、洪水和干旱等的发生概率和趋势。这些模型可以帮助评估未来某个地区在不同气候条件下可能面临的灾害风险。

土壤稳定性模型:可以使用地质数据、地形信息和水文条件等,来评估山体滑坡、泥石流等地质灾害的潜在风险。通过分析这些因素,可以预测某个地区土壤稳定性的变化和潜在灾害风险。

火灾模型:可以使用森林数据、气象条件和人类活动等信息,来评估森林火灾的可能性和蔓延趋势。这些模型可以帮助预测火灾的潜在范围和对特定地区的影响程度。

人口和社会经济模型:可以结合人口统计数据、城市规划信息和社会经济指标等,来评估灾害事件对人口和社会经济系统的影响。通过模拟人口迁移、损失评估和经济损失等指标,可以预测灾害发生后的人口流动和社会经济恢复情况。

利用预测建模来调查评估灾害的优势在于它能够基于数据和统计方法提供客观、量化的分析结果,从而帮助决策者做出更明智的决策。需要指出的是,预测建模只是一种辅助工具,也存在一定的局限性,如数据的可靠性和有限性、模型的假设和不确定性等。因此,在使用预测建模的过程中,需要综合考虑多种因素,并与其他领域的专家和决策者合作,以获得更全面和准确的评估结果。

(4)走访座谈

走访座谈法是指评估人员针对特定灾害事件,通过进入相关区域面对面开展实地走访调查,并组织召开专题座谈会,收集参与主体对灾害情况的第一手反馈信息,从中获取原始性资料的一种调查评估方法。这种方法的基本原理是通过直接面访和交流的方式收集资料。它强调从灾害信息的第一手提供者处获取原生态的意见反馈,作为评估的依据。

走访座谈可以提供详细的受灾情况和需求信息,系统地了解每个家庭或居民的受灾状况,包括损失程度、人员伤亡情况、基本生存需求等,以便更准确地制定救援计划和资源分配方案。这有助于全面了解灾区情况,及时提供救援和支持。通常由专业的救援人员、志愿者或相关机构的工作人员组成小组,选择有代表性的群体进行座谈查访。调查人员需要接受相应的培训和指导,了解座谈的目的、对象的基本情况,以及当前最主要的突出关切。

(5)征集线索

征集线索法是一种通过广泛收集和整理灾害相关信息、资料和观点的方法,以获取线索和证据,进而识别和分析灾害事件中的主要问题、影响因素和需求。它强调了对各种资源的回顾和整合,包括文献、报告、统计数据、媒体报道、专家意见等多种来源,旨在形成全面、准确的灾害图景。这种方法可以充分利用社会各界力量,使调查评估建立在广泛的信息基础上,结果更具说服力和公信力。征集线索多应用于存在公众争议或责任认定复杂的灾害事件中,以充分留存和调动一切可能的线索。

①征集主要内容

(a)公开征集线索:发出公告,面向全社会公开征集与特定灾害相关的线索材料,内容形式不限。

(b)组织专业人员提供线索:组织相关领域专业人员,提供涉及该灾害的专业线索材料。

(c)线索筛选整理:对收到的线索进行筛选,剔除无效信息,并进行整理分类。

(d)线索分析比对：对有效线索材料进行分析比对，找出共性内容和关键信息。

(e)撰写评估报告：依据线索分析结果完成灾害评估报告的撰写工作。

②征集线索法的步骤

(a)明确调查评估目标：在启动征集线索法之前，需要明确调查评估的目标和问题，例如了解灾害的原因、判断影响范围、评估损失程度等。这有助于确定需要收集的线索和证据类型。

(b)收集信息资源：根据调查评估目标，广泛收集各种灾害相关的信息资源。这些资源包括但不限于文献、报告、统计数据、新闻报道、专家意见等。可以通过图书馆、网络搜索、专业机构、政府部门等渠道获取信息资源。

(c)系统整理和归类：对收集到的信息资源进行系统整理和归类。可以建立一个数据库或文件夹，按照不同主题或内容对信息进行分类存储，并给每个信息资源打上标签或关键词，以方便后续检索和使用。

(d)信息筛选和分析：在整理和归类的基础上，对信息资源进行进一步的筛选和分析。根据调查评估的目标和问题，选择与目标相关的信息，并对其进行详细分析，提取关键线索和证据。

(e)信息验证和核实：对从信息资源中提取的线索和证据进行验证和核实。可以通过与其他信息源的对比、专家的审查、现场考察等方式来确认信息的准确性和可靠性。如果有可能，可以采取多种信息来源相互印证的方式，增加信息的可信度。

(f)形成调查评估报告：在完成信息的筛选和验证后，根据分析结果编写调查评估报告。报告应包括征集到的线索和证据，以及通过分析得出的结论和建议。报告的内容要准确、全面，具备相应的逻辑性，以便为灾害管理和决策提供参考。

③应用场景

征集线索法在灾害调查评估中具有广泛的应用。以下为几个常见的应用场景。

(a)灾害原因分析：通过征集相关线索和证据，了解灾害发生的原因和背景。可以收集文献、报告、专家意见等信息，研究灾害的前兆、环境条件、人为因素等，从而识别潜在的灾害风险和预防措施。

(b)影响范围评估：通过征集灾害事件的线索和证据，确定灾害的影响范围。可以收集统计数据、卫星遥感资料、地形图等信息，分析灾害的扩散程度、受影响的区域和人口数量等关键指标。

(c)损失评估：通过征集相关线索和证据，评估灾害造成的损失程度。可以收集统计数据、灾后调查报告、媒体报道等信息，分析灾害对人员伤亡、财产损失、生态环境破坏等方面的影响。

(d)救援需求分析：通过征集灾害事件的线索和证据，了解受灾地区的救援需求。可以收集受访者的意见、专家建议、救援机构的报告等信息，分析受灾地区的紧急救援需求和后续重建需求。

(e)政策和决策支持：通过征集相关线索和证据，为灾害管理政策和决策提供支持。可以收集各种治理实践的经验教训、政策文件、立法规定等信息，为制定灾害管理策略和规划提供参考和依据。

(6)问询谈话

在灾害调查评估中，问询谈话是指与受影响个体、社区或机构之间的沟通和交流过程，以获取关于灾害影响和需求的信息。这种谈话通常用于了解灾害的影响，评估受灾社区的需求，制定应对策略和支持决策制定，主要包括以下几方面。

①信息获取：问询谈话旨在获取有关灾害的实际影响、损害程度和相关需求的信息。这包括了解受灾社区的需求、资源、脆弱性和潜在的风险。

②监测和评估：问询谈话可用于监测灾害的演变，评估应对措施的有效性，并追踪灾后情况的变化。

③信息分享和传达：这种谈话还可以用于向受灾社区传达重要信息，如应急警报、紧急撤离指南、医疗和救援资源的可用性等。

④情感支持：问询谈话不仅用于获取信息，还可以提供情感支持和安慰，因为灾害可能导致受影响的个体和社区感到恐惧、焦虑和心理压力。

⑤参与和反馈：问询谈话的过程应该是双向的，即应该鼓励受灾社区参与，分享他们的经验和需求，并提供反馈，以确保应对措施能够满足他们的实际需求。

问询谈话在灾害调查评估中扮演着关键的角色，它有助于确保决策者和救援团队了解受灾社区的具体需求，以更好地协调资源和提供支持。这有助于提高应对和恢复工作的效率和效力。

(7)专家论证

在灾害调查评估中，专家论证是指在评估灾害的影响、损害程度以及采取应对措施时，借助专业领域的专家或专业机构的意见和建议来支持决策的过程。这种论证的目的是确保评估的准确性和全面性，并为决策者提供专业知识和意见，以便更好地理解灾害情况并采取适当的措施，主要包括以下几方面。

①专业意见和建议：专家论证涉及邀请灾害相关领域的专家或专业机构，以提供有关灾害影响、风险评估、灾害后果、灾害原因等方面的专业意见和建议。

②数据分析和解释：专家可以帮助分析和解释数据，包括灾害的影响、受影响地区的脆弱性，以及可能的损害程度。他们还可以提供关于灾害原因和未来趋势的见解。

③决策支持：专家论证的结果通常用于支持政府、应急服务、非政府组织和其他利益相关者的决策，包括制定紧急行动计划、资源分配和恢复策略。

④多学科性：灾害调查评估通常需要多个学科领域的专业知识，包括气象学、地质学、工程学、医学、社会科学等。因此，专家论证可能需要多学科专家的参与。

⑤实时性：在应对紧急灾害情况时，专家论证可能需要快速响应，并提供实时建议和支持。

专家论证在灾害调查评估中起着至关重要的作用，因为它有助于确保评估的准确性和可信度，并为决策者提供了可靠的信息和建议，以更好地应对灾害的后果和保护受影响的社区。

(8)遥感监测

在灾后调查评估和紧急响应中，遥感调查或航空调查通常指的是使用航空器(如直升机、无人机等)对受灾地区进行空中勘察和观察。这种勘察方式通过从空中俯瞰受灾地区，收集相关数据和情报，以便评估灾害的范围、程度和影响，并为救援行动提供决策支持。通过遥感调查可以获取以下信息。

①灾害损害评估：从空中可以观察到受灾地区的整体情况，包括房屋倒塌、地表变形、水体淹没等，有助于初步评估灾害造成的损害程度和范围。

②道路和交通状况：航空调查法可以提供关于受灾地区道路的完整性和可通行性的信息，帮助确定最佳的救援进出路线以及运输资源的选择。

③灾后需求评估：通过观察受灾地区，可以获取关于人口聚集区、临时避难所、搜寻救援需求等方面的信息，有助于确定救援和援助的重点区域。

④气象和环境影响：通过飞行勘察可以收集有关天气、水源、环境状况等方面的信息，帮助预测可能的次生灾害风险，并采取相应的预防措施。

使用航空调查进行灾后勘察可以快速获取大范围的信息，尤其对于灾区的边远地区或难以进入的区域。但是航空调查只提供了初步的视觉观察数据，并不能完全代替地面调查和实地评估，在进行救援行动和决策时仍需综合其他信息和专业判断。

案例2：小型无人机遥感现场勘察

小型无人机遥感技术的优点十分明显，并且其系统具有较强的实时性，在具体应用时较为灵活，在运行过程中风险较小、成本低，并且系统的结构较为简单，在近几年，此技术得到非常快速的发展，目前，此技术在灾害以及抢险救灾工作中已经得到了大范围的推广以及应用，已经成为不可或缺的应用技术。

将此技术应用于滑坡应急治理工作中，可以对勘查工作以及制图设计起到非常重要的作用。在繁琐的地形测量工作中，小型无人机遥感技术的应用，可以使工作简单化，根据事实表明，在应用全球定位系统（GPS）技术以及地面控制点的配合后，在飞行高度200 m以内的小型无人机，便可以得到分辨率较高的数字表面模型（DSM）以及数字正射影像图（DOM）。一般来说，施工的设计图纸的比例为1∶200以上，那么小型无人机探测所得到的图像会超越普通施工设计图纸水平，对施工现场的勘查监察工作起到协助作用。在一些技术人员无法到达的区域，可以使用小型无人机进行探测，为施工人员提供准确的判断，可以绘制工程线路，并且合理布局（Blei et al.，2003）。但是此无人机的缺点为电池续航能力较短，对于小规模的灾害，可以一次性满足调查需要，但是对受灾范围较大灾害，需要数次飞行才可以完成调查（苏凯 等，2019）。

在应用中小型无人机遥感技术进行现场勘察时，在实施过程中可以分为四个步骤，室内准备、现场作业、快速处理以及全面处理等，每个步骤的流程如以下。

①室内准备。在室内准备过程中可以提高现场作业效率，其主要的任务是对系统进行充电，对当前所要勘查的滑坡进行行情初步规划，减少在现场规划时间，并且对系统进行初次检查，避免在操作现场中出现无法解决的故障问题。

②现场作业。在无人机工作中，需要满足快捷高效的特点，满足上述特点的同时还应该以安全工作作为前提条件。在正式工作前需要确定现场环境，然后根据实际环境，确定无人机的调查方案分为自动调查以及手动调查两种。大多数情况下，应当采取自动调查方案，充分利用无人机的GPS信息，使系统可以按照既定的航线开展自主飞行拍摄。此种方式不仅具有安全可靠的特点，也可以提高拍摄质量。在深山等没有GPS信号的区域，由于信号不稳定，则需要使用手动调查的方式，通过手动操作的方式对当前调查区域进行飞行与拍摄工作。这种方式的安全性以及拍摄质量较低，但是更加快速灵活。当灾害范围较小时，可以应用此方案。除此之外，无论是哪种调查方案，在飞行前应当设置相控点，然后通过控制测量的方式，得到精确度较高的三维坐标，提高后期成果精确度。

③快速处理。在现场作业完成后，需要对所拍摄到的照片，在现场进行快速处理工作，生成分辨率较低的照片以及三维模型，帮助现场开展快速决策，使无人机遥感技术的快捷、高效的特点得到体现。

④全面处理。根据当前地形以及正射影像等数据，对照片进行高精确度的处理。此处理过程需要在数小时内完成，需要处理能力较为强大的计算机。在实践过程中，进行应急勘查时，部署现场作业以及快速处理是最为重要的环节，现场作业一般情况下可以在一个小时内完成，快速处理则只需要半个小时便可处理完成。在应用小型无人机传感系统后，可以在极短时间内获得当前滑坡的正射影像数据，提高应急处理效率(Devlin et al. ,2018)。

(9)多源信息融合

①移动技术集成

移动技术集成是利用移动设备和相关应用程序，结合传感器技术和数据收集工具，进行现场灾害调查和评估的方法。移动技术在灾害评估中有多种应用。首先，移动应用程序可以让现场评估团队通过手机网络或互联网传播实时的灾害损害和影响信息(刘朝辉，2017)。这些应用程序可以消除以往需要每日交付纸质评估报告的时间。此外，将损害信息即时分发到中央数据库，消除了乡镇、县或市级政府与国家应急管理部之间的沟通延迟。其次，移动技术还可以与地理空间分析和地理信息系统集成，支持灾害评估过程和项目实施的各个阶段。移动技术在灾害调查评估中的应用包括实时信息传播和地理空间分析与地理信息系统的集成。这些应用可以提高评估的效率和准确性，帮助应急管理人员更好地了解灾害的影响(FEMA，2021)。

②社交媒体和互联网数据挖掘

社交媒体数据是用户通过社交媒体向公众或组织提供的一种开放性地理空间数据(Wang et al. ,2018)，随着社交媒体平台的日益普及，公众传播和信息接收都变得更加高效。社交媒体和互联网数据挖掘在灾害调查评估中具备重要作用，有助于提供更全面的信息，改进和加强对灾害情况的理解和应对措施。在自然灾害和人为灾害期间，公众可以使用社交媒体平台发布基础设施损坏、伤亡人员情况、紧急求救等信息，这些信息在灾害和危机管理中具有重要作用(Allaire，2016)。社交媒体平台作为传统灾害信息获取手段的有效补充，弥补了灾害管理部门监测手段、感知体系的不足(Goodchild et al. ,2010)。相较于传统的灾害调查评估方法，社交媒体和互联网数据挖掘可以获得更多样性的数据源，可以提供实时的灾害信息传播以及带有地理标签或位置信息的灾害资料(Xing et al. ,2021)。社交媒体技术具备较强的搜索和共享能力、实时更新能力、自出版能力和广泛传播能力，通过运用社交媒体和互联网数据挖掘技术进行调查评估可以更加聚焦于网络空间活动和人类集体行为的动态变化。通过对比不同来源的信息，也可以验证评估传统调查评估技术的准确性。

在处理社交媒体数据时，可以采用人工智能机器学习算法(ML)来分析大量的灾害信息，为人类行动提供辅助决策。获得数据后通常需要量化社交媒体的文本语义信息以评估灾害影响，针对不同数据所使用的方法也不尽相同。信息抽取技术和自然语言处理(NLP)是从文本中获取信息的重要技术手段，最常用的社交媒体数据处理技术就是对数据进行分类或情感分析，主题分类模型主要有 LDA(Blei et al. ,2003)、BTM(苏凯 等，2019)、BERT(Devlin et al. ,2018)等。文本情感分析多采用百度 AI、各个权威机构发布的情感语料库以及各类机器学习、深度学习算法等对社交媒体数据进行分析以获得灾害背景下公众的情绪感知，为灾害阶段的舆情控制提供有效的决策支持，也为灾害应对给出指导性建议。

常见的社交媒体数据分类算法有决策树、支持向量机、朴素贝叶斯、随机森林、逻辑回归等。此类方法多是基于数据挖掘技术，随着机器学习快速发展，面向自然语言处理的深度学习技术逐渐用于社交媒体中突发灾害事件的信息提取，如长短期记忆网络、卷积神经网络等。

在应用方面，以地震灾害为例，地震发生后，身在灾区的每个人都有可能成为一名灾情预报员。这时关于地震事实、震感强度、现场情况、地震时间、破坏程度、危机预警、伤亡情况、避难场所、请求救援、寻找亲人、需求物质、救灾效果评估、救灾进度、救灾意见等反映灾区灾情的信息数据随处可见。这些信息数据以一种没有提前规划却及时有效的方式在网络上分享和传播，这些海量文本、数据、视频、音频、图片信息内容之间上下呼应，相互关联，由此产生了地震灾情大数据。可以通过收集这些海量数据进行分类聚类分析，将灾情大数据化繁为简，从海量、分散、实时变化的灾情数据中挖掘出有价值的信息，如研判出震级、区域灾情等级、救灾物资需求区域分布状况、人员伤亡情况、救灾效果评估等情报，为救灾防灾减灾工作的有效推进提供指导(黄海峰 等，2017)。

案例3：利用社交媒体获得关键地震灾害救援信息

2008年汶川地震时，网络上便迅速汇集了来自全国各个角落的描述震感的帖子(含时间、空间和震感描述的信息)。据乐思网络舆情监测系统的采集数据显示，当时有关地震描述的帖子和微博文超过100万条，地震10分钟后网友关于震感强度描述的贴文大量出现。通过网民群体的自查，迅速将震中锁定到四川绵阳附近，从地震感知、信息辨识、信息分类到确定震中和灾情，均在很短时间内同步完成。在救灾过程中，有一名女大学生在网络上发布了一条非常有价值的空降坐标信息——这个位置原本是打算修建大禹祭坛的地方，非常适合直升机空降，引导了相关救灾行动(吴志强，2018)。

社交媒体和互联网数据挖掘对灾害调查评估的应用，在2010年青海玉树地震和2013年四川芦山强烈地震灾难中也有体现。当时新浪、腾讯等微博客上每天都涌现出海量灾情、救助需求、捐款等信息。有些网友甚至专门制作可视化地图来展示灾情现状。百度、谷歌、360、搜狐、人人网等在芦山地震发生后第二天，便相继推出了寻亲与报平安的寻人平台，网友通过这些平台发布寻亲信息，很好地帮助了救灾部门统计灾区人员伤亡、失踪情况。

③传感器技术应用

传感器技术在调查评估工作中的应用日益成熟，为数据收集和分析提供了新的途径。传感器可以捕捉环境中的各种物理量和参数，如温度、湿度、压力、光线强度等(姚玉增 等，2010)。这些传感器可以被安装在各种设备、结构物或地点，从而实时监测和记录数据。传感器技术在以下方面对调查评估工作提供了有力支持(刘晓腾，2018)。

实时数据采集与监测：传感器技术使得调查评估人员能够实时收集环境数据，无需依赖定期人工采样。例如，可以通过在污染源周围安装空气质量传感器，实时监测空气中的污染物浓度，从而更准确地评估环境污染状况。

数据精确性与可靠性：传感器技术能够提供高精度和可靠的数据，减小了人工误差的影响。这对于需要准确数据支持的调查评估任务尤为重要，如地震灾害后的结构损伤评估(Sakurai et al.，2017)。

多参数综合分析：传感器网络可以同时监测多个参数，将不同传感器的数据进行综合分析，从而得出更全面的结论。例如，在城市规划中，可以通过部署多种传感器，如交通流量传感器、噪声传感器和空气质量传感器，综合评估城市交通状况。

自动化与远程监控：传感器技术使得调查评估工作可以实现自动化和远程监控。通过传感器网络，可以实时监测遥远或难以进入的地区，如海洋生态系统或火山活动，从而降低人员风险。

④人工智能与机器学习分析

人工智能(AI)和机器学习(ML)技术的发展为调查评估工作带来了巨大的创新潜力(陈梓 等,2016)。这些技术可以处理和分析大规模复杂数据,从中提取有价值的信息,加速决策过程(王艳东 等,2016),并发现隐藏的模式和趋势。人工智能与机器学习在调查评估领域的应用主要包括以下方面。

数据分析与模式识别:人工智能和机器学习可以通过分析大量数据,识别出潜在的模式和趋势,帮助调查评估人员更好地理解现象背后的因果关系。例如,可以利用机器学习算法分析洪涝灾害数据,预测可能的内涝分布区域。

影像处理与解译:遥感影像和卫星图像等提供了大量关于地表特征和环境变化的信息。人工智能技术可以用于自动解译这些影像,快速提取出需要的信息,如森林覆盖变化、城市扩展等。

风险评估与决策支持:人工智能可以基于历史数据和模型,进行风险评估,帮助决策者制定更有效的风险管理策略。例如,利用机器学习预测自然灾害的可能性,以便采取相应的防范措施。

自动报告生成:人工智能可以自动分析数据并生成报告,从而节省时间和人力资源。在环境监测中,人工智能可以将传感器数据转化为易于理解的报告,供政府和公众参考。

(10)自我评估报告

自我评估报告主要在乡镇或县一级进行,旨在获取初步的灾害信息。为此,可以使用一种或多种接收系统,例如电话记录、与网页相连的在线表格和移动应用程序。这种方法适用于灾害造成的破坏不明显或者破坏范围十分广泛的情况(Slamet et al. ,2018),从幸存者和受灾者收集灾害信息的效率非常高。这种调查评估方法需要进行事先考虑、各级有效沟通并开发必要的系统来接收信息,但可以大大缩短进行初步调查评估所需的时间。

乡镇或县应急管理人员通常采用自我评估报告的灾情调查评估方法,快速获取初步的破坏信息。汇总的信息有助于确定受灾集中或遭受重大破坏的地区。而居民在填写灾害破坏级别时通常会选择为"重大灾害",这需要专业人员先对初始调查评估报告进行核实确认,再移交给上一级政府。虽然对所有报告填写的信息都进行核实时并不可行,但地方应急管理人员至少要对破坏较为严重区域的报告进行确认,以保证准确性。

10.1.3 指标体系

按照应急管理部印发的《重特大自然灾害调查评估暂行办法》(应急〔2023〕87 号)文件调查评估报告内容要求,参考北京市地方标准《自然灾害调查评估规范(征求意见稿)》(自然灾害调查综合评估指标体系 附录 A),以及《自然灾害调查评估指南》(DB 11/T 1906—2021 附录 A:自然灾害调查综合评估指标体系),综合形成了目前针对灾害应对调查评估指标体系,主要涉及以下 67 个一级指标内容,包括灾害基本情况指标(3 个)、预防与应急准备指标(25 个)、监测与预警指标(8 个)、应急处置与救援指标(23 个)以及灾后恢复与重建指标(8 个)(表 10-1)。

表 10-1　自然灾害调查评估主要内容指标体系

调查评估任务	调查评估子任务	调查评估一级指标	调查评估指标编码	调查评估指标说明
灾害基本情况	灾害及灾情（主要包括灾害经过与致灾成灾原因、人员伤亡情况、财产损失及灾害影响等）	致灾因子	A001	灾害经过、致灾强度与致灾成灾原因
		灾害损失和影响	A002	人员伤亡及财产损失情况，灾害对人员、农作物、房屋、基础设施等造成的损害情况；灾害对灾区生产生活和社会环境造成的影响情况
		次生衍生灾害	A003	原生灾害引发的次生衍生灾害情况；要关注重点区域的重点事件
预防与应急准备	减灾能力（主要包括城乡规划与工程措施）	防洪防涝设施减灾能力	B001	减轻堤防设施、排水管网系统等对洪涝灾害的脆弱性
		建筑工程减灾能力	B002	减轻各类房屋建筑及其附属设施对各类灾害的脆弱性
		生命线工程减灾能力	B003	减轻交通、通信、供水、排水、供电、供气、输油等工程系统对各类灾害的脆弱性
		应急保障设施减灾能力	B004	减轻避难场所、救灾储备机构库房、医疗卫生机构对各类灾害的脆弱性
		网络系统防灾减灾能力	B005	减轻网络基础设施的脆弱性和提高网络安全水平
		社区减灾能力	B006	减轻社区的公共设施、公共服务脆弱性，提高家庭与个人的自救互救能力
	预防能力（主要包括灾害风险识别、评估与防范）	风险识别能力	B007	灾害风险识别，采用科学方法辨识存在的危险源与威胁以及事故隐患等的能力
		风险评估能力	B008	灾害风险评估，通过开发或选用适当的方法，对危险源或威胁可能引发的突发事件的可能性和后果的严重性进行量化或质化的评估的能力
		风险防范能力	B009	对已识别出的各种危险源、威胁和隐患采取必要的技术与工程控制措施，以尽量避免其引发可能造成严重影响的突发事件的能力
		政府监管监察能力	B010	制定有关法律法规和标准，建立监管执法队伍，开展行政性审批、预防性检查、行政性执法、宣传教育和受理社会化监督等活动的能力
		安全规划设计能力	B011	安全管理措施、隐患排查治理体系建设、系统性安全防范制度措施落实的能力
		公共安全素质提升能力	B012	提高社会公众的公共安全素质，培育全社会的公共安全文化，从而提高预防各类突发事件的主动性、自觉性的能力

续表

调查评估任务	调查评估子任务	调查评估一级指标	调查评估指标编码	调查评估指标说明
预防与应急准备	应急准备能力（主要包括防灾减灾救灾责任制，应急管理制度、应急指挥体系、应急预案与演练、应急救援队伍建设、应急联动机制建设、救灾物资储备保障、应急通信保障、预警响应、应急培训与宣传教育以及灾前应急工作部署、措施落实、社会动员等情况）	应急组织管理规划制度保障能力	B013	建立应急管理制度，制定应急管理政策、规程、应急预案（计划）等的能力
		防灾减灾救灾责任制保障能力	B014	明确各级政府在防灾减灾中的职责和义务
		应急指挥体系保障能力	B015	应急指挥体系构建，组织和协调应急响应工作的管理和执行能力。灾害或紧急情况下，有效地指挥、协调、管理各种资源和行动，以迅速、有序、高效地应对和处理灾害或紧急事件
		应急预案与演练保障能力	B016	通过组织开展演练活动，以测试和验证应急预案的有效性及应急人员的应急能力
		应急救援队伍建设保障能力	B017	应急救援队伍建设，通过规划建设应急救援力量、组织指挥协调机制、经费装备保障，为应急处置和救援提供队伍保障的能力
		应急联动机制建设保障能力	B018	应急联动机制建设，协同合作和响应危机的组织管理能力
		应急物资储备保障能力	B019	救灾物资储备保障，通过规划建设应急物资储备库，开展应急物资储备，为应急处置和救援提供物资保障的能力
		应急通信保障能力	B020	确保通信系统的可靠性、弹性和及时性，以便于各级应急响应机构、救援人员以及公众之间进行有效的信息传递和协调工作
		预警响应保障能力	B021	预警系统建设保障能力，能否迅速、准确地接收、传递和响应预警信息，以便采取相应的紧急行动，减轻灾害的影响，保障公众和财产的安全
		应急培训与宣传教育保障能力	B022	通过开展规范化的培训、教育和有效的工作部署，提高社会各界对灾害应对的认知水平、应急响应能力以及组织协调能力
		灾前应急工作部署、措施落实保障能力	B023	规划、设计、建设等环节采取的安全管理措施，隐患排查治理体系建设，系统性安全防范制度措施落实的能力
		社会动员保障能力	B024	社会公众的公共安全素质，全社会的公共安全文化，预防各类突发事件的主动性、自觉性的能力
		应急科技支撑保障能力	B025	为应急管理提供标准、规程、技术、装备、系统等方面的研究、开发、维护，以及应急行动决策支持等方面的能力

续表

调查评估任务	调查评估子任务	调查评估一级指标	调查评估指标编码	调查评估指标说明
监测与预警	监测能力（主要包括灾害及其灾害链相关信息的监测、统计、分析评估等）	监测站网布局建设能力	C001	实时监测系统：通过规划建设风、雨、水、潮、浪、流等气象和海洋水文环境信息监测站网布局，以及交通干线和航道、重要输电线路、重要输油（气）设施、重要供水设施、滑坡泥石流危险区域、堤岸垮塌危险区、重点保护区和旅游区等的气象和海洋监测设施，形成灾害及其灾害链相关信息的快速感知能力和精细化监测能力； 遥感技术：利用卫星和飞机等遥感技术，获取大范围区域的信息，包括地质、气象、水文等，以实现更全面的监测
		监测资料统计能力	C002	数据采集能力：采集各类与灾害相关的数据，包括历史灾害数据、地质构造数据、气象数据等；数据库管理能力：建立完善的数据库，存储和管理各种监测和统计数据，确保数据的准确性和完整性
		监测资料分析评估能力	C003	对采集到的监测资料进行全面、深入的分析和评估的能力：从大量数据中提取有用信息、识别趋势、评估风险，并为决策制定提供科学依据
		监测资料共享能力	C004	通过规划建设网络传输、数据交换与存储等系统，形成监测预警资料信息的快速共享能力
	预警能力（主要包括灾害预警、信息发布、科技信息化应用等）	信息融合与预警发布能力	C005	通过情报和信息的融合与共享，实现大范围、多灾种的综合预警，以及快速制作发布预警信息的能力
		科技信息化应用能力	C006	运用现代科技手段，特别是信息技术、数据分析和科学建模等技术，来进行全面、准确、高效的灾害风险预警能力
		预警业务规范建设能力	C007	通过规划建设灾害预警（信号）标准、流程和业务规范，形成具有可操作性的灾害监测预警信息发布能力
		灾害预警体系保障能力	C008	评估灾害预警能力，包括国家、地区和地方层面的预警机构。确保建立多层次的预警机制，以适应不同风险级别和地理区域。检查预警系统的多层次机制和预警信号的准确性
应急处置与救援	应急响应能力（主要包括信息报告、应急响应与指挥、应急联动、资金物资及装备调拨、通信保障、交通保障等）	事件态势及损失评估能力	D001	快速获取事件相关信息，并对事件性质和后果进行评估、分析、预测、管理的能力
		灾情报送能力	D002	通过规划建设灾害信息员队伍、灾情统计报送工作机制、经费装备保障，形成及时、准确、规范统计报送灾情信息的能力
		应急指挥控制能力	D003	通过使用统一、协调的事件现场组织结构和工作机制，有效指挥和控制事件现场的应急响应活动的能力

续表

调查评估任务	调查评估子任务	调查评估一级指标	调查评估指标编码	调查评估指标说明
应急处置与救援	应急响应能力（主要包括信息报告、应急响应与指挥、应急联动、资金物资及装备调拨、通信保障、交通保障等）	应急联动能力	D004	不同部门、机构和利益相关方之间建立有效的合作机制，以在紧急情况下迅速、有序、协同地进行应急响应。在场外为事件响应提供及时有效的信息、物资、资金、技术等方面的支撑服务的能力
		应急资源保障能力	D005	资金物资及装备调拨能力，识别、配置、库存、调度、动员、运输、恢复和遣返并准确地跟踪和记录可使用的人力或物资等资源的能力
		应急通信保障能力	D006	为应急行动期间在各级政府、相关辖区、受灾社区、应急响应设施，以及应急响应人员和社会公众之间提供可靠通信的能力
		应急信息保障能力	D007	及时接收或向有关机构及社会公众发布及时、可靠的信息，有效地传递有关威胁或风险的信息，以及必要时关于正在采取的行动和可提供的帮助等信息
		紧急交通运输保障能力	D008	为应急响应提供运输保障，包括疏散人员、向受灾地区运送应急响应人员、设备和服务所需的航空、公路、铁路和水上运输的能力
	抢救与保护生命能力（主要包括应急避险、抢险救援、转移安置与救助、医疗救治等）	先期处置（第一响应）能力	D009	应急避险能力，在突发事件发生初期，由第一响应人对事件进行先期处置，以控制事件影响范围，通过受灾人员的自救与互救，最大程度减少伤害和损失的能力
		抢险救援能力	D010	开展陆地、水上和空中搜索与救护行动，以找到和救出因各种灾难而被困的人员的能力
		公众疏散和紧急安置能力	D011	将处于危险之中的人群立即实施安全和有效的紧急避难，或将处于危险中的人群疏散到安全的避难场所的能力
		紧急医疗救治能力	D012	提供抢救生命的紧急医学救援，以及向灾区的有需要的人群提供公共卫生和医疗支持的能力
	满足受众群众基本需要能力（主要包括基本生活保障等）	受灾人员生活救助能力	D013	向受灾人口提供临时住所、饮食、饮水、保暖及相关服务，使其生活逐渐恢复基本正常状态的能力
		遇难者管理服务能力	D014	提供遇难者管理服务，包括遗体恢复和遇难者识别、寻找遇难者家属、提供丧葬服务和其他咨询服务的能力
	保护财产和环境能力	现场安全保卫与控制能力	D015	为受灾地区和响应行动提供安全保卫，以避免进一步的财产和环境损失的能力
		环境应急监测与污染防控能力	D016	对事发区域环境进行应急监测，并采取措施对扩散到周边环境中的污染物进行紧急处置的能力

续表

调查评估任务	调查评估子任务	调查评估一级指标	调查评估指标编码	调查评估指标说明
应急处置与救援	消除现场危害因素能力(主要包括次生衍生灾害处置等情况)	爆炸装置应急处置能力	D017	在得到初期警报和通知后协调、指挥和实施爆炸装置应急处置的能力
		危险品泄漏处置和清除能力	D018	对由于各种灾害事件所导致的危险物质的泄漏进行处置和清除的能力
		人群聚集性事件应急处置能力	D019	对一个特定区域内出现大量人员聚集,可能引发踩踏、肢体冲突、骚乱及打砸抢烧等行为的事件进行处置的能力
		疫情防控处置能力	D020	对灾后重大传染病疫情作出快速反应,及时、有效开展监测、报告和处理的能力
		森林草原火灾应急处置能力	D021	对火灾现场进行评估,营救被困人员,实施火灾抑制、控制、扑灭、支援和调查行动的能力
		防汛抗旱应急处置能力	D022	在发生洪涝或干旱灾害时,通过防洪排涝、抽水运水浇灌等,减轻或消除灾情的能力
		地震地质灾害应急处置能力	D023	在发生地震或地质灾害时,通过划定危险区、实施抢险救灾措施等,减轻或消除灾情的能力
灾后恢复与重建	灾后损失评估及恢复重建规划	恢复重建需求	E001	确定灾后重建规模和资金需求。评估恢复重建规划可行性
	恢复基础设施和建筑物能力	基础设施修复和重建能力	E002	修复或重建受损的基础设施和公私建(构)筑物,恢复和维持必要的服务以满足基本生产生活需要的能力
	恢复环境与自然资源能力	垃圾和危险废弃物管理能力	E003	清运和清理现场的垃圾和危险废弃物的能力
	恢复经济社会能力	政府服务恢复能力	E004	恢复因时间影响或因开展响应行动而中断的政府服务和运作的能力
		经济恢复能力	E005	为工商企业的重新运营提供支持,重新建立现金流和物流,使受灾地区的工商企业尽快恢复到正常经营状态的能力
		社区恢复能力	E006	恢复受事件影响社区的基本功能和活力,其基础设施、商业服务、环境和社会秩序恢复到受影响前水平的能力
	恢复受灾群众心理健康能力	心理健康恢复能力	E007	评估受灾民众的心理健康和社会支持需求。帮助受灾群体恢复心理健康的能力
	抵御未来灾害能力	长期风险灾害风险防范能力	E008	考虑长期风险减灾和防灾措施,以减少未来洪涝灾害的影响。制定战略计划,包括堤防加固、水资源管理等

灾害调查评估内容一级指标体系根据不同类型的灾害(如地震、洪水、台风等)和评估目的的不同会有所差异。在具体应用中,需要根据实际情况对相应一级指标进行筛选并制定相应的二级指标体系,进而采集相关数据进行评估分析。

10.2 重大灾害应对调查评估实施现状

10.2.1 评估流程

开展灾害调查评估是提升重大灾害应对能力的关键。按照应急管理部印发的《重特大自然灾害调查评估暂行办法》(应急〔2023〕87 号)中调查评估实施办法,参考北京市地方标准《自然灾害调查评估规范(征求意见稿)》(附录 A　自然灾害调查综合评估指标体系),以及《自然灾害调查评估指南》(DB 11/T 1906—2021 附录 A:自然灾害调查综合评估指标体系),灾害应对调查评估流程主要包括:调查评估前准备、灾害调查、分析评估、形成结论、撰写报告(图 10-1)。在灾害调查评估具体实施中,可根据实际情况酌情简化相关程序和环节。

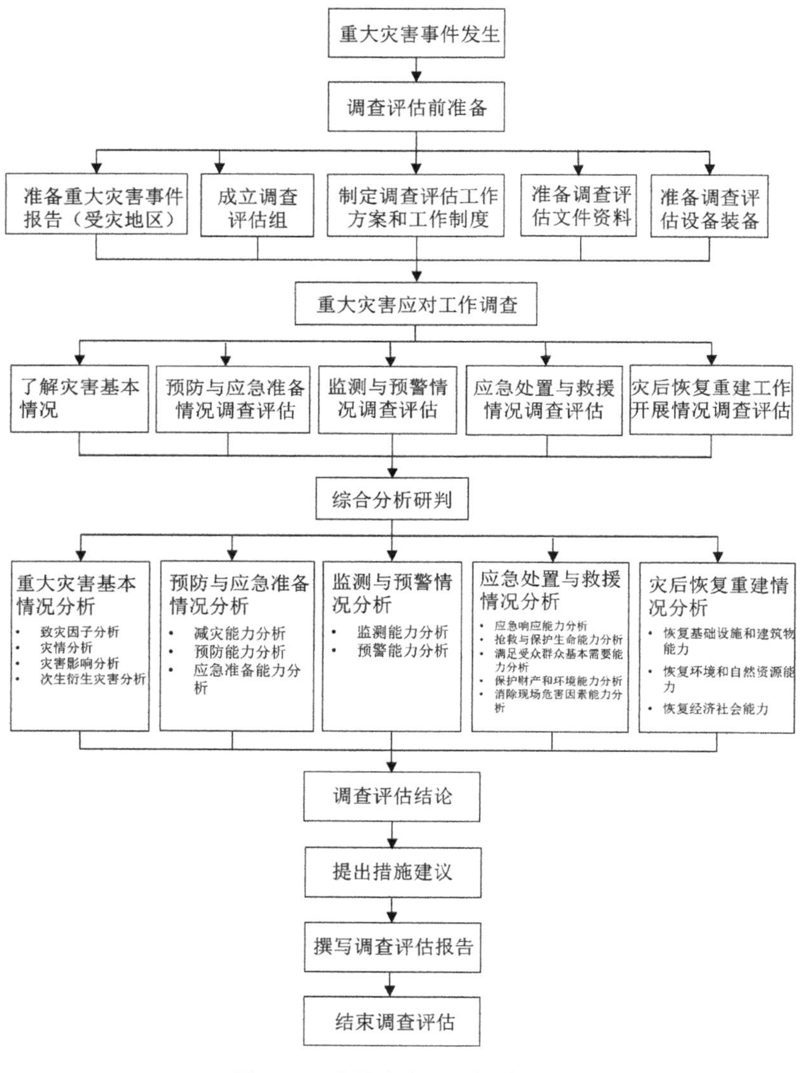

图 10-1　自然灾害调查评估流程

(1)资料收集:汇总受灾地区损失及灾害影响相关检测和统计调查数据;受灾地区人民政

府及有关部门和单位的灾害防治和应对处置相关文件资料、工作纪律、统计台账、工作总结等。

(2)现场调查:了解重点受灾地区现场情况,掌握灾害发生经过,核实相关信息,收集现场证据,发现问题线索,查明重点情况。

(3)分析评估:开展定量、定性等分析,研究灾害发生的机理及影响,评估灾害防治和应急处置工作情况,针对存在的问题分析深层次原因,研究提出措施建议等。

(4)形成报告:主要包括汇总相关调查评估成果,撰写、研讨、审核调查评估报告等。必要时应当组织专家对调查评估报告进行技术审核。

调查评估工作应客观分析灾害的发生机理、致灾原因以及防灾减灾救灾情况。实施灾害应对调查评估过程中,调查评估工作组有权向有关单位和个人了解灾害情况,并要求其提供相关资料,有关单位和个人不得拒绝、隐瞒或提供虚假信息。委托相关技术机构开展调查评估技术鉴定等服务工作时,应当明确服务内容和工作要求;受委托技术机构应当具备相应资质,对所提供的技术结论承担相应法律责任。技术鉴定所需时间不计入调查期限。属地人民政府、有关单位和现场救援指挥部应当分别总结地质灾害发生和应急处置工作,向调查评估工作组提交总结报告。

10.2.2　工作组织

(1)机构设置与指导

根据 2023 年 9 月,应急管理部印发的《重特大自然灾害调查评估暂行办法》(应急〔2023〕87 号)的要求,国家层面的调查评估由国务院应急管理部门按照职责组织开展,省级层面的调查评估由省级应急管理部门按照职责组织开展,法律法规另有规定的从其规定。重特大自然灾害调查评估应当成立调查评估组,负责调查评估具体实施工作。调查评估组应当邀请灾害防治主管部门、应急处置相关部门以及受灾地区人民政府有关人员参加,可以聘请有关专家参与调查评估工作。调查评估组组长由灾害调查评估组织单位指定,主持调查评估工作。调查评估组可以根据实际情况分为若干工作组开展调查评估工作。

在应对重特大灾害的调查评估工作中,通常会组织不同类型的工作机构,以协助实施有效的调查和评估。这些机构设置主要如下。

①综合组:综合组是一个包容性的组织,负责整体协调、规划和监督调查评估工作。它通常由高级官员或领导人组成,他们具有决策和协调职责,确保各个工作组和专家组的合作和协调。

②工作组(含专项组):工作组是根据特定的任务和领域划分的小组,以应对不同方面的调查评估工作。工作组可以包括以下类型。

工作组:负责灾害影响的整体调查,包括损害评估、受影响社区的需求分析和资源分配等。

专项组:专项组通常是针对特定问题或领域的小组,例如医疗救援、食品和水资源、基础设施修复、心理支持等。他们提供专门知识和技能,以应对特定的灾害后果。

③专家组:专家组由领域专家和技术专家组成,他们提供关于灾害原因、风险评估、工程方面、医疗健康、环境等方面的专业意见和建议。专家组的工作有助于确保评估过程的科学性。

这些工作机构的设置可以根据特定灾害的性质和规模而有所不同,以确保调查评估工作得到有效协调和管理。

(2)调查评估工作组

调查评估工作组可根据调查评估工作实际情况,下设综合协调、技术调查、损失评估、应急处置、责任认定等专项工作组。调查评估组应当制定调查评估工作方案和工作制度，明确目标任务、职责分工、重点事项、方法步骤等内容，以及协调配合、会商研判、调查回避、保密工作、档案管理等要求，注重加强调查评估各项工作的统筹协调和过程管理。调查评估工作实行组长负责制。调查评估工作组组长由应急管理部门主要负责人或分管负责人担任。调查评估工作组成员不得擅自对外公布灾害和调查评估有关信息。

在国家层面，灾害调查评估工作组通常由各个专业领域的专家和技术人员组成，以协助灾害的全面调查和评估。国家工作组通常制定政策、计划和协调各省级工作组的活动。

在省级层面，省级应急管理部门牵头设立省级灾害调查评估工作组，由各种专业人员组成，以协助灾害调查和评估。这些工作组协调各地市级工作组的活动，根据灾害的性质和规模来制定应对策略。

灾害调查评估工作组成员由各种专业人员组成，旨在协助灾害调查和评估工作，以确定灾害的影响、损害程度，以及制定应对和恢复策略。这些工作组通常是临时组建的，以应对具体的灾害事件。机构设置及成员如下。

综合组人员：包括应急管理部主要负责人、属地人民政府及其应急管理、规划自然资源等部门成员。必要时可邀请纪检监察机关、公安机关、检察机关参加。

工作组人员：

①灾害调查员：这些专业人员负责实地调查灾害现场，记录和评估损害情况、风险因素和需求。他们可以包括工程师、地质学家、气象学家等。

②社会工作者和心理医生：这些专家关注社会和心理健康方面的问题，提供情感支持、心理援助和社会服务。

③公共安全官员：这包括警察、消防员和紧急救援队，他们提供安全和救援服务。

④社区代表：包括社区领导和民间组织代表，他们提供关于受影响社区的本地知识和需求信息。

专家组人员如下。

①公共卫生专家：公共卫生专家关注传染病控制、卫生设施和供水问题，以确保公共卫生和卫生设施的管理。

②医疗专家：医疗专家评估灾害对人们的健康影响，协助提供医疗援助和疫情控制。

③环境专家：环境专家关注灾害对环境的影响，包括水源、土壤、空气质量等，以确保环境的保护和恢复。

④地理信息系统和遥感专家：使用 GIS 技术和遥感数据分析，帮助制作地图和进行地理信息分析，以支持决策制定。

⑤通信和信息技术专家：确保有效的信息传播和协调，以支持决策制定和应急通信。

10.2.3 调查评估报告

(1)评估报告内容

调查评估报告内容如下。

灾害基本情况：主要包括灾害经过与致灾成灾原因、人员伤亡情况、财产损失及灾害影响等。

预防与应急准备：主要包括灾害风险识别与评估、城乡规划与工程措施、防灾减灾救灾责任制、应急管理制度、应急指挥体系、应急预案与演练、应急救援队伍建设、应急联动机制建设、救灾物资储备保障、应急通信保障、预警响应、应急培训与宣传教育以及灾前应急工作部署、措施落实、社会动员等情况。

监测与预警：主要包括灾害及其灾害链相关信息的监测、统计、分析评估、灾害预警、信息发布、科技信息化应用等情况。

应急处置与救援：主要包括信息报告、应急响应与指挥、应急联动、应急避险、抢险救援、转移安置与救助、资金物资及装备调拨、通信保障、交通保障、基本生活保障、医疗救治、次生衍生灾害处置等情况。

调查评估结论：全面分析灾害原因和经过，综合分析防灾减灾救灾能力，系统评估灾害防治和应急处置情况和效果，总结经验和做法，剖析存在问题和深层次原因，形成调查评估结论。

措施建议：针对存在问题，举一反三，提出改进灾害方案和应急处置工作，提升防灾减灾救灾能力的措施建议。可以根据需要，提出灾害防治建设或灾后恢复重建实施计划的建议。

属地人民政府、有关单位和现场救援指挥部应当依法妥善保存地质灾害防治、应急处置证据资料。

(2)报告撰写与汇总

调查评估工作组将根据实地调查和数据分析的结果，撰写典型性调查评估报告和总结性调查评估报告。这些报告将成为评估工作的总结和成果（Yin et al.，2012），详细记录灾害情况、防灾减灾救灾措施的执行情况，揭示存在的问题和原因，并提出改进措施和建议。调查评估组应当自成立之日起90日内形成调查评估报告。特殊情况确需延期的，延长的期限不得超过60日。调查评估过程中组织开展技术鉴定的，技术鉴定所需时间不计入调查评估期限。

典型性调查评估报告：这类报告关注特定的重特大自然灾害事件，详细描述该事件的发生过程、影响范围、破坏情况等。报告还将分析已采取的防灾减灾措施的执行情况，以及这些措施在实际应对中的效果。问题和原因的分析也将是报告的重要组成部分，通过深入挖掘问题的根源，能够更好地提出改进和加强的建议（国家减灾委员会，2022）。典型性调查评估报告将为类似灾害的防范和应对提供重要经验。

总结性调查评估报告：这类报告汇总一定时期内各类重特大自然灾害的调查评估结果，从宏观角度分析不同灾害之间的共性和特殊性。总结性报告将着眼于更大范围的防灾减灾体系，包括政策制定、应急响应机制、技术支持等。报告还将总结多次调查评估的经验教训，提出系统性的改进建议，以加强国家和地方在防灾减灾方面的能力。

报告的提交与审核：调查评估工作组在撰写报告后，将其提交给相应的委员会、本级人民政府和有关部门。这些机构将对报告进行审核，确保报告的准确性和可靠性。审核过程将涉及对数据的核实、分析方法的合理性等方面的审查，以确保报告的科学性。通过审核后，报告将作为评估工作的结论，为后续的防灾减灾决策提供重要参考。

报告的汇总与交流：委员会将汇总各地区提交的典型性调查评估报告和总结性调查评估报告，以获取全局的视角。国家级委员会将负责汇总特别重大自然灾害的调查评估报告，而省级委员会将负责汇总本省级内发生的重大自然灾害的报告。调查评估报告经本级人民政府同意，提出的整改措施和灾后建设建议等应当及时落实整改，必要时对落实整改情况开展督促检查。这些汇总报告将为国家和地方决策提供全面的信息，促进经验的交流与分享，从而不断完善应对自然灾害的能力。

10.3　洪涝灾害应对调查评估实施

本节基于本书第 9 章“典型洪涝灾害事件应对过程案例分析与共性做法提取”中内容，结合重大灾害调查评估工作以及实施现状，形成了洪涝灾害应对调查评估流程(图 10-2)框架，并细化了每个实施过程中的工作细节内容，以郑州“7 · 20”特大暴雨灾害应对调查评估工作为例进行了案例介绍。

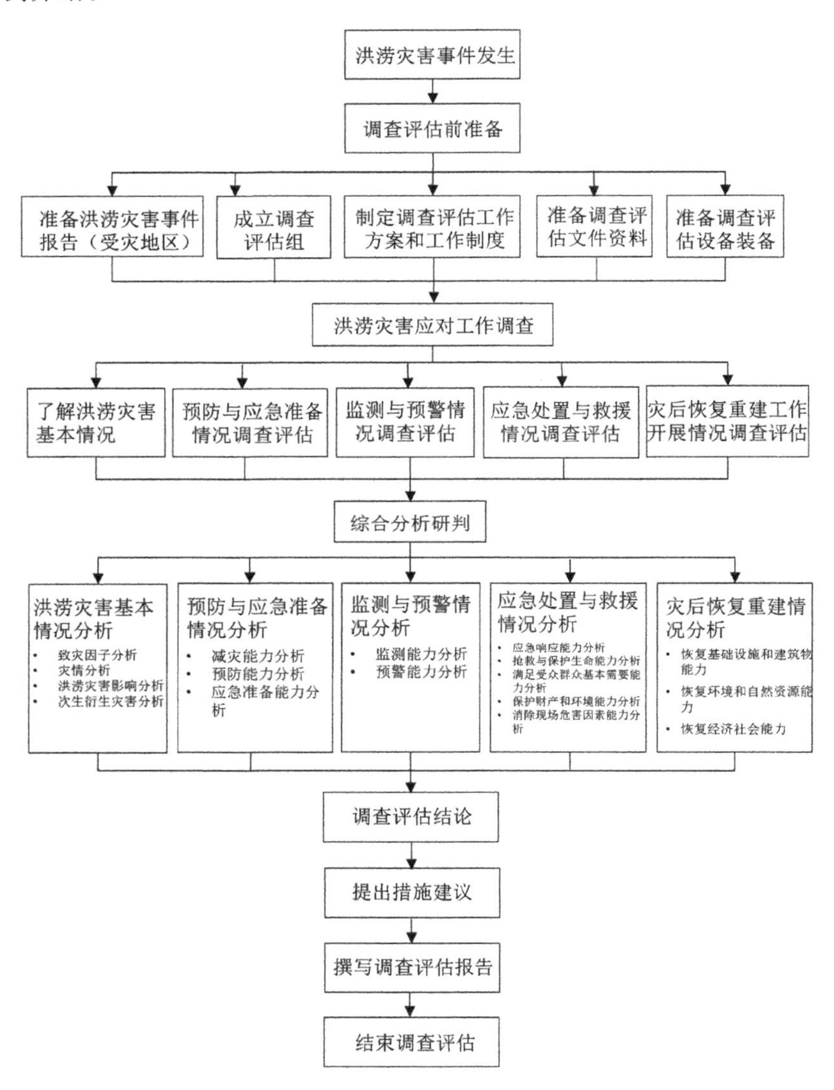

图 10-2　洪涝灾害事件调查评估流程

10.3.1　洪涝灾害调查评估准备

(1)成立调查评估组

成员可由相关管理部门、相关技术部门和单位、受灾地区有关单位等人员组成。调查评估组组长宜由相关管理部门负责人担任。

(2)制定灾害调查评估方案

调查评估组成立后,参照表 10-1 中指标体系内容,综合考虑灾害情况、预防与应急准备、监测与预警、应急处置与救援等因素制定灾害调查评估方案,有选择性地选定评估内容,实施具体调查评估工作(国务院办公厅,2022)。洪涝灾害调查评估方案需要综合考虑技术、数据采集、风险评估和应急响应等方面的内容,同时针对洪涝灾害的特点(洪水、内涝等),区分不同的调查评估内容,兼顾考虑洪涝灾害可被预警和持续性时间长的特点(应急管理部,2022a)。例如:在灾害情况调查评估中,需要综合考虑内涝、房屋、农作物等水淹情况。

洪涝灾害基本情况调查方案如下。

①洪水灾害情况调查评估

一使用遥感技术(卫星或飞机图像)实时监测洪水范围和深度。

一使用无人机进行空中勘察,获取洪水泛滥情况的高分辨率图像。

一根据实地测量和监测数据,建立洪水模型以评估潜在的洪水风险区域。

②内涝调查评估

一分析城市排水系统,包括下水道和排水沟,以确定可能的内涝点。

一使用 GIS 技术,结合地形和降雨数据,评估内涝的风险区域。

一实地调查和监测排水系统的效能,以确定其在洪涝事件中的能力。

③农作物水淹调查评估

一使用卫星遥感和无人机图像监测农田的水淹情况,估计受影响的农作物面积。

一对受影响地区的农田进行田间调查,确定不同农作物的受损程度。

一使用农业生产数据和土壤质量分析,估计损失的农作物产量。

④房屋水淹调查评估

一使用遥感图像、GIS 技术和实地调查,确定受影响的房屋数量和分布。

一对受影响房屋进行结构和损害评估。

一评估受影响居民的紧急需求,包括住房、食品、水和医疗。

(3)准备相关文件资料

调查评估组应准备的文件资料包括以下两类。

①受灾地区相关灾害报告,内容包括灾害事件基本情况、预防与应急准备工作开展情况、监测与预警工作开展情况、应急处置与救援工作开展情况等;进行洪涝灾害调查评估需要涉及多个专业领域的数据和资料,需要多部分的协助(国家减灾委员会,2022),主要包括:

一中国气象局:降雨量数据、气象雷达数据、卫星遥感图像、气象预报数据;

一水利部:河流水位和流量数据、河流水文信息、水库水位和库容数据、地下水位数据、地表水和地下水水质数据;

一生态环境部:水质监测数据、污染物排放数据、生态系统健康状况数据;

一中国地质调查局:地质地貌和地质构造数据、地质灾害风险评估数据、地震活动数据;

一农业农村部:农作物生产数据、农田土壤质量数据、农作物水淹损失数据;

一住房和城乡建设部:城市地形和排水系统地图、城市人口分布和住房数据、城市排水系统状态数据;

一国家卫生健康委员会:疾病传播和卫生威胁数据、医疗设备和药品储备数据、紧急医疗服务数据;

一教育部:学校和学生信息、紧急疏散计划和资源数据;

一交通运输部:道路和桥梁状态数据、公共交通系统信息、交通拥堵和关闭路段信息;

一国家能源局:电力供应和能源生产数据、电力设备状态数据、紧急能源供应计划数据;

一社区和民间组织:本地社区预警系统数据、志愿者和救援组织信息、人员疏散和庇护所数据;

一自然资源部:土地利用规划数据、土地所有权和使用数据。

②灾害调查评估相关法律法规、标准规范、其他资料等。

(4)准备相关调查设备

调查评估组应配备必要的现场调查评估设备装备,一般包括以下几组。

①综合组

一GPS设备:用于精确定位、导航和地理信息采集。

一通信设备:卫星电话、对讲机、移动数据终端等,以确保领导组成员之间的联系,特别是在通信受阻的情况下。

一便携式电源和充电设备:以确保设备在野外工作期间的持续电源供应。

一防护装备:如头盔、防护服、手套和护目镜,以确保人员的安全。

一工具包:包括多功能工具、绳索、野外生存工具等,以应对各种不同的调查评估情况。

②工作组

一GPS设备:用于精确定位、导航和地理信息采集。

一通信设备:对讲机、移动数据终端、笔记本电脑等,以确保工作组内成员之间的联系和数据传输。

一影像采集设备:摄像机、相机、无人机等,用于获取实时图像和视频。

一工作装备:手套、靴子、防水衣、头灯等,以确保工作组在不同环境中的工作安全和舒适。

③专家组

一专门工具和设备:根据专家的领域和任务需要,可能包括测绘仪器、化学分析设备、地质工具等。

一科学仪器和设备:用于采集和分析样本,以了解灾害的科学特性,如地震仪器、土壤检测设备、核辐射测量仪等。

一科学实验设备:用于实地实验和测试,以支持专家组的研究工作。

一专业软件:用于数据分析和建模,以支持专家组的科学研究。

所有装备和设备需要维护、检查和保养,以确保其在关键时刻可靠运行。不同组别的工作需要密切协调,以确保资源的合理利用和任务的高效执行。

10.3.2 洪涝灾害调查评估分析

综合调查分析评估洪涝灾害的各个方面(新华社,2023)(基本情况、预防与应急准备、监测与预警、应急处置与救援、以及灾后恢复与重建工作等),形成调查评估结论。

■基本情况

(1)洪涝灾害历史和趋势:分析过去洪涝事件的发生情况,了解洪涝灾害的频率和趋势。

(2)受灾区域和人口:确定潜在受灾地区和受灾人口的规模,考虑城市和农村地区的不同情况。

■预防与应急准备工作

(3)灾害风险识别与评估:评估洪涝风险区域的确定和风险评估的准确性。

(4)规划与工程措施:检查城乡规划和防洪工程的有效性,包括排水系统和堤防的状况。

(5)防灾减灾责任制:评估政府部门和相关机构在防灾减灾中的责任分工和执行情况。

(6)应急管理制度:考察法律法规、政策和程序,以确保应急管理制度的健全性。

(7)应急指挥体系:评估应急指挥中心和协调机构的运行情况,确保在灾害时能够迅速协调应急响应。

(8)应急预案与演练:检查应急预案的全面性和演练的质量,确保应急响应的实际有效性。

(9)应急救援队伍建设:评估救援队伍的规模、能力和装备,包括培训水平。

(10)应急联动机制建设:考察不同部门和机构之间的协调合作,建立有效的信息共享机制(国家发展和改革委员会,2022)。

(11)救灾物资储备保障:检查救灾物资的储备充足性和管理情况,确保物资供应及时。

(12)应急通信保障:评估通信系统的可靠性和备用通信手段的准备情况。

(13)预警响应:检查洪涝灾害预警系统的覆盖范围和准确性,以及响应机制的有效性。

(14)应急培训与宣传教育:考察应急工作人员和居民接受培训和宣传教育的程度。

■监测与预警工作

(15)气象、水文和遥感监测:评估各种监测系统的完备性、数据质量和时效性。

(16)预警系统:检查预警系统的多层次机制和预警信号的准确性。

(17)预警信息传达:评估预警信息的传达方式,确保信息能够迅速传达给公众。

■应急处置与救援工作

(18)灾害响应与指挥:评估应急响应机制和指挥体系的协调和决策能力。

(19)应急联动:检查部门、机构和地方之间的协调合作机制,确保信息共享和协调合作。

(20)应急避险:考察疏散计划和避险措施,确保民众了解避险计划。

(21)抢险救援:评估救援队伍的准备、装备和培训,确保救援能力。

(22)转移安置和救助:检查受灾民众的转移和安置情况,确保提供临时住所和生活支持。

(23)资金物资及装备调拨:评估应急资金、物资和装备的调度机制,确保物资储备充足。

(24)通信保障和交通保障:考察通信系统和道路状况,确保信息传达和救援队伍的流动。

(25)基本生活保障:评估食品、饮用水和卫生设施的供应,确保满足受灾民众的基本需求。

(26)医疗救治:检查医疗设施的准备和运作,确保医疗资源充足。

(27)次生衍生灾害处置:考察次生灾害的风险和处置计划,如泥石流和滑坡。

■灾后恢复重建工作

(28)损失评估:评估洪涝灾害造成的物质和人员损失,确定重建规模和资金需求。

(29)基础设施修复:检查基础设施的受损情况,包括道路、桥梁、排水系统、电力和通信设施。

(30)住房和建筑恢复:考察受灾居民的住房状况,制定住房恢复计划。

(31)农业和农村重建:评估农田、作物和农村基础设施的受损情况,提供农业恢复计划。

(32)环境保护和恢复:考虑洪涝灾害对自然环境的影响,制定环境保护和恢复计划。

(33)社会支持和心理健康:评估受灾民众的心理健康和社会支持需求,提供支持服务。

(34)经济复苏和就业机会:分析灾后经济情况,制定经济复苏计划和创造就业机会。

(35)风险减灾和防灾措施:考虑长期风险减灾和防灾措施,提高未来灾害的抵御能力。

(36)社区参与和自治:确保社区居民参与重建决策和管理,提高可持续性。

(37)监测和评估机制:建立监测和评估机制,跟踪重建进展和效果,不断改进计划。

10.3.3　洪涝灾害调查评估报告

(1)评估报告大纲

调查评估组应依据调查评估结果、专业技术分析鉴定机构提交的技术分析鉴定结论、经调查评估组核实的由受灾地区提供的洪水灾害事件有关基本情况等资料,编写洪水灾害调查评估报告。调查评估报告应反映洪水灾害事件和调查评估的详细情况(国务院办公厅,2022)。调查评估报告应当由调查评估组全体专业人员签署,包括姓名、职务、所属单位等。

调查评估工作组在全面开展调查的基础上编写调查评估报告。参照10.2.3节内容,洪水灾害调查评估报告大纲应包括以下内容。

①洪水灾害情况。主要包括洪水灾害经过与致灾成灾原因、人员伤亡情况、财产损失及灾害影响等。

②洪水预防与应急准备。主要包括洪水灾害风险识别与评估、城乡规划与工程措施、防灾减灾救灾责任制、应急管理制度、应急指挥体系、应急预案与演练、应急救援队伍建设、应急联动机制建设、救灾物资储备保障、应急通信保障、预警响应、应急培训与宣传教育以及灾前应急工作部署、措施落实、社会动员等情况(新华社,2023)。

③洪水监测与预警。主要包括洪水灾害及其灾害链相关信息的监测、统计、分析评估、灾害预警、信息发布、科技信息化应用等情况。

④应急处置与救援。主要包括洪水的信息报告、应急响应与指挥、应急联动、应急避险、抢险救援、转移安置与救助、资金物资及装备调拨、通信保障、交通保障、基本生活保障、医疗救治、次生衍生灾害处置等情况。

⑤洪水调查评估结论。全面分析洪水灾害原因和经过(灾前,灾中,灾后),综合分析防灾减灾救灾能力,系统评估灾害防治和应急处置情况和效果,总结经验和做法,剖析存在问题,改进洪水灾害防治措施和完善应急管理工作建议(石勇 等,2009),调查评估中尚未解决的问题、存在的疑点以及受灾地区意见等。

⑥措施建议。针对存在问题,举一反三,提出改进洪水灾害防治和应急处置工作,提升洪水防灾减灾救灾能力的措施建议。可以根据需要,提出洪水灾害防治建设或灾后恢复重建实施计划的建议。

(2)报告编写格式

报告编写格式包括但不限于下列内容。

①封面

封面书写内容包括:

(a)灾害调查评估报告;

(b)编制单位名称;

(c)报告编制日期。

②封二

书写内容包括:

(a)报告编写人员;

(b)主要参与人员;

(c)审核人员。

③目录

报告应有目录页，置于前言之前。

④前言

前言包括调查评估的任务来源、工作背景、目的意义、工作内容等。

⑤正文

报告应包括但不限于以下内容。

—第1章“灾害基本情况调查”：内容包括灾害范围；事件的发生经过；形成原因；灾害特点以及产生的主要影响等。

—第2章“监测及预警调查评估分析”：内容包括气象、水情等监测情况；气象、水情、城市内涝等灾害预警信息等。

—第3章“应对处置调查评估分析”：内容包括各级政府应对部署情况；启动应急响应情况；具体应对措施；统一指挥；组织动员；信息报送及重大伤亡事件情况等。

—第4章“应急救援及保障情况调查评估分析”：内容包括应急救援情况(政府部门、企事业单位专业应急救援队伍情况；社会应急救援队伍情况；现场管控情况及调度资源情况；转移安置及救助情况等)；应急保障情况(救灾物资储备情况；防汛物资储备情况；医疗救治与卫生防疫情况；通信电力保障情况等)。

—第5章“灾害调查评估主要结论”：内容包括总结受灾地区防范应对工作成功的做法；暴露的主要问题及教训；改进灾害防治措施和完善应急管理工作建议；调查评估中尚未解决的问题、存在的疑点；受灾地区意见等。

—附件“调查评估的有关图表、证据、分析和试验报告”。

⑥封底

印刷版报告宜有封底。封底可放置任务承担单位的名称和地址或其他相关信息，也可以为空白页。

调查评估报告的使用范围广泛，涵盖了决策制定、规划、援助分配、公众传达以及预防和减灾措施的改进(李汉浸 等，2009)。这些报告为灾后管理和恢复提供了重要的信息和指导，并支持社区和国家应对未来灾害的能力。

10.3.4　郑州“7·20”特大暴雨灾害调查评估工作实例

(1)工作流程

河南郑州“7·20”特大暴雨灾害发生后，国务院高度重视，立即成立了以应急管理部为牵头单位的灾害调查组，开展调查评估工作。根据公开信息，此次灾害调查报告的主要业务流程详述如下。

①成立调查组

7月21日，国务院成立由应急管理部牵头的“7·20”郑州重特大暴雨灾害调查组。调查组由相关职能部门组成，其中应急管理部门负责组织指挥调查工作。此举充分显示出国家对这次灾害高度重视，迅速启动调查程序。

②现场调查取证

调查组第一时间成立多个工作队，约60人进驻郑州开展实地调查取证工作。通过进入灾区查看雨情、查看水库水情，以及查阅气象水文资料，全面调查了降雨分布及洪水过程。实地考察受灾区域，调查损毁情况和群众损失。查阅有关部门的救援记录，了解救援进展，采访群众代表，听取群众反映诉求。

③收集和核实灾情数据

调查组向河南省有关部门收集7月份的降雨和水情数据，向气象、水利部门收集全国性规模的气象水文资料进行比对分析。向应急、民政、财政等部门收集郑州市的灾害损失和救助数据进行核实，开展远程探测和地面考察，评估受灾区域的损毁程度。

④调阅历史档案资料

调查组调阅多年以来郑州地区的气象水文记录，以及以往洪涝灾害报告，分析这次洪水的特殊之处。参阅国家及河南省的水利规划，评估防洪系统的设防标准，查阅郑州市的城市规划资料，分析城市防洪排涝能力。

⑤开展成因分析

在充分调查的基础上，总结分析这次暴雨洪水的成因。分析暴雨的强度、持续时间和空间分布特征，计算超过城市防洪标准的部分。评估郑州的地表排水系统和管网系统在这次暴雨中的疏导能力和问题，总结水库调度以及其他防洪系统的运行情况。

⑥提出整改建议

根据调查结果，针对暴露出的问题在防洪排涝、都市管网、救援体系、灾后重建等方面提出相应的整改完善建议。提出优化预警预报、加强应急救援、提高城市适应性等对策措施。

⑦形成调查报告

调查组针对调查结果形成系统的灾害报告，向国务院及相关部门提交。报告全面反映灾情，原因分析深入，建议针对性强。

⑧组织实施和评估

国务院及相关部门根据报告提出的整改建议，制定实施方案。在一定时间后，组织对整改落实情况进行检查评估，督促确保重点整改任务得到充分完成。

通过这一系列业务流程，可以保证调查评估工作的全面、准确、科学，为改进今后防汛救灾工作提供可靠依据。

(2)组织体系

根据《河南郑州“7·20”特大暴雨灾害调查报告》和相关报道，郑州“7·20”特大暴雨灾害调查组的组织体系主要包括以下几个方面。

①领导机构

国务院批准成立灾害调查组并进行统一领导，调查组在应急管理部的统筹协调下开展工作，重大事项报国务院批准。

②牵头主责部门

应急管理部作为综合协调部门，负责调查组的日常工作，负责制定调查方案，组织专家力量，起草汇总报告。

③参与部门

水利部、中国气象局、国土资源部等相关职能部门积极参与调查组工作，提供专业技术支持。

④省(市)配合机构

河南省及郑州市政府成立专门小组，与调查组保持沟通联动，提供各类资料支持。

⑤专项调查小组

在调查组内部成立气象水文分析小组、成因分析小组、救灾评估小组、损失评估小组、防洪规划小组等，由专家进行专项调查。

⑥技术咨询专家

聘请包括气象、水文、地质工程、流域管理、水利规划、城市规划等领域在内的专家学者提供技术支持。

⑦第三方评估机构

适当吸收第三方专业评估机构参与调查工作，提供独立的评估报告。

⑧报告审核机制

形成的报告由牵头部门进行审核，重大结论报国务院审定。

⑨督导落实机制

国务院按照报告提出的整改建议，督促、检查、评估整改落实情况。

⑩后续评估机制

在一定时间内，组织对整改落实效果进行评估，提出进一步完善意见。

这样的组织体系，可以使调查评估更系统、全面、科学、权威，为改进今后防灾救灾工作提供决策依据。

(3)调查程序

①调查原因

一方面郑州暴雨造成的重大人员伤亡和财产损失为近年来所罕见，社会各界和广大人民群众高度关注，虽然是因极端天气引发的，但集中暴露出许多问题和不足，需要把过程和原因调查清楚，给党和人民、给社会和历史一个负责任的交代。另一方面，在全球气候变化的背景下，我国自然灾害风险进一步加剧，极端天气趋强趋重趋频，类似河南郑州这样的极端强降雨未来可能增多，需要通过灾害调查来总结经验、汲取教训，找出自然灾害防治的问题短板和薄弱环节，举一反三，指导全国有针对性地加以改进，更好地应对可能面临的重大灾害风险挑战，切实保障人民群众生命财产安全(任智博 等,2019)。

②调查组组建

2021年8月2日国务院决定成立调查组，对河南郑州“7·20”特大暴雨灾害进行调查，并派出前期工作组，在落实疫情防控要求前提下开展相关工作。2021年8月20日，国务院河南郑州“7·20”特大暴雨灾害调查组到达郑州并召开进驻动员，部署全面开展调查工作。

在党中央、国务院坚强领导下，调查工作由应急管理部牵头，水利部、交通运输部、住房和城乡建设部、自然资源部、公安部、发展和改革委员会、工业和信息化部、卫生健康委、中国气象局、国家能源局和河南省政府参加，分设综合协调、监测预报、应急处置、交通运输、城市内涝、山洪地质灾害6个专项工作组，分别由有关部委牵头。同时，设立专家组，由气象、水利、市政、交通、地质、应急、法律等领域的院士和权威专家组成，开展灾害评估，为调查工作提供专业支撑。中央纪委国家监委相关部门指导开展相关工作。

③调查范围

调查组的调查范围包括郑州市和有关区县(市)党委政府、部门单位履职情况及存在的问题，社会广泛关注的重点事件和因灾死亡失踪人数迟报瞒报问题。

④调查方法

调查组主要通过现场勘察、调阅资料、走访座谈、受理信访举报、问询谈话、调查取证、分析计算、专家论证等方式展开调查工作。

⑤调查数据

调查期间，调查组共查阅资料 9 万余件、深入重点地区重点部位实地踏勘 100 多次、座谈调研近 200 次、问询谈话 450 余人次。

⑥调查结果

经过全面深入调查，查明了郑州市和有关区县(市)党委政府、部门单位履职情况及存在的问题，查明了社会广泛关注的重点事件和因灾死亡失踪人数迟报瞒报问题，研究提出了主要教训和改进措施建议，形成了调查报告，并经调查组全体会议审议和专家组评估论证通过。

调查组查明，郑州市委、市政府贯彻落实党中央、国务院关于防汛救灾决策部署和河南省委、省政府部署要求不力，没有履行好党委政府防汛救灾主体责任，对极端气象灾害风险认识严重不足，没有压紧压实各级领导干部责任，灾难面前没有充分发挥统一领导作用，存在形式主义、官僚主义问题；党政主要负责人见事迟、行动慢，未有效组织开展灾前综合研判和社会动员，关键时刻统一指挥缺失，失去有力有序有效应对灾害的主动权；灾情信息报送存在迟报瞒报问题，对下级党委政府和有关部门迟报瞒报问题失察失责。

调查组对造成重大伤亡和社会关注的事件进行了深入调查，查明了主要原因和问题，认定郑州地铁 5 号线、京广快速路北隧道亡人事件是责任事件，郭家咀水库漫坝事件是违法事件；荥阳市崔庙镇王宗店村山洪灾害存在应急预案措施不当、疏散转移不及时等问题，登封电厂集团铝合金有限公司爆炸事故存在未如实报告人员死亡真实原因并违规使用灾后重建补助资金用于死亡人员家属补偿等问题。

调查组查明郑州二七区、金水区、巩义市、荥阳市、新密市、郑东新区 6 个区(市)、10 个乡镇街道，郑州市及相关区县(市)应急管理、水利、城市管理等 8 个系统的 18 个单位，以及郑州地铁集团、河南五建集团、郑州城市隧道管养中心等 9 个企事业单位的责任。

调查组按规定将调查报告和有关公职人员履职方面的问题线索，及时移交中央纪委国家监委追责问责审查调查组。

调查组总结了六个方面的主要教训：郑州市一些领导干部特别是主要负责人缺乏风险意识和底线思维；市委市政府及有关区县(市)党委政府未能有效发挥统一领导作用；贯彻中央关于应急管理体制改革部署不坚决不到位；发展理念存在偏差，城市建设“重面子、轻里子”；应急管理体系和能力薄弱，预警与响应联动机制不健全等问题突出；干部群众应急能力和防灾避险自救知识严重不足。

调查组提出六项改进措施建议，强调要大力提高领导干部风险意识和应急处突能力，建立健全党政同责的地方防汛工作责任制，深入开展应急管理体制改革及运行情况评估，全面开展应急预案评估修订工作、强化预警和响应一体化管理，整体提升城市防灾减灾水平，广泛增强全社会风险意识和自救互救能力。

(4)报告框架

郑州暴雨国家调查报告主要由“灾害情况及主要特点”“灾害应对处置”“相关地方党委政府及其部门单位责任问题”“主要教训”“改进措施建议”五部分组成。

灾害应对处置方面包括针对应对部署、应急响应、应对措施、统一指挥、组织动员、信息报送及造成重大人员伤亡和社会关注的事件进行了深入调查，查明了主要原因和问题。

第三部分主要以地方党委政府、相关部门、有关企事业单位为调查责任主体，对在调查过程中发现的失职问题进行追责问责。

第四、第五部分主要是为了便于相关政府进行整改工作，认识到在灾害应对过程中的不足，吸取教训，进一步提升防灾减灾救灾水平。

10.4　洪涝灾害应对调查评估能力提升思路

提升洪涝灾害应对能力，首先需要明确洪涝灾害内容体系，基于表10-1一级指标体系内容，参考澳门应对“天鸽”台风灾害案例构建得到的重大灾害应对调查评估与应急管理体系内容（闪淳昌 等，2021），以及9.2节中典型洪涝灾害事件应对经验与教训内容，综合考虑洪涝灾害特点（洪水、内涝等），对指标体系进行筛选，形成洪涝灾害应对二级调查评估指标体系，进而基于调查评估技术方法体系开展调研，运用遥感监测、多元信息融合等现代化技术，结合相关部门和机构的分析资料及评估成果，深入开展统计、对比、模拟、推演等综合分析，重点突破提升洪涝灾害应对调查评估过程中的基本情况收集、预防与应急准备、监测与预警、应急处置与救援、恢复重建评估中的能力，形成适用性强、全方位、全链条的洪涝灾害应对调查评估框架。

第 11 章　提升洪涝灾害应对基本情况调查评估能力

综合评估洪涝灾害的基本情况是制定有效的预防、应急、监测、预警、处置、救援和重建措施的关键步骤。这种评估有助于了解灾害的性质和影响，为制定未来的风险管理策略提供基础数据（应急管理部，2022b）。本章从细化洪涝灾害基本情况一级指标内容，充分考虑洪涝灾害类型特征，例如山洪、城市内涝、农业用地水淹等，融合现今重大灾害基本情况调查评估过程中指标，梳理出洪涝灾害基本情况调查评估二级指标体系内容，为提升洪涝灾害基本情况调查评估能力提供支撑。

11.1　一级指标体系内容

开展洪涝灾害基本情况调查评估，主要指调查评估组到达灾区后，通过听取受灾地区有关单位的汇报，了解洪涝灾害的基本情况（国务院办公厅，2022），主要关注灾害经过与致灾成灾原因，人员伤亡情况、财产损失情况及灾害影响等信息。调查评估详细内容及对应一级指标体系如下。

（1）灾害经过与致灾原因（A001）

（a）洪涝灾害类型和严重程度：确定洪涝灾害的具体类型，如河流洪水、暴雨洪涝、海啸等，以及各种灾害的严重程度。

（b）气象和气候因素：分析引发洪涝灾害的气象和气候条件，包括降雨、降雨强度、降雨分布和季节性。

（c）地理和地质因素：评估地理和地质条件，如地形、土壤类型、地下水位等，对洪涝灾害的影响。

（d）人为因素：评估人类活动对洪涝灾害的影响，如土地利用、城市规划、排水系统、水资源管理等。

（e）早期警报和监测系统：评估早期警报系统和监测系统的准确性和时效性，以确定是否已采取适当的措施来降低风险。

（2）人员伤亡情况（A002）

（a）人员伤亡统计：收集有关受灾人口、伤亡人数和失踪人数的详细信息。

（b）伤亡原因：调查人员伤亡的原因，包括淹死、滑坡、水污染等，以便改进应急和救援措施。

（3）财产损失情况（A002）

（a）财物损失统计：收集关于受损或毁坏的房屋、基础设施、农田和农作物的统计数据。

（b）经济损失估计：评估洪涝灾害对当地和国家经济的影响，包括生产力损失、财产损失和产业损失。

（4）灾害影响（A002）

（a）社会影响：评估洪涝灾害对社会的影响，如受灾人口的疏散、生活质量下降、社会秩序紊乱等。

(b)环境影响:评估洪涝灾害对环境的影响机制,如水质污染、土壤侵蚀、生态系统破坏等。

(c)经济影响:分析洪涝灾害对当地和国家经济的影响,包括农业产值下降、基础设施维修成本增加等。

11.2　二级指标体系

根据洪涝灾害基本情况调查评估内容,充分融合现有关于重特大灾害调查评估指标体系(例如:澳门应对台风“天鸽”灾害案例构建得到的重大灾害应对调查评估与应急管理体系内容(闪淳昌 等,2021))、典型洪涝灾害事件应对过程共性做法以及不足,本节梳理了基于洪涝灾害致灾因子、灾害损失与影响等两大类指标共计 2 个一级指标、45 个二级指标对洪涝灾害基本情况进行调查评估,提升洪涝灾害基本情况调查评估能力。具体调查评估指标见表 11-1。

表 11-1　洪涝灾害基本情况调查评估指标体系

调查评估任务	调查评估子任务	调查评估一级指标	调查评估二级指标	调查评估指标说明
灾害基本情况	灾害及灾情	致灾因子	1. 小时最大降水强度 2. 日累积降雨量 3. 洪峰流量 4. 洪水历时 5. 降水分布 6. 洪涝预报预警难度 7. 暴雨日数	灾害致灾强度与致灾成灾原因
		灾害损失和影响	8. 遇难人员数量 9. 受伤人员数量 10. 失踪人员数量 11. 转移安置人员数量	人员伤亡情况
			12. 直接经济损失 13. 间接经济损失	财产损失情况
			14. 损毁房屋数量 15. 倒塌房屋数量	房屋损毁情况
			16. 农田淹没面积 17. 农作物受损程度 18. 损毁的农业生产资料	农作物损失情况
			19. 损毁变电设备数量 20. 停电用户数量 21. 平均恢复用电时间	供电系统受灾情况
			22. 损毁远程机房数量 23. 损毁移动电话基站数量 24. 退服用户数量 25. 平均退服用户恢复服务时间	通信系统受灾情况

续表

调查评估任务	调查评估子任务	调查评估一级指标	调查评估二级指标	调查评估指标说明
灾害基本情况	灾害及灾情	灾害损失和影响	26. 低洼地带最大积水深度 27. 水浸低洼街区数量 28. 水浸地下停车场数量 29. 水浸损毁机动车数量	低洼水浸地带受灾情况
			30. 损毁道路长度 31. 倒伏树木数量 32. 桥梁受损数量	市政设施受灾情况
			33. 停产水产数量 34. 停水用户数量 35. 平均恢复用水时间	供水系统受灾情况
			36. 焚化销毁垃圾数量	卫生防疫影响
			37. 取消航班数量 38. 延误航班数量 39. 取消或影响旅行团数量 40. 取消高铁、火车、长途客车数量 41. 延误高铁、火车、长途客车数量	航空业、旅游业影响
			42. 次生地质灾害(滑坡、泥石流等) 43. 溃坝数量 44. 水污染 45. 特殊场所污染	次生衍生灾害情况

第 12 章　提升洪涝灾害应对预防与应急准备能力

本章从细化洪涝灾害应对调查评估预防与应急准备能力一级指标内容，充分考虑洪涝灾害类型特征，融合现今重大灾害应对预防与应急准备调查评估过程中指标，梳理出二级指标体系内容，为提升洪涝灾害应对预防与应急准备能力提供支撑。

12.1　一级指标体系内容

洪涝灾害预防与应急准备工作开展情况调查评估内容主要关注灾害风险识别与评估、城乡规划与工程措施、防灾减灾救灾责任制、应急管理制度、应急指挥体系、应急预案与演练、应急救援队伍建设、应急联动机制建设、救灾物资储备保障、应急通信保障、预警响应、应急培训与宣传教育以及灾前应急工作部署、措施落实、社会动员等情况，以确保全面了解和改进洪涝灾害的预防和应对体系。开展洪涝灾害应对预防与应急准备调查评估的详细内容及对应一级指标如下。

(1)城乡规划与工程措施(B001、B002)：检查城市和乡村地区的规划和基础设施，包括防洪工程、排水系统和土地利用规划。确保规划和工程措施充分考虑洪涝风险。

(2)灾害风险识别与评估(B007、B008)：对洪涝灾害的潜在风险区域进行详细评估。分析历史数据、降雨和水位数据，以了解潜在的灾害风险。

(3)应急管理制度(B013)：评估应急管理制度的健全性，包括法律法规、政策和程序的完备性。确保协调机构的有效性和应急资源的调配。

(4)防灾减灾责任制(B014)：检查政府和相关部门的责任体系，明确各级政府在防灾减灾中的职责和义务。

(5)应急指挥体系(B015)：检查应急指挥体系，确保在灾害时可以迅速协调应急响应。评估指挥体系的沟通和决策能力。

(6)应急预案与演练(B016)：分析应急预案的全面性，包括各种灾害情景的应对措施。检查定期演练，以确保应急响应的实际有效性(国家减灾委员会，2022)。

(7)应急救援队伍建设(B017)：评估救援队伍的规模和能力，包括培训和装备。确保各种专业队伍的存在，如消防、医疗和搜救队。

(8)应急联动机制建设(B018)：确保各部门和机构之间的协调合作，建立有效的信息共享机制。

(9)救灾物资储备保障(B019)：评估救灾物资储备的充足性，包括食品、水、药品等。确保储备物资的更新和管理。

(10)应急通信保障(B020)：检查通信系统的可靠性，确保信息的传递和协调能力。确保备用通信手段，以应对通信中断。

(11)预警响应(B021)：评估灾害预警系统的覆盖范围和准确性。检查响应机制，以确保预警信息的及时传达和民众响应。

(12)应急培训与宣传教育(B022):确保应急工作人员和居民接受培训,提高防灾意识和技能。进行宣传教育活动,普及灾害预防知识。

(13)灾前应急工作部署(B023):评估在灾前采取的预防措施,如疏散计划、堤防加固等。确保灾前工作的有效性。

(14)措施落实(B023):确保各项应急措施得到有效实施,包括资源的分配和行动计划的执行。

(15)社会动员(B024):鼓励社区居民积极参与应急工作,建立社会支持体系。

这些方面共同构成了一个综合的洪涝灾害预防与应急准备体系,通过不断评估和改进,可以提高社区和地区在面对洪涝灾害时的应对能力。同时,在进行这些调查评估时,需要全面考虑洪涝灾害的特点,包括降雨量、水位、地理位置等因素,以制定有针对性的预防和应急计划,确保社会能够更好地应对潜在的洪涝风险(应急管理部,2023)。

12.2　二级指标体系

根据洪涝灾害应对预防与应急准备工作开展情况调查评估内容,本节梳理了基于洪涝灾害减灾能力、预防能力与应急准备能力三大类指标共计 27 个一级指标、66 个二级指标对洪涝灾害预防与应急准备工作开展情况进行调查评估,提升洪涝灾害应对预防与应急准备能力。具体调查评估指标见表 12-1。

表 12-1　洪涝灾害预防与应急准备工作开展情况调查评估指标体系

调查评估任务	调查评估子任务	调查评估一级指标	调查评估二级指标	调查评估指标说明
预防与应急准备	减灾能力	基础设施防洪减灾能力	1. 防洪(潮)标准 2. 治涝标准	减轻堤防设施、排水管网系统等基础设施与建筑物对洪涝灾害的脆弱性
		供水系统防灾减灾能力	3. 本地蓄水设施的蓄水能力 4. 高位水池的供水保障能力 5. 应急供水保证方案建设情况 6. 供水设施防灾抗灾建设标准	减轻供水设施与系统对各类灾害的脆弱性
		供电系统防灾减灾能力	7. 紧急情况下电网资助供电能力占日最高负荷比例 8. 电力设施防灾抗灾建设标准 9. 电网大面积停电风险和局部影响较大的停电事件可防可控能力	减轻供电设施与系统对各类灾害的脆弱性
		供气系统防灾减灾能力	10. 应急保供方案建设情况 11. 供气事故的本地抢险能力 12. 供气设施防灾抗灾建设标准	减轻供气设施与系统对各类灾害的脆弱性
		通信系统防灾减灾能力	13. 通信设施的防灾抗灾建设标准 14. 通信设施的快速抢修能力	减轻通信设施与系统对各类灾害的脆弱性

续表

调查评估任务	调查评估子任务	调查评估一级指标	调查评估二级指标	调查评估指标说明
预防与应急准备	减灾能力	其他设施防灾减灾能力(交通桥梁等)	15. 灾后主要交通干道救灾车辆、公交车辆恢复通行的时间 16. 交通基础设施防风防潮能力(交通主干道、道路严重积水区域、地下空间、机场港口等) 17. 居民住宅、非居民住宅等建筑的防灾抗灾建设标准	减轻交通、桥梁等其他基础设施与建筑物对各类灾害的脆弱性
		医疗系统防灾减灾能力	18. 医疗机构的基础设施防灾抗灾建设标准 19. 每千人口的医生及护士数量	减轻医疗系统对各类灾害的脆弱性
		社区减灾能力	20. 社区应急志愿者(义工)占社区常住人口总数的比例 21. 社区和家庭应急物资储备能力 22. 家庭火灾及燃气监测报警器安装率 23. 相关服务机构指导或辅助家庭开展房屋、水电气等设备设施安全检查情况 24. 社区应急演练开展情况	减轻社区的公共设施、公共服务脆弱性,提高家庭与个人的自救互救能力
	预防能力	风险识别能力	25. 重点私人部门和单位、重点场所以及关键基础设施的隐患排查和整治情况	灾害风险识别,采用科学方法辨识存在的危险源与威胁以及事故隐患等的能力
		风险评估能力	26. 洪涝及其引发的水浸、滑坡、泥石流、溃坝、市政设施和道路桥梁损坏等灾害风险图以及公众避险转移路线图编制情况	灾害风险评估,通过开发或选用适当的方法,对危险源或威胁可能引发的突发事件的可能性和后果的严重性进行量化或质化的评估的能力
		风险防范能力	27. 突发事件风险隐患排查和管控的日常运行机制	对已识别出的各种危险源、威胁和隐患采取必要的技术与工程控制措施,以尽量避免其引发可能造成严重影响的突发事件的能力
		政府监管监察能力	28. 与公共突发事件预防和应急准备有关的法律法规和标准的制定情况 29. 突发事件风险隐患排查和管控监管执法队伍建设情况	制定有关法律法规和标准,建立监管执法队伍,开展行政性审批、预防性检查、行政性执法、宣传教育和受理社会化监督等活动的能力
		安全规划设计能力	30. 突发事件风险管控在城市规划、建设、运行和发展中的落实情况	安全管理措施、隐患排查治理体系建设、系统性安全防范制度措施落实的能力

续表

调查评估任务	调查评估子任务	调查评估一级指标	调查评估二级指标	调查评估指标说明
预防与应急准备	预防能力	公共安全素质提升能力	31. 安全教育课程在学校的落实情况 32. 安全教育教材的编制出版情况 33. 学校定期开展防灾演练情况 34. 公共安全科普教育场所建设情况 35. 政府或公共部门通过移动互联网、电视台、广播、平面媒体向公众和旅客播放灾害监测预警信息或公共安全教育节目情况	提高社会公众的公共安全素质，培育全社会的公共安全文化，从而提高预防各类突发事件的主动性、自觉性的能力
	应急准备能力	应急组织管理规划制度保障能力	36. 应急管理相关规程建设情况 37. 应急预案体系建设情况	建立应急管理制度，制定应急管理政策、规程、应急预案(计划)等的能力
		防灾减灾救灾责任制能力	38. 防灾减灾救灾相关规程建设情况 39. 防灾减灾救灾责任制体系建设情况	明确各级政府在防灾减灾中的职责和义务
		应急指挥体系保障能力	40. 应急指挥相关规程建设情况 41. 应急指挥体系建设情况	应急指挥体系构建，组织和协调应急响应工作的管理和执行能力。灾害或紧急情况下，有效地指挥、协调、管理各种资源和行动，以迅速、有序、高效地应对和处理灾害或紧急事件
		应急预案与演练保障能力	42. 应急演练活动开展情况	通过组织开展演练活动，以测试和验证应急预案的有效性及应急人员的应急能力
		应急救援队伍建设保障能力	43. 应急救援力量建设情况 44. 应急救援组织指挥机制建设情况 45. 应急救援装备保障情况	应急救援队伍建设，通过规划建设应急救援力量、组织指挥协调机制、经费装备保障，为应急处置和救援提供队伍保障的能力
		应急联动机制建设保障能力	46. 应急联动相关规程建设情况 47. 应急联动机制体系建设情况	应急联动机制建设，协同合作和响应危机的组织管理能力
		应急物资储备保障能力	48. 应急物资储备库点建设情况 49. 应急物资管理调拨保障情况	救灾物资储备保障，通过规划建设应急物资储备库，开展应急物资储备，为应急处置和救援提供物资保障的能力

续表

调查评估任务	调查评估子任务	调查评估一级指标	调查评估二级指标	调查评估指标说明
预防与应急准备	应急准备能力	应急通信保障能力	50. 应急通信系统设施建设情况 51. 应急通信系统覆盖范围 52. 应急通信手段多样性	确保通信系统的可靠性、弹性和及时性，以便于各级应急响应机构、救援人员以及公众之间进行有效的信息传递和协调工作
		预警响应保障能力	53. 预警系统设施建设情况 54. 预警系统覆盖范围 55. 预警方式多样性	预警系统建设保障能力，能否迅速、准确地接收、传递和响应预警信息，以便采取相应的紧急行动，减轻灾害的影响，保障公众和财产的安全
		应急培训与宣传教育保障能力	56. 应急管理决策者接受应急培训情况 57. 重点行业领域和场所从业人员(包括能源供应、食品供应、公共交通、信息通信等民生领域以及学校、医院、商业场所、口岸、旅游景点等)接受应急培训情况 58. 专业救援人员接受应急培训情况 59. 应急志愿者、社会团体接受应急培训情况	通过开展规范化的培训、教育和有效的工作部署，提高社会各界对灾害应对的认知水平、应急响应能力以及组织协调能力
		灾前应急工作部署、措施落实保障能力	60. 安全管理措施部署情况 61. 隐患排查治理体系建设情况 62. 安全防范措施落实情况	规划、设计、建设等环节采取的安全管理措施，隐患排查治理体系建设，系统性安全防范制度措施落实的能力
		社会动员保障能力	63. 公共安全教育普及情况	社会公众的公共安全素质，全社会的公共安全文化，预防各类突发事件的主动性、自觉性的能力
		应急科技支撑保障能力	64. 应急管理相关标准规范建设情况 65. 应急管理指挥决策相关系统建设情况 66. 先进科学技术在应急指挥决策中的使用情况	为应急管理提供标准、规程、技术、装备、系统等方面的研究、开发、维护，以及应急行动决策支持等方面的能力

第 13 章　提升洪涝灾害应对监测与预警能力

本章从细化洪涝灾害应对调查评估监测与预警能力一级指标内容，充分考虑洪涝灾害类型特征，融合现今重大灾害应对监测与预警调查评估过程中指标，梳理出二级指标体系内容，为提升洪涝灾害应对预防与应急准备能力提供支撑。

13.1　一级指标体系内容

对洪涝灾害的监测与预警开展情况进行评估需要综合考虑洪涝灾害的特点，关注洪涝灾害及其灾害链相关信息的监测、统计、分析评估、灾害预警、信息发布和科技信息化应用等方面内容。开展洪涝灾害应对监测与预警调查评估的详细内容及对应一级指标如下。

(1)洪涝灾害监测体系(C001)：评估气象、水文、地质、遥感等监测系统的完备性、数据质量、时效性和覆盖范围，确保全面监测洪涝灾害相关信息。确保监测设备的正常运行和数据质量。

(2)信息统计与分析评估(C002、C003)：检查信息的汇总、统计和分析过程，以了解洪涝灾害的发展趋势。评估分析机构的能力，确保及时发布风险评估和决策支持。

(3)灾害链分析(C003)：进行灾害链分析，识别洪涝灾害的起因、演化和影响因素。了解洪涝灾害在不同阶段的潜在风险，以制定相应预警措施。

(4)信息发布与传达(C005)：评估预警信息的传达方式，包括电视、广播、手机短信、社交媒体等。确保信息能够迅速传达给公众，提高民众的防灾意识。

(5)科技信息化应用(C006)：评估科技信息化应用，如卫星遥感、无人机、模型模拟等技术的使用。确保科技工具能够改善监测、分析和预警的准确性和时效性。

(6)洪涝灾害预警体系(C008)：评估洪涝灾害的预警系统，包括国家、地区和地方层面的预警机构。确保建立多层次的预警机制，以适应不同风险。

13.2　二级指标体系

根据洪涝灾害应对监测与预警工作开展情况调查评估内容，本节梳理了基于洪涝灾害监测能力与预警能力两大类指标共计 8 个一级指标、23 个二级指标对洪涝灾害应对监测与预警工作开展情况进行调查评估，提升洪涝灾害应对监测与预警能力。具体调查评估指标见表 13-1。

表 13-1　洪涝灾害监测与预警工作开展情况调查评估指标体系

调查评估任务	调查评估子任务	调查评估一级指标	调查评估二级指标	调查评估指标说明
监测与预警	监测能力	监测站网布局建设能力	1. 气象监测站点数量和覆盖面 2. 海洋监测站点数量和覆盖面 3. 水文监测站点数量和覆盖面 4. 环境监测站点数量和覆盖面 5. 交通干线和航道的气象和海洋监测设施数量和覆盖面 6. 重要输电线路、重要输油(气)设施、重要供水设施的气象和海洋监测设施数量和覆盖面 7. 滑坡泥石流危险区域、堤岸垮塌危险区、重点保护区和旅游区等气象和海洋监测设施数量和覆盖面 8. 多源多尺度多时相可被调度卫星扫描覆盖面	实时监测系统：通过规划建设风、雨、水、潮、浪、流等气象和海洋水文环境信息监测站网布局，以及交通干线和航道、重要输电线路、重要输油(气)设施、重要供水设施、滑坡泥石流危险区域、易涝点、堤岸垮塌危险区、重点保护区和旅游区等的气象和海洋监测设施，形成灾害及其灾害链相关信息的快速感知能力和精细化监测能力； 遥感技术：利用卫星和飞机等遥感技术，获取大范围区域的信息，包括地质、气象、水文等，以实现更全面的监测
		监测资料统计能力	9. 数据库构建及管理能力	数据采集能力：采集各类与灾害相关的数据，包括历史灾害数据、地质构造数据、气象数据等； 数据库管理能力：建立完善的数据库，存储和管理各种监测和统计数据，确保数据的准确性和完整性
		监测资料分析评估能力	10. 海量监测数据处理系统建设情况 11. 海量监测数据处理系统应用情况	对采集到的监测资料进行全面、深入的分析和评估的能力：从大量数据中提取有用信息、识别趋势、评估风险，并为决策制定提供科学依据
		监测资料共享能力	12. 监测资料共享的网络传输能力 13. 监测资料共享的数据交换存储能力	通过规划建设网络传输、数据交换与存储等系统，形成监测预警资料信息的快速共享能力
	预警能力	信息融合与预警发布能力	14. 暴雨橙色及以上级别警告发布目标时间提前量 15. 雷暴警告或强对流天气提示发布目标时间提前量 16. 突发事件预警信息公众覆盖率	通过情报和信息的融合与共享，实现大范围、多灾种的综合预警，以及快速制作发布预警信息的能力
		科技信息化应用能力	17. 突发事件灾害风险预警系统建设能力	运用现代科技手段，特别是信息技术、数据分析和科学建模等技术，来进行全面、准确、高效的灾害风险预警能力
		预警业务规范建设能力	18. 突发事件预警信息发布系统建设情况 19. 突发事件预警信息发布制度建设情况 20. 突发事件预警响应能力建设情况 21. 学校、社区、机场、港口、车站、口岸、旅游景点等人员密集区和公共场所预警信息发布手段建设情况	通过规划建设灾害预警(信号)标准、流程和业务规范，形成具有可操作性的灾害监测预警信息发布能力
		灾害预警体系保障能力	22. 突发事件灾害预警体系建设情况 23. 突发事件灾害预警机构建设情况	评估灾害预警能力，包括国家、地区和地方层面的预警机构。确保建立多层次的预警机制，以适应不同风险级别和地理区域。检查预警系统的多层次机制和预警信号的准确性

第 14 章　提升洪涝灾害应对应急处置与救援能力

本章从细化洪涝灾害应对调查评估应急处置与救援能力一级指标内容，充分考虑洪涝灾害类型特征，融合现今重大灾害应对应急处置与救援调查评估过程中指标，梳理出二级指标体系内容，为提升洪涝灾害应对应急处置与救援能力提供支撑。

14.1　一级指标体系内容

考虑洪涝灾害特点，对洪涝灾害的应急处置与救援工作进行调查评估包括不同阶段的工作(人民网，2023)，以确保有效的灾害响应和救援。主要关注信息报告、应急响应与指挥、应急联动、应急避险、抢险救援、转移安置与救助、资金物资及装备调拨、通信保障、交通保障、基本生活保障、医疗救治、次生衍生灾害处置等方面内容。开展洪涝灾害应对应急处置与救援调查评估的详细内容及对应一级指标如下。

(1)应急响应与指挥(D001、D003)：考察应急响应机制，包括应急指挥中心和协调机构的运行情况。评估指挥体系的协调和决策能力。

(2)信息报告(D002)：评估灾害信息的报告机制，包括监测数据、社会观测和民众报告。确保信息的及时传达，以触发应急响应。

(3)应急联动(D004)：检查不同部门、机构和地方之间的应急联动机制。确保信息共享和协调合作，以提高灾害响应效能。

(4)资金物资及装备调拨(D005)：评估应急资金、物资和装备的调度机制，包括储备物资的供应。确保物资储备充足，可以满足灾害应急需要。

(5)通信保障(D006)：考察通信系统的韧性，以确保信息的传递和协调。确保备用通信手段，以应对通信中断。

(6)交通保障(D008)：评估道路和桥梁的可通行性，以确保救援队伍能够到达受灾地区。检查交通管制措施，以管理交通流量。

(7)应急避险(D009)：评估疏散计划和避险措施，包括安全避难所的准备和管理。确保民众了解避险计划和如何安全撤离。

(8)抢险救援(D010)：考察救援队伍的准备和行动，包括消防员、搜救队、医疗人员等。评估救援队伍的装备和培训水平。

(9)转移安置和救助(D011)：检查受灾民众的转移和安置情况，确保提供临时住所和生活支持。评估社会救助和援助机制的运行。

(10)医疗救治(D012)：评估医疗设施的准备和运作，包括医院和急救服务。确保医疗资源充足，以应对受伤和生病的人群。

(11)基本生活保障(D013)：检查食品、饮用水、床铺和卫生设施的供应情况，以满足受灾民众的基本需求。确保社会组织和志愿者的参与。

(12)次生衍生灾害处置(D017－D023)：考察次生灾害的风险，如泥石流、滑坡和水质污染。准备次生灾害的处置计划和应对措施。

对应急处置与救援工作进行调查评估可以确保洪涝灾害的应急处置和救援工作得以高效进行，最大程度减轻受灾地区的损失，保护民众的生命和财产(国家发展和改革委员会，2019)。

14.2　二级指标体系

根据洪涝灾害应对应急处置与救援工作开展情况调查评估内容，本节梳理了基于洪涝灾害应急响应能力、抢救与保护生命能力、满足受众群众基本需要能力、保护财产和环境能力和消除现场危害因素能力五大类指标共计 17 个一级指标、38 个二级指标对洪涝灾害应急处置与救援工作开展情况进行调查评估，提升洪涝灾害应对应急处置与救援能力。具体调查评估指标见表 14-1。

表 14-1　洪涝灾害应急处置与救援工作开展情况调查评估指标体系

调查评估任务	调查评估子任务	调查评估一级指标	调查评估二级指标	调查评估指标说明
应急处置与救援	应急响应能力	灾情报送能力	1. 重大灾害事件报告系统建设情况 2. 重大灾害事件报送工作机制建设情况	通过规划建设灾害信息员队伍、灾情统计报送工作机制、经费装备保障，形成及时、准确、规范统计报送灾情信息的能力
		事件态势及损失评估能力	3. 灾情(预)评估能力	快速获取事件相关信息，并对事件性质和后果进行评估、分析、预测、管理的能力
		应急指挥控制能力	4. 应急管理指挥协调架构建设情况 5. 现场指挥体系建设情况	通过使用统一、协调的事件现场组织结构和工作机制，有效指挥和控制事件现场的应急响应活动的能力
		应急联动能力	6. 区域应急联动机制建设情况 7. 区域应急资源共享情况	不同部门、机构和利益相关方之间建立有效的合作机制，以在紧急情况下迅速、有序、协同地进行应急响应。在场外为事件响应提供及时有效的信息、物资、资金、技术等方面的支撑服务的能力
		应急资源保障能力	8. 应急队伍保障情况 9. 应急指挥平台保障情况 10. 应急物资调度、运送及发放情况 11. 应急资源保障的科技支撑情况 12. 避险中心保障情况	资金物资及装备调拨能力，识别、配置、库存、调度、动员、运输、恢复和遣返并准确地跟踪和记录可使用的人力或物资等资源的能力
		应急通信保障能力	13. 应急通信设施保障情况 14. 应急通信“绿色通道”保障服务情况	为应急行动期间在各级政府、相关辖区、受灾社区、应急响应设施，以及应急响应人员和社会公众之间提供可靠通信的能力

续表

调查评估任务	调查评估子任务	调查评估一级指标	调查评估二级指标	调查评估指标说明
应急处置与救援	应急响应能力	应急信息保障能力	15. 应急信息部门共享情况 16. 应急信息公众共享情况 17. 应急信息灾区最后一公里覆盖情况	及时接收或向有关机构及社会公众发布及时、可靠的信息，有效地传递有关威胁或风险的信息，以及必要时关于正在采取的行动和可提供的帮助等信息
		紧急交通运输保障能力	18. 疏散人员运输保障情况 19. 救援人员运输保障情况 20. 应急物资和设备运输保障情况	为应急响应提供运输保障，包括疏散人员、向受灾地区运送应急响应人员、设备和服务所需的航空、公路、铁路和水上运输的能力
	抢救与保护生命能力	先期处置（第一响应）能力	21. 事发地的第一响应人开展应急响应和自救互救情况	应急避险能力，在突发事件发生初期，个体、群体或组织能够迅速、有序地采取适当行动（先期处置），寻找安全避难场所，以最大程度减少伤害和损失的能力
		抢险救援能力	22. 遇险遇难人员搜救情况 23. 遇险伤病人员救护情况	开展陆地、水上和空中搜索与救护行动，以找到和救出因各种灾难而被困的人员的能力
		转移安置与救助能力	24. 公众提前疏散避险情况 25. 公众紧急转移避险情况	将处于危险之中的人群立即实施安全和有效的紧急避难，或将处于危险中的人群疏散到安全的避难场所的能力
		紧急医疗救治能力	26. 应急医疗救援装备保障能力 27. 应急医疗救援专业人员保障能力	提供抢救生命的紧急医学救援，以及向灾区的有需要的人群提供公共卫生和医疗支持的能力
	满足受众群众基本需要能力	受灾人员生活救助能力	28. 受灾人员集中安置情况 29. 受灾人员分散安置情况	向受灾人口提供临时住所、饮食、饮水、保暖及相关服务，使其生活逐渐恢复基本正常状态的能力
	保护财产和环境能力	现场安全保卫与控制能力	30. 受灾地区现场秩序维护情况 31. 受灾地区响应行动道路保障情况	为受灾地区和响应行动提供安全保卫，以避免进一步的财产和环境损失的能力
		环境应急监测与污染防控能力	32. 事发区域环境监测情况 33. 事发区域污染紧急处置情况	对事发区域环境进行应急监测，并采取措施对扩散到周边环境中的污染物进行紧急处置的能力
		伤亡人员及其亲属的善后工作能力	34. 伤亡人员识别 35. 丧葬服务情况 36. 伤亡人员亲属抚慰情况	提供伤亡人员及其亲属的善后工作服务，包括遗体恢复和遇难者识别、寻找遇难者家属、提供丧葬服务和其他咨询服务的能力
	消除现场危害因素能力	疫情防控处置能力	37. 重大疫情监测报告能力 38. 重大疫情现场应急处置能力	对灾后重大传染病疫情作出快速反应，及时、有效开展监测、报告和处理的能力

第 15 章　提升洪涝灾害应对调查评估灾后恢复重建能力

本章从细化洪涝灾害应对调查评估灾后恢复重建能力一级指标内容，充分考虑洪涝灾害类型特征，融合现今重大灾害应对灾后恢复重建调查评估过程中指标，梳理出二级指标体系内容，为提升洪涝灾害应对灾后恢复重建能力提供支撑。

15.1　一级指标体系内容

洪涝灾害的灾后恢复重建工作需要全面考虑各个方面，包括基础设施、住房、农业、环境、社会支持等，以恢复受灾地区的正常生活和经济活动，并提高其抵御未来灾害的能力。这需要跨部门协调和社会参与，以确保有效的重建和可持续发展。开展洪涝灾害应对灾害恢复重建工作调查评估的详细内容及对应一级指标如下。

(1)损失评估(E001)：评估洪涝灾害造成的物质和人员损失，包括房屋、基础设施、农田和人员伤亡。确定灾后重建的规模和资金需求。

(2)灾后规划和土地管理(E001)：考察灾后规划和土地管理措施，确保土地的合理使用和开发。确保规划符合洪涝风险和环境保护的要求。

(3)监测和评估机制(E001)：建立监测和评估机制，以跟踪重建进展和效果。根据评估结果不断调整和改进重建计划。

(4)基础设施修复(E002)：评估基础设施，包括道路、桥梁、排水系统、电力和通信设施的受损情况。制定修复计划，以确保基础设施的正常运行。

(5)住房和建筑恢复(E002)：调查受灾居民的住房状况，包括房屋损坏和无房可住情况。制定住房恢复计划，提供住房和建筑修复的支持。

(6)农业和农村重建(E002)：评估农田、作物和农村基础设施的受损情况。提供农业恢复计划，以重建农村社区和支持农民。

(7)环境保护和恢复(E003)：考察洪涝灾害对自然环境的影响，包括水资源、生态系统和土壤。制定环境保护和恢复计划，以减少次生环境灾害。

(8)经济复苏和就业机会(E005)：分析灾后经济情况，包括企业受损和就业机会。制定经济复苏计划，以促进经济增长和创造就业。

(9)社区参与和自治(E006)：评估社区参与机制，确保灾后重建计划充分考虑当地居民的需求。促进社区自治和自主管理，以加强灾后重建的可持续性。

(10)社会支持和心理健康(E007)：评估受灾民众的心理健康和社会支持需求。提供心理援助和社会支持服务，以帮助受灾群体恢复。

(11)风险减灾和防灾措施(E008)：考虑长期风险减灾和防灾措施，以减少未来洪涝灾害的影响。制定战略计划，包括堤防加固、水资源管理等。

15.2　二级指标体系

根据洪涝灾害应对灾后恢复重建工作开展情况调查评估内容，本节梳理了基于洪涝灾害恢复基础设施和建筑物能力、恢复环境与自然资源能力以及恢复经济社会能力等六大类指标共计 8 个一级指标、18 个二级指标对洪涝灾害应急处置与救援工作开展情况进行调查评估，提升洪涝灾害应对灾后恢复重建能力。具体调查评估指标见表 15-1。

表 15-1　洪涝灾害灾后恢复重建工作开展情况调查评估指标体系

调查评估任务	调查评估子任务	调查评估一级指标	调查评估二级指标	调查评估指标说明
灾后恢复与重建	灾后损失评估及恢复重建规划	恢复重建需求	1. 灾后恢复重建规模与资金需求情况 2. 恢复重建规划建设情况 3. 监测和评估机构建立情况	确定灾后重建规模和资金需求。评估恢复重建规划可行性
	恢复基础设施和建筑物能力	基础设施修复和重建能力	4. 灾区基础设施修复和重建情况 5. 灾区公私建（构）筑物修复和重建情况	修复或重建受损的基础设施和公私建（构）筑物，恢复和维持必要的服务以满足基本生产生活需要的能力
	恢复环境与自然资源能力	垃圾和危险废弃物管理能力	6. 灾区垃圾和危险废弃物清运能力 7. 灾区垃圾和危险废弃物处理能力	清运和清理现场的垃圾和危险废弃物的能力
	恢复经济社会能力	政府服务恢复能力	8. 政府服务中断时长 9. 政府服务恢复情况	恢复因时间影响或因开展响应行动而中断的政府服务和运作的能力
		经济恢复能力	10. 政府针对工商企业采取的救助政策 11. 保险公司对工商企业理赔情况 12. 工商企业恢复运营情况	为工商企业的重新运营提供支持，重新建立现金流和物流，使受灾地区的工商企业尽快恢复到正常经营状态的能力
		社区恢复能力	13. 抚恤慰问受灾社区居民情况 14. 保险公司对居民财产理赔情况 15. 社区社会秩序恢复情况	恢复受事件影响社区的基本功能和活力，其基础设施、商业服务、环境和社会秩序恢复到受影响前水平的能力
	恢复受灾群众心理健康能力	心理健康恢复能力	16. 心理援助和社会支持服务开展情况	评估受灾民众的心理健康和社会支持需求。帮助受灾群体恢复心理健康的能力
	抵御未来灾害能力	长期风险灾害风险防范能力	17. 未来防灾减灾战略计划制定情况 18. 未来防灾减灾战略计划实施情况	考虑长期风险减灾和防灾措施，以减少未来洪涝灾害的影响。制定战略计划，包括堤防加固、水资源管理等

第 16 章　以社区为基础的灾害风险管理方法及应用

16.1　以社区为基础的灾害风险管理研究

近年来，自然灾害的规模和频率逐渐增加，呈现出巨灾化趋势，世界各国对此高度关注。我国被称为“自然灾害的博物馆”，是世界上自然灾害最为严重的国家之一，自然灾害具有种类多、分布广、频率高、损失重等特点(何振锋 等，2014)。社区能力是应对各种灾害的关键，重视社区防灾减灾能力建设，采用以社区为基础的减灾方法逐步得到国际社会的认可(史培军 等，2009)。

社区是防灾减灾工作的基础单元，在风险治理和危机响应中发挥着基础性作用。社区不仅是居民安居乐业的物理空间，也是信息传播、资源分配和协调的中心，已成为应急管理基石。社区成员之间彼此熟悉和信任有利于促进信息共享、资源分配和集体行动。国内基于社区的灾害风险管理的研究较少、起步较晚，在实际中应用基于社区的灾害管理进行防灾、减灾的作用有限(李勋琦 等，2024)。“以社区为本的灾害风险管理”(CBDRM)是当前国外灾害风险管理中较为普遍、推广度较高的理念，该理念将社区减灾和备灾作为重点，鼓励所有人参与(周洪建 等，2013)。近 10 年来，社区灾害风险管理研究受到了全球范围内的广泛关注，相关研究成果呈现出快速增长的趋势。这表明社区灾害风险管理理论在应对日益频繁和严重的灾害与危机事件方面具备强大的解释能力和实践价值(黄晓媛 等，2023)。

16.1.1　基于社区的灾害风险管理的起源和发展

传统的减灾方法是自上而下、专家主导、技术驱动的方法，具有“重治轻防”的特点，这种方法无法满足社区需求，也不能降低贫困人口的脆弱性(李勋琦 等，2024)。这种方法忽略了备灾的重要性和社区自身的应对能力，未能立足当地的资源和能力去进行减灾。基于社区的灾害风险管理理论可以有效地克服这个问题，该理论于 1984 年在奥乔里奥斯(Ocho Rios)举办的国际减灾计划实施会议上被正式提出，它支持自下而上和自上而下的共同努力，主张充分发挥社会群体在灾害风险管理中的作用，增强人们应对灾害的能力，并通过减少社区固有的脆弱性来建设有韧性的社区。

发展中国家的非政府组织把 CBDRM 作为传统减少灾害风险办法(Disaster Risk Reduce，DRR)的替代解决方案并将其应用到减灾活动中(李勋琦 等，2024)。目前，泰国等国家均将基于社区的灾害风险管理理论与本国实际相结合，并完善其相关理念及内容(周洪建 等，2013)。CBDRM 将社区减灾和备灾作为重点，鼓励所有人参与，强调普通群众尤其是最脆弱群体的参与；在提高公众意识和策略应用上对不同观点采取开放态度，由社区成员辨认减轻灾害风险的措施，将减轻灾害风险策略与社区发展的其他方面统筹考虑；鼓励社区以外的组织和个人对社区灾害风险管理提供支持，尊重社区内的各种文化因素，以进一步提高社区防灾韧性。

16.1.2 基于社区的灾害风险管理理论的相关要素

了解风险、致灾因子、抗灾能力和传统知识等要素，在灾害管理方案的具体实施中具有重要的意义。

风险。联合国国际减灾战略(UNISDR)将风险描述为由于自然或人为灾害与脆弱条件之间的相互作用而造成有害后果或预期损失的可能性(张俊玲 等,2013)。国际减轻自然灾害十年(International Decade for Natural Disaster Reduction,IDNDR)强调风险(Risk)取决于三个因素，即:危险性(Hazard)、暴露性(Exposure)和脆弱性(Vulnerability),H-E-V 框架是国际上灾害风险的主流评估框架(尹占娥 等,2010)。

致灾因子。在与灾害有关的文献中，一些学者认为灾害可能与自然活动有关，而另一些学者则认为灾害是由人类活动引发的。根据联合国国际减灾战略的定义，致灾因子是具有潜在破坏性的物理事件、现象或人类活动，例如暴雨、泥石流等，可能会导致人员伤亡、财产损失、社会和经济破坏或环境退化(石勇 等,2020)。

抗灾能力。抗灾能力是一个社区、社会或组织内所有可用力量和资源的整合，可以降低灾害风险水平或灾害的影响。建设社区应对灾害风险的能力，不仅要发展社区的软实力，比如营造社区灾害防治文化、进行专业人员的选择和培训，以便使社区能够在发生灾害时进行必要的规划、协调、行动和干预;更要建设社区自身的硬能力，加强社区灾害防治的基础设施建设(李勋琦 等,2024)。

传统知识。知识是“通过教育或经验获得的信息和技能”，又可以进一步分为“科学知识”和“传统知识”。前者通常被理解为对客观世界的如实反映，但后者却包含多种含义，包括但不限于“地方知识”“传统知识”“本土技术知识”“农民知识”“传统环境知识”和“民间知识”(Sillitoe,1998)。传统知识被认为是当地人民在长期的生产生活中通过经验积累和生活实践获得的并代代相传的知识体系。科学知识本质上是全球性的，而本土知识则被认为是地方性的。但传统知识本质上和科学知识一样也是动态的，会不断受到内部创造力和外部系统的影响。在《2015—2030 年仙台减轻灾害风险框架 》中明确认可了传统知识的价值，指出传统知识在制定和实施减轻灾害风险计划的各方面发挥了重要作用。

16.1.3 CBDRM 模型的洪涝灾害调查评估内容体系

社区防灾韧性体现在灾前准备、灾时反应和灾后恢复的全程中(图 16-1)。在灾前准备阶段，社区利用其固有的永久性、有效性、所有权、适应性以及包容性抵御和预防灾害，较高品质的固有韧性在一定程度上可以降低人为灾害的发生率;在灾时反应阶段，根据社区及时作出的灾时响应措施减弱灾害产生的影响，减弱程度取决于措施的有效程度;在灾后恢复阶段，灾害后果通过韧性社区产生的吸收能量程度进行消化，恢复效果由是否超过社区最大承载量决定。

灾前准备力评估主要考虑永久性、有效性、所有权、包容性等方面，有利于全面了解社区在应对灾害和突发事件前的准备程度，充分评估社区对所属居民的安全和生活幸福的保障能力，基于评估结果，可为社区改进防灾减灾工作提供了有针对性的建议，确保乃至提升社区居民的安全和幸福。

灾时反应力评估主要涵盖有效性、适应性两个方面，能够为全面了解社区在灾难时刻的准备和应对能力提供参考，有效衡量社区居民的幸福程度，基于评估结果，可为社区改进应急准备和救援工作提供了有针对性的参考和建议，确保社区居民在面对灾害时得到及时、有效的救

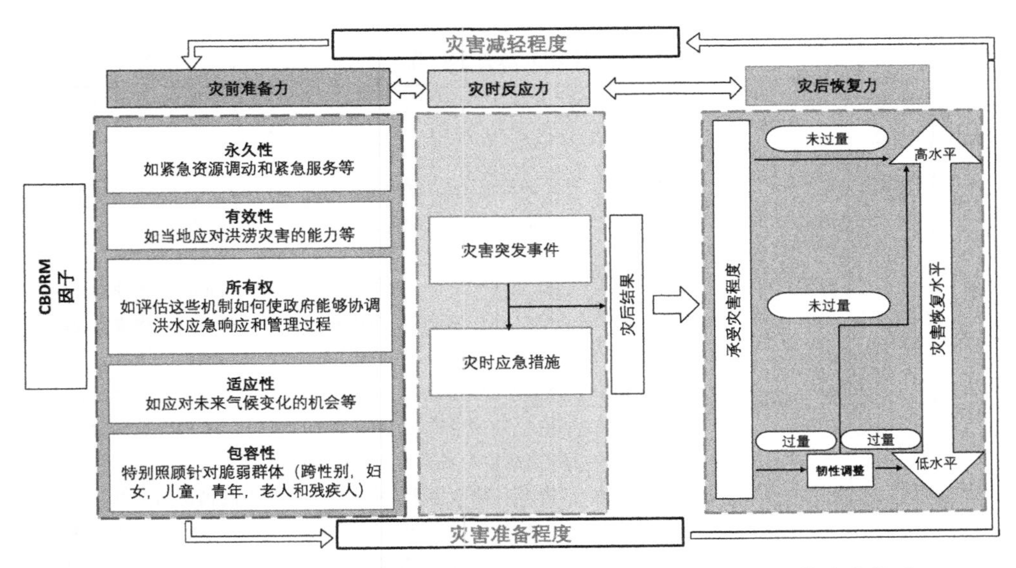

图 16-1　基于社区灾害风险管理(CBDRM)模型的洪涝灾害调查评估内容体系

助和支持。

灾后恢复力评估主要从有效性、所有权和包容性等方面出发，有利于评估社区在灾后的复原和发展程度，帮助相关部门和组织制定针对性的发展规划和救助措施，提高社区的应对能力、恢复力和幸福感，推动社区持续稳定地发展。

综合而言，这三个评估指标体系综合考察了灾前准备力、灾时反应力以及灾后恢复力的多个阶段，揭示了机构在应对灾害和紧急情况方面的综合能力。基于相关文献分析，总评分由灾前评分(40 分)、灾中评分(40 分)、灾后评分(20 分)构成，总分为 100 分。总评分包含 36 个指标，灾前评分包含 20 个指标，灾中评分包含 10 个指标，灾后评分包含 6 个指标。

16.2　评估指标体系构建

16.2.1　灾前评估指标

灾前评估指标涵盖了永久性、有效性、所有权、适应性、包容性等方面，共计 20 个指标(表 16-1)，每个指标都对应着不同的一级、二级、三级指标，并配有测量方法、总分和评分细则。

在永久性方面，主要关注空间资本、防灾设施韧性和住房设施韧性。预防与应急准备包括防洪投入的多少和责任制体系的落实，空间资本关注地形和海绵城市建设程度，用以评估社区的生态防灾能力。防灾设施韧性则关注防灾安全设施和防灾避难场所的建设情况，住房设施韧性则关注社区内是否有应对灾害的物资储备体系和防灾设施。

有效性方面主要评估监测与预警、预防与应急准备、组织能力和环境整治能力。监测与预警关注能否及时监测并发布预警。预防与应急准备包括是否对工程质量进行了监测管理，是否做出了洪水调度，是否对进行了严格管理以及是否有应急联动机制方案。社区的组织能力包括宣传演习频率和社区各级负责人是否落实到位。而环境整治能力则关注社区内水系的清理、河道的加固和拓宽、建筑物的加固等方面，以减轻灾害对社区的影响。

表 16-1　灾前准备力评分

（灾前评分总分:40 分）

序号	一级指标	二级指标	三级指标	测量方法	评分细则	总分
1	永久性	空间资本	保护区因素	保护区地形	是防洪保护区/低洼地区（评分为 0）； 不是防洪保护区/低洼地区（评分为 1）	1
2	永久性	空间资本	海绵城市建设程度	海绵城市设施建设情况（蓄水设施、排水设施）	良好（评分为 2）：城市内建有完善的蓄水设施和排水设施； 较差（评分为 0）：城市内缺乏完善的蓄水设施和排水设施	2
3	永久性	防灾设施韧性	防灾安全设施	消防站、消防供水、供电、消防通信、防灾通道的建设情况（面积）	高水平（评分为 3）：社区内设有完善的消防站和消防供水、供电、通信设施，防灾通道建设覆盖面广，维护保养良好，能够有效应对各类突发事件的发生； 中水平（评分为 2）：社区内设有基本的消防站和消防供水、供电、通信设施，但设施数量不足或者维护保养较为滞后，设施数量不足或者维护保养较为滞后，能够在一定程度上应对突发事件的发生； 低水平（评分为 1）：社区内缺乏完善的消防站和消防供水、供电、通信设施，防灾通道建设缺失或者覆盖面较窄，设施数量不足且维护保养滞后，难以有效应对突发事件的发生	3
4	永久性	防灾设施韧性	防灾避难场所	应急避难场所的数量，可达性和使用效率	高级别（评分为 3）：社区内应急避难场所安置时限小于 10 d，场所有效避难面积≥2000 m^2，避难容量≤0.5 万人；人均有效面积≥1.5 m^2，且配置完善，这些场所可以容纳社区内所有居民，并且这些场所易于到达。此外，这些场所还有充足的物资和设备来保障居民的生命安全； 中级别（评分为 2）：社区内应急避难场所安置时限 5～10 d，场所有效避难面积 1000～2000 m^2，避难容量 0.25 万～0.5 万人；人均有效面积 0.75～1.5 m^2，这些场所可以容纳社区内一部分居民，并且这些场所比较容易到达。但是这些场所的配置不够完善，不足以保障所有居民的生命安全； 低级别（评分为 1）：社区内应急避难场所安置时限小于 5 天，场所有效避难面积≤1000 m^2，避难容量≤0.25 万人；人均有效面积≤0.75 m^2，且这些场所也很难到达。对与可到达的有一些场所，也缺乏充足的物资和设备来保障居民的生命安全	3
5	永久性	住房设施韧性	防灾物资储备	社区周边和内部有用的救灾物资和装备储备等情况	高级别（评分为 3）：社区内储备有充足的救灾物资和装备，并有专人负责储备物资的管理和更新； 中级别（评分为 2）：社区内有一定防灾物资储备，但储备的物资和装备种类较少，且管理不够规范； 低级别（评分为 1）：社区内没有防灾物资储备，或者储备的物资和装备种类非常有限，储备量不足以应对任何灾害	3

续表

序号	一级指标	二级指标	三级指标	测量方法	评分细则	总分
6	永久性	住房设施韧性	社区建筑防灾设施	建筑的消防间距、防灾设施是否符合规范，建筑防灾设施有效数量和维护频率	高级(评分为 3)：社区建筑的消防间距、防灾设施符合规范要求，建筑防灾设施的有效数量充足，并且设施维护频率较高； 中级(评分为 2)：社区建筑的消防间距、防灾设施基本符合规范要求，建筑防灾设施的有效数量一般，设施维护频率一般； 低级(评分为 1)：社区建筑的消防间距、防灾设施不符合规范要求，建筑防灾设施的有效数量不足，设施维护频率较低	3
7	有效性	监测与预警	暴雨风险因素	暴雨预警的及时性	提前三天发布暴雨预测(评分为 2)； 提前一天发布暴雨预测(评分为 1)； 当天发布暴雨预测(评分为 0)	2
8	有效性	预防与应急准备	工程风险因素	是否对工程质量进行管理检测	对工程质量进行了管理、监测(评分为 2)； 未对工程质量进行管理、监测(评分为 0)	2
9	有效性	预防与应急准备	洪水调度因素	是否做出洪水调度(确定水库调蓄水位、适时使用蓄滞洪区等)	对洪水作出预报后，及时对洪水进行调度(评分为 2)； 未对洪水作出预报后，及时对洪水进行调度(评分为 0)	2
10	有效性	预防与应急准备	保护区管理风险因素	对区域内是否进行严格管理	对区域进行了严格管理，加强防洪减灾措施(评分为 2)； 并未对区域内进行严格管理，加强防洪减灾措施(评分为 0)	2
11	有效性	预防与应急准备	应急联动机制方案	灾害发生前是否有应急联动机制方案	有(评分为 1)； 无(评分为 0)	1
12	有效性	组织能力	责任制体系落实	是否落实灾害防治各级责任人，责任人全部上岗到位	各级责任人已经被落实且责任人提前一天全部上岗到位(评分为 1)； 各级责任人未被落实且责任人上岗到位情况不佳(未全部上岗或上岗迟到)(评分为 0)	1
13	有效性	组织能力	宣传演习频率	社区组织过防灾减灾演习的情况	高频率(评分为 2)：社区定期组织防灾减灾演习，每年至少一次，并且演习内容和形式丰富多样，包括模拟各种可能的灾害情况，演练应急处置流程等。在演习中，社区居民能够积极参与，加强对防灾减灾知识的了解和掌握； 低频率(评分为 1)：社区虽然也组织过防灾减灾演习，但是频率较低，不够定期，每年可能只有一次或者更少。演习内容和形式较为单一，无法涵盖各种可能的灾害情况，且社区居民参与度不高	2

续表

序号	一级指标	二级指标	三级指标	测量方法	评分细则	总分
14	有效性	环境整治能力	环境整治	包括社区内水系的清理、河道的加固和拓宽、建筑物的加固等	较高等级(评分为 2):社区内环境整治工作开展得较为充分。可能包括但不限于: 1. 河道的加固和拓宽已经完成,或者工作已经在有序推进中; 2. 社区内建筑物的加固工作已经完成,或者正在按计划有序推进中; 3. 水系的清理工作已经完成,或者工作已经在有序推进中; 4. 社区内可能出现的环境问题已经被及时发现并得到有效处理。 较低等级(评分为 1):社区内环境整治工作开展得不够充分可能包括但不限于: 1. 河道的加固和拓宽工作尚未展开或工作进展缓慢; 2. 社区内建筑物的加固工作尚未展开或工作进展缓慢; 3. 水系的清理工作尚未展开或工作进展缓慢; 4. 社区内存在较为明显的环境问题未得到及时处理	2
15	所有权	准备力	应急物资和装备储备	包括水泵、发电机、衣物、食物、饮用水等应急物资和装备的储备量和质量	高级(评分为 3):社区储备充足的各种应急物资和装备,并能够满足灾害应急需要。储备的物资种类丰富,质量优良,数量充足,存放有序,管理规范。社区应急预案完备,应急演练有计划、有针对性、有实际效果,提高了应急处置能力; 中级(评分为 2):社区储备了一定数量的各种应急物资和装备,能够应对一些应急情况。但存在某些物资种类不足、质量不佳、数量不够等问题,管理不规范,存放混乱,存在一定安全隐患。社区应急预案不完备或缺乏演练,应急处置能力较弱; 低级(评分为 1):社区应急物资和装备储备不足,不能满足应急需要。存在物资种类单一、质量差、数量不足等问题,管理混乱,存放不当,存在一定安全隐患。社区应急预案缺失或不完善,未进行应急演练,应急处置能力薄弱	3
16	适应性	反应预算	防洪投入	防洪投入的多少	参与防洪投入时,资金管理和使用分配合理(评分为 1); 参与防洪投入时,资金管理和使用分配存在不合理现象,可能出现重复建设和浪费现有资源(评分为 0)	1
17	适应性	应急指挥平台	应急指挥平台建设水平	是否建立防汛应急指挥平台	建立了防汛应急指挥平台系统(评分为 1); 未建立防汛应急指挥平台(评分为 0)	1

续表

序号	一级指标	二级指标	三级指标	测量方法	评分细则	总分
18	包容性	社会能力	老年人口，健全人口，大专文凭以上人口	65 岁以上人口占总人口比例，身体健康无缺陷人口比例，至少大专文凭人口比例	高(评分为 1)：老年人口(65 岁以上)占总人口比例低于社区平均水平，或者老年人口比例虽然高于社区平均水平，但社区有完善的老年人关爱服务和支持体系；社区健全人口占比较高，大多数人身体健康无明显缺陷，生活自理能力较强，适应环境的能力较好；大专及以上学历人口比例在10%以上的，表示该社区的受教育程度较高，有较为充足的教育资源，文化氛围浓厚； 低(评分为 0)：老年人口(65 岁以上)占总人口比例高于社区平均水平，并且缺乏完善的老年人关爱服务和支持体系；社区健全人口占比较低，相当一部分人身体有一定缺陷或疾病，需要较多关爱和照顾，生活自理能力相对较差；大专及以上学历人口比例低于 10%的，表示该社区的受教育程度较低，可能存在教育资源匮乏、文化氛围不浓等问题	1
19	包容性	社区幸福	医疗服务	社区人均拥有的医疗资源	高等级(评分为 3)：社区医疗资源充足，人均医疗服务水平较高，医疗设备先进、医疗技术水平较高，医疗机构管理规范，医护人员素质高，医疗服务体验较好； 中等级(评分为 2)：社区医疗资源一般，医疗服务水平一般，医疗设备较为普及，医疗技术一般，医疗机构管理一般，医护人员素质中等，医疗服务体验一般； 低等级(评分为 1)：社区医疗资源匮乏，人均医疗服务水平较低，医疗设备较为简陋，医疗技术水平较低，医疗机构管理不规范，医护人员素质较低，医疗服务体验较差	3
20	包容性	社区幸福	教育培训	是否有应急培训与宣传教育	满足(评分为 2)：有； 不满足(评分为 0)：没有	2

所有权方面主要考察社区的准备力，社区的应急物资和装备储备的数量和质量。

适应性方面主要关注反应预算是否合理和应急指挥平台的建设水平。

包容性主要考察社会能力和社区幸福。社会能力包括老年人口和健全人口比例以及至少大专文凭比例。社区幸福则涵盖医疗服务和教育培训。医疗服务包括社区人均拥有的医疗资源和应急物资和装备的储备情况。教育培训则关注是否有关于防灾减灾课程的培训项目，以提高社区居民的应对灾害的知识和技能。

通过这些灾前评估指标，可以全面了解社区在应对灾害和突发事件时的综合能力和准备程度。同时，这些指标也为社区改进防灾减灾工作提供了有针对性的参考和建议，以确保社区居民的安全和幸福。

16.2.2　灾中评估指标

灾中评估指标涵盖了有效性、适应性两个方面，旨在评估社区在灾难时刻的组织能力和反应力。这些指标共计 10 个，每个指标都对应着不同的一级、二级、三级指标，并配有测量方法、总分和评分细则(表 16-2)。

有效性方面，主要关注社区的组织能力和应急资源调配。其中，各级应急管理部门响应机制考察社区应急值守人员是否到及时，是否具备完善的应急管理部门相响应机制以及是否迅速展开会商研判，转移能力指标考察社区是否具备详细的人员快速转移的应急预案，以及是否对弱势群体进行特殊照顾；各级应急管理部门响应机制指标评估社区的应急管理部门是否具备完备的响应机制，能够在突发事件发生后快速采取行动。

适应性方面，主要考察社区的反应力和应急计划制定。志愿者组织指标关注社区参与救灾志愿工作的人员数量和组织紧密程度；救援行动效率指标评估社区救援队伍响应时间和处置洪涝灾害的效率；疏散速度指标考察社区居民在灾害中有计划、有序、安全地撤离的速度和效果；应急资源调配指标关注社区的可调配应急资源情况，包括人员、物资和设备。

通过这些灾时评估指标，可以全面了解社区在灾难时刻的准备和应对能力，以及社区居民的幸福程度。同时，这些指标也为社区改进应急准备和救援工作提供了有针对性的参考和建议，以提高社区的安全性和幸福感，确保社区居民在面对灾害时得到及时、有效的救助和支持。

表 16-2　灾时反应力评分

（灾中评分总分：40 分）

序号	一级指标	二级指标	三级指标	测量方法	评分细则	总分
1	有效性	组织能力	各级应急管理部门响应机制	应急值守是否展开到位	应急值守人员安排妥当，到位及时（评分为 2）； 应急值守人员未安排妥当，未及时到位（评分为 0）	2
2	有效性	组织能力	各级应急管理部门响应机制	是否迅速展开会商研判	迅速展开会商研判（评分为 2）； 未迅速展开会商研判（评分为 0）	2
3	有效性	组织能力	转移能力	是否具备详细的人员快速转移的应急预案	优秀（评分为 5）：社区具有完备的应急预案和严格的执行程序，人员转移流程清晰明确，转移速度快，转移安全有保障，同时还具备对弱势群体的特殊照顾措施，如老年人、残疾人等； 良好（评分为 3）：社区具备基本的应急预案和执行程序，人员转移流程相对清晰，转移速度较快，转移安全性基本有保障，但可能存在部分薄弱环节（对弱势群体的照顾措施还需加强）； 一般（评分为 1）：社区缺乏应急预案和执行程序，人员转移流程不清晰，转移速度慢，转移安全性不足，可能存在严重的安全隐患和对弱势群体的忽视现象	5
4	有效性	组织能力	各级应急管理部门响应机制	是否具有完备的应急管理部门响应机制	优秀（评分为 5）：具有完备、有效、及时的应急管理部门响应机制，能够在突发事件发生后快速采取行动； 一般（评分为 3）：应急管理部门响应机制存在不足之处，可能存在反应时间长、资源配置不足等问题； 差（评分为 1）：应急管理部门响应机制严重缺失或不完备，无法有效应对突发事件，存在严重安全隐患	5

续表

序号	一级指标	二级指标	三级指标	测量方法	评分细则	总分
5	有效性	组织能力	应急资源调配	针对灾情和救援需要，可调配的应急资源，包括人员、物资、设备等	高水平(评分为 5)：应急资源调配计划详细，考虑到各种可能出现的灾情和需求，且具备灵活性和实施性。各种应急资源配备齐全，可快速调配到灾区，并能够满足救援和救助需求；中等水平(评分为 3)：应急资源调配计划较为完善，但可能存在一些缺陷和漏洞，需要不断完善和更新。各种应急资源基本齐备，但可能存在一些缺乏或不足的情况，需要加强调配能力；低水平(评分为 1)：应急资源调配计划不够完善，存在较大的漏洞和不足，需要大力改进和完善。各种应急资源缺乏或不足，难以满足救援和救助需求	5
6	有效性	组织能力	应急响应协调效果	应急响应部门之间的协作和沟通效果	优秀(评分为 3)：应急响应部门之间协作默契、沟通顺畅，能够迅速协调资源和行动，有效地应对自然灾害；良好(评分为 2)：应急响应部门之间协作较为紧密、沟通比较顺畅，能够较快协调资源和行动，比较有效地应对自然灾害；一般(评分为 1)：应急响应部门之间协作和沟通存在不足，调配资源和行动相对较慢，应对自然灾害效果一般	3
7	适应性	反应力	常备紧急能力	消防救灾点设置情况	高级别(评分为 5)：社区内设置有环形消防车道，消防车道的净宽度和净高度大于 4 m，建有多个消防救灾站点和避难场所，并且常备大量的救灾物资和装备；中级别(评分为 3)：社区内设置的环形消防车道或消防车道的净宽度和净高度小于 4 m，建有一定数量的消防救灾站点和避难场所，并且常备一定数量的救灾物资和装备；低级别(评分为 1)：社区内并未设置有环形消防车道或消防车道，社区内消防救灾站点和避难场所数量较少，救灾物资和装备储备不足	5
8	适应性	反应力	志愿者组织	参与救灾志愿工作人口数	高(评分为 3)：社区拥有大量参与救灾志愿工作的人员，组织紧密，配合度高，且志愿者的救灾能力较强；低(评分为 1)：社区参与救灾志愿工作的人员数量较少，组织较为松散，配合度较低，且志愿者的救灾能力较弱	3
9	适应性	反应力	救援行动效率	救援队伍响应时间、洪涝灾害处置的效率	高效率(评分为 5)：救援队伍响应时间短，救援行动高效，能够快速救助灾区群众，减少灾害损失；一般效率(评分为 3)：救援队伍响应时间较长，处置洪涝灾害相对缓慢，但能够最终完成任务，对灾区群众提供救援和援助；低效率(评分为 1)：救援队伍响应时间长，处置洪涝灾害缓慢，不能有效地完成任务，导致灾区群众得不到及时救援和援助，增加了灾害损失	5
10	适应性	反应力	疏散速度	在灾害中有计划、有序、安全地撤离社区居民的速度和效果	优秀(评分为 5)：社区居民在面对自然灾害时，有完善的疏散预案和高效的疏散组织，疏散速度快，没有发生人员伤亡事件；良好(评分为 3)：社区居民在面对自然灾害时，有基本的疏散预案和疏散组织，但疏散速度较慢，可能存在一些人员伤亡事件；较差(评分为 1)：社区居民在面对自然灾害时，缺乏完善的疏散预案和疏散组织，疏散速度较慢，从而导致人员伤亡事件发生	5

16.2.3 灾后评估指标

灾后评估指标涵盖了有效性、所有权和包容性三个方面，旨在评估社区在灾后的复原和发展情况。这些指标共计 6 个，每个指标都对应着不同的一级、二级、三级指标，并配有测量方法、总分和评分细则(表 16-3)。

有效性方面，主要关注社区的组织能力和恢复力。有效捐赠指标考察政府和民间捐款金额数，以及相关资金使用计划和监管机制。恢复力方面，关注社区的恢复工作进度和成本。恢复工作进度指标评估灾区基础设施和生产生活秩序的快速恢复程度，恢复工作成本指标考察重建所需费用和资源消耗情况。社区居民参与度指标关注社区居民在恢复重建中的积极参与程度和效果，以及社区居民自发组织参与恢复工作的情况。恢复工作质量指标考察恢复后的环境、设施和基础设施的质量和安全性，以及恢复工作的效果和成果。

所有权方面，主要考察社区的评估力。关注降雨量预警的准确性，估计降雨量与实际降雨量的差距。

包容性方面，主要关注社区幸福。社区幸福指标考察医疗服务和教育培训等方面，评估社区居民的医疗资源充足程度和考察社区是否有关于防灾减灾的教育培训项目，以提高社区居民的防灾减灾意识和知识水平。特殊关爱指标评估社区是否有针对社会弱势群体(如老弱病残)进行特殊帮扶，保障其基本生活需求。

通过以上灾后评估指标，可以全面了解社区在灾后的复原情况和幸福程度，帮助相关部门和组织制定针对性的发展规划和救助措施，提高社区的应对能力、恢复力和幸福感，推动社区持续稳定地发展。

表 16-3　灾后恢复力评分

(灾后评分总分:20 分)

序号	一级指标	二级指标	三级指标	测量方法	评分细则	总分
1	有效性	组织能力	有效捐赠	政府、民间捐款金额数	优秀(评分为 4 分):政府和民间捐款金额数均非常高，足以支持救援和重建工作，且有完善的资金使用计划和监管机制，确保资金使用合理、透明、公正; 良好(评分为 2 分):政府和民间捐款金额数较高，能够支持救援和重建工作，但可能存在部分资金使用不透明、管理不到位等问题; 一般(评分为 1 分):政府和民间捐款金额数较少，难以支持救援和重建工作，或者存在严重的资金使用不透明、管理不到位等问题	4
2	有效性	恢复力	恢复工作进度及成本	重建和修复工作的进度、质量以及费用	优秀(评分为 4 分):在受灾后，灾区内的基础设施和生产生活秩序能够快速得到恢复，受灾群众的基本生活需要能够得到保障，经济和社会发展的进程能够逐步恢复正常。灾后恢复工作中需要耗费相对较少的财力、物力和人力资源，较快地完成重建工作，对经济和社会的影响较小。 一般(评分为 1 分):受灾后，灾区内的基础设施和生产生活秩序恢复较慢，受灾群众的基本生活需要得不到充分保障，经济和社会发展的进程受到一定影响。灾后恢复工作中需要耗费大量的财力、物力和人力资源，可能需要长时间的建设和重建，造成巨大的经济负担和社会压力	4

续表

序号	一级指标	二级指标	三级指标	测量方法	评分细则	总分
3	有效性	恢复力	社区居民参与度	指社区居民参与恢复重建的程度和效果	高参与度(评分为 3 分):社区居民在自然灾害发生时能够积极参与或自发组织应急响应和恢复工作; 低参与度(评分为 1 分):社区居民在自然灾害发生时参与应急响应和恢复工作的积极性较低,缺乏自我保护意识和协助救援的意愿	3
4	有效性	恢复力	恢复工作质量	恢复工作后的环境、设施和基础设施的质量和安全性	高(评分为 3 分):恢复工作进展迅速且顺利,质量得到保证,受灾地区的基础设施和生产生活条件得到有效恢复; 中(评分为 2 分):恢复工作有一定进展,但存在一些困难和问题,部分受灾地区的基础设施和生产生活条件得到改善,但整体恢复效果不够理想; 低(评分为 1 分):恢复工作进展缓慢,存在较多问题和难点,受灾地区的基础设施和生产生活条件得不到有效恢复	3
5	所有权	评估力	洪水风险因素	预警的准确性	对降雨量的估计偏差不超过 10 mm(评分为 3); 对降雨量的估计偏差不超过 50 mm(评分为 2); 对降雨量的估计偏差大于 50 mm(评分为 1)	3
6	包容性	社区幸福	教育培训	是否有定期的防灾减灾教育与培训项目	满足(评分为 3):有; 不满足(评分为 0):没有	3

16.3 典型小区评估应用示范

根据基于社区的国际化洪涝灾害调查评估体系确定的指标体系,以郑州"7·20"事件中典型小区"帝湖花园小区"为例,对该套体系进行示范应用。帝湖花园是郑州布瑞克房地产开发有限公司开发的住宅小区,号称河南省最大的水景度假社区项目。关于灾前准备力、灾时反应力以及灾后恢复力的定义及在案例分析中的时间节点具体情况如下。

灾前准备力:社区在灾前依靠自身防灾空间和设施组日常防灾能力、制定预案能力及效率(郑州"7·20"特大洪水事件的时间节点:2021 年 7 月 18 日中午 12 时之前)。

灾时反应力:组织在灾时依靠自身防灾设施及应急启动策略,弹性降低损失(郑州"7·20"特大洪水事件的时间节点:2021 年 7 月 18 日中午 12 时—2021 年 7 月 22 日中午 12 时)。

灾后恢复力:社区在灾后组织及关注自身组织机构及保障机制,以最快的速度恢复到常态,最大限度减弱不利影响(郑州"7·20"特大洪水事件的时间节点:①短期评估(3 个月):2021 年 7 月 22 日中午 12 时—2021 年 10 月 22 日中午 12 时;②长期评估:2021 年 10 月 22 日中午 12 时至现今)。

(1)帝湖花园小区在灾前准备力方面得分为 21 分,凸显了其在灾前准备方面的优势与不足。评价指标包含多个维度,如永久性、海绵城市建设程度、防灾设施韧性等。

永久性方面,该小区在保护区因素方面得分为 0 分,意味着可能位于易受洪水影响的地区，需要加强洪水防护。海绵城市建设程度为 2 分，蓄水和排水设施较完善，但防灾设施韧性仅得 1 分，暗示消防和避难场所设施需要加强维护（王珊珊，2012）。

在防灾物资储备方面，3 分的得分显示社区已有一定储备，但储备种类和数量仍需提升。

在有效性方面，应急值守和会商研判方面仅得 1 分，需加强灾情预警和决策的及时性。工程质量管理检测和洪水调度方面未得分，要加强工程质量监管和洪水应对。应急联动机制方案得分为 0 分，建议制定灾害前应急计划。

组织能力方面，责任制体系的得分为 0 分，需要明确责任人职责。宣传演习频率得分为 1 分，应定期组织防灾演习提高居民应对意识。

适应性方面，社区幸福中医疗服务得分 3 分，但应急培训与宣传得分 1 分，需加强应急教育。

综上所述，在灾前准备力方面，帝湖花园小区需要加强洪水防护、防灾设施维护、防灾物资储备等。改进应急预警、工程质量监管、责任制体系、应急联动等方面，提高社区居民的应对能力和自救互救意识。增强医疗服务和应急培训，提高居民的综合防灾素质。通过以上措施，小区的灾前准备力将得到明显提升。

（2）灾时反应力方面，帝湖花园小区得分为 25 分，展现了其在突发事件发生时的应对能力。评估中，应急资源调配和响应协调表现较好，但仍需加强志愿者组织和疏散速度。

为提升灾时反应力，小区应完善洪水防护、防灾设施，确保预警机制的及时性。建立协调高效的应急响应机制，提高资源调配的效率，强化疏散预案和志愿者组织，确保人员安全有序疏散。

（3）灾后恢复力方面，小区获得 13 分，显示其在政府与民间捐款、恢复工作进度、社区居民参与度等方面仍存在挑战。

改进政府与民间捐款的透明度和监管机制，确保资金使用合理公正。提高重建工作进度和质量，保障基础设施和生活条件迅速恢复。鼓励社区居民积极参与，加强恢复工作质量控制。

通过综合改进，小区可提升灾后恢复力，加强居民的抗灾能力，更好地应对潜在灾害风险。在灾前准备、灾时反应和灾后恢复三方面的努力，将使帝湖花园小区能够更为有效地应对各类突发灾害，确保居民生命和财产的安全。各部分具体评估情况详见表 16-4、表 16-5 与表 16-6。

表 16-4　灾前准备力评估——以帝湖花园小区为例

序号	一级指标	二级指标	三级指标	测量方法	评分细则	总分	得分
1	永久性	空间资本	保护区因素	保护区地形	是防洪保护区/低洼地区（评分为 0）； 不是防洪保护区/低洼地区（评分为 1）	1	0
2	永久性	空间资本	海绵城市建设程度	海绵城市设施建设情况（蓄水设施、排水设施）	良好（评分为 2）：城市内建有完善的蓄水设施和排水设施，能够有效地缓解暴雨、洪水等灾害所带来的影响； 较差（评分为 0）：城市内缺乏完善的蓄水设施和排水设施，暴雨、洪水等灾害易造成较大的影响和损失	2	2

续表

序号	一级指标	二级指标	三级指标	测量方法	评分细则	总分	得分
3	永久性	防灾设施韧性	防灾安全设施	消防站、消防供水、供电、消防通信、防灾通道的建设情况(面积)	高水平(评分为 3):社区内设有完善的消防站和消防供水、供电、通信设施,防灾通道建设覆盖面广,设施齐备,维护保养良好,能够有效应对各类突发事件的发生; 中水平(评分为 2):社区内设有基本的消防站和消防供水、供电、通信设施,防灾通道建设较为全面,设施数量不足或者维护保养较为滞后,能够在一定程度上应对突发事件的发生; 低水平(评分为 1):社区内缺乏完善的消防站和消防供水、供电、通信设施,防灾通道建设缺失或者覆盖面较窄,设施数量不足且维护保养滞后,难以有效应对突发事件的发生	3	1
4	永久性	防灾设施韧性	防灾避难场所	应急避难场所的数量,可达性和使用效率	高级别(评分为 3):社区内应急避难场所安置时限小于 10 d,场所有效避难面积≥2000 m^2,避难容量≤0.5 万人;人均有效面积≥1.5 m^2,且配置完善,这些场所可以容纳社区内所有居民,并且这些场所易于到达,此外,这些场所还有充足的物资和设备来保障居民的生命安全; 中级别(评分为 2):社区内应急避难场所安置时限 5～10 d,场所有效避难面积 1000～2000 m^2,避难容量 0.25 万～0.5 万人;人均有效面积 0.75～1.5 m^2,这些场所可以容纳社区内一部分居民,并且这些场所比较容易到达。但是这些场所的配置不够完善,不足以保障所有居民的生命安全; 低级别(评分为 1):社区内应急避难场所安置时限小于 5 d,场所有效避难面积≤1000 m^2,避难容量≤0.25 万人;人均有效面积≤0.75 m^2,且这些场所也很难到达。对与可到达的有一些场所,也缺乏充足的物资和设备来保障居民的生命安全	3	3
5	永久性	住房设施韧性	防灾物资储备	社区周边和内部有用的救灾物资和装备储备等情况	高级别(评分为 3):社区内储备有充足的救灾物资和装备,并有专人负责储备物资的管理和更新; 中级别(评分为 2):社区内有一定防灾物资储备,但储备的物资和装备种类较少,且管理不够规范; 低级别(评分为 1):社区内没有防灾物资储备,或者储备的物资和装备种类非常有限,储备量不足以应对任何灾害	3	3
6	永久性	住房设施韧性	社区建筑防灾设施	建筑的消防间距、防灾设施是否符合规范,建筑防灾设施有效数量和维护频率	高级(评分为 3):社区建筑的消防间距、防灾设施符合规范要求,建筑防灾设施的有效数量充足,并且设施维护频率较高; 中级(评分为 2):社区建筑的消防间距、防灾设施基本符合规范要求,建筑防灾设施的有效数量一般,设施维护频率一般; 低级(评分为 1):社区建筑的消防间距、防灾设施不符合规范要求,建筑防灾设施的有效数量不足,设施维护频率较低	3	1

续表

序号	一级指标	二级指标	三级指标	测量方法	评分细则	总分	得分
7	有效性	监测与预警	暴雨风险因素	暴雨预警的及时性	提前三天发布暴雨预测(评分为2); 提前一天发布暴雨预测(评分为1); 当天发布暴雨预测(评分为0)	2	1
8	有效性	预防与应急准备	工程风险因素	是否对工程质量进行管理检测	对工程质量进行了管理、监测(评分为2); 未对工程质量进行了管理、监测(评分为0)	2	0
9	有效性	预防与应急准备	洪水调度因素	是否做出洪水调度(确定水库调蓄水位、适时使用蓄滞洪区等)	对洪水作出预报后,及时对洪水进行调度(评分为2); 未对洪水作出预报后,及时对洪水进行调度(评分为0)	2	0
10	有效性	预防与应急准备	保护区管理风险因素	对区域内是否进行严格管理	对区域进行了严格管理,加强防洪减灾措施(评分为2); 并未对区域内进行严格管理,加强防洪减灾措施(评分为0)	2	0
11	有效性	预防与应急准备	应急联动机制方案	灾害发生前是否有应急联动机制方案	有(评分为1); 无(评分为0)	1	0
12	有效性	组织能力	责任制体系落实	是否落实灾害防治各级责任人,责任人全部上岗到位	各级责任人已经被落实且责任人提前一天全部上岗到位(评分为1); 各级责任人未被落实且责任人上岗到位情况不佳(未全部上岗或上岗迟到)(评分为0)	1	0
13	有效性	组织能力	宣传演习频率	社区组织过防灾减灾演习的情况	高频率(评分为2):社区定期组织防灾减灾演习,每年至少一次,并且演习内容和形式丰富多样,包括模拟各种可能的灾害情况,演练应急处置流程等。在演习中,社区居民能够积极参与,加强对防灾减灾知识的了解和掌握。 低频率(评分为1):社区虽然也组织过防灾减灾演习,但是频率较低,不够定期,每年可能只有一次或者更少。演习内容和形式较为单一,无法涵盖各种可能的灾害情况,且社区居民参与度不高	2	1
14	有效性	环境整治能力	环境整治	包括社区内水系的清理、河道的加固和拓宽、建筑物的加固等	较高等级(评分为2):社区内环境整治工作开展得较为充分,对于水系的清理、河道的加固和拓宽、建筑物的加固等方面,都已经有了比较明显的改善。可能包括但不限于: 1. 河道的加固和拓宽已经完成,或者工作已经在有序推进中; 2. 社区内建筑物的加固工作已经完成,或者正在按计划有序推进中; 3. 水系的清理工作已经完成,或者工作已经在有序推进中	2	1

续表

序号	一级指标	二级指标	三级指标	测量方法	评分细则	总分	得分
14	有效性	环境整治能力	环境整治	包括社区内水系的清理、河道的加固和拓宽、建筑物的加固等	4. 社区内可能出现的环境问题已经被及时发现并得到有效处理。 较低等级(评分为 1):社区内环境整治工作开展得不够充分,对于水系的清理、河道的加固和拓宽、建筑物的加固等方面,存在较为突出的问题。可能包括但不限于: 1. 河道的加固和拓宽工作尚未展开或工作进展缓慢; 2. 社区内建筑物的加固工作尚未展开或工作进展缓慢; 3. 水系的清理工作尚未展开或工作进展缓慢; 4. 社区内存在较为明显的环境问题未得到及时处理		
15	所有权	准备力	应急物资和装备储备	包括水泵、发电机、衣物、食物、饮用水等应急物资和装备的储备量和质量	高级(评分为 3):社区储备充足的各种应急物资和装备,并能够满足灾害应急需要。储备的物资种类丰富,质量优良,数量充足,存放有序,管理规范。社区应急预案完备,应急演练有计划、有针对性、有实际效果,提高了应急处置能力。 中级(评分为 2):社区储备了一定数量的各种应急物资和装备,能够应对一些应急情况。但存在某些物资种类不足、质量不佳、数量不够等问题,管理不规范,存放混乱,存在一定安全隐患。社区应急预案不完备或缺乏演练,应急处置能力较弱。 低级(评分为 1):社区应急物资和装备储备不足,不能满足应急需要。存在物资种类单一、质量差、数量不足等问题,管理混乱,存放不当,存在一定安全隐患。社区应急预案缺失或不完善,未进行应急演练,应急处置能力薄弱	3	2
16	适应性	反应预算	防洪投入	防洪投入的多少	参与防洪投入时,资金管理和使用分配合理(评分为 1); 参与防洪投入时,资金管理和使用分配存在不合理现象,可能出现重复建设和浪费现有资源(评分为 0)	1	1
17	适应性	应急指挥平台	应急指挥平台建设水平	是否建立防汛应急指挥平台	建立了防汛应急指挥平台系统(评分为 1); 未建立防汛应急指挥平台(评分为 0)	1	0
18	包容性	社会能力	老年人口,健全人口,大专文凭以上人口	65 岁以上人口占总人口比例,身体健康无缺陷人口比例,至少大专文凭人口比例	高(评分为 1):老年人口(65 岁以上)占总人口比例低于社区平均水平,或者老年人口比例虽然高于社区平均水平,但社区有完善的老年人关爱服务和支持体系;社区健全人口占比较高,大多数人身体健康无明显缺陷,生活自理能力较强,适应环境的能力较好;大专及以上学历人口比例在 10%以上的,表示该社区的受教育程度较高,有较为充足的教育资源,文化氛围浓厚; 低(评分为 0):老年人口(65 岁以上)占总人口比例高于社区平均水平,并且缺乏完善的老年人关爱服务和支持体系;社区健全人口占比较低,相当一部分人身体有一定缺陷或疾病,需要较多关爱和照顾,生活自理能力相对较差;大专及以上学历人口比例低于 10%的,表示该社区的受教育程度较低,可能存在教育资源匮乏、文化氛围不浓等问题	1	1

续表

序号	一级指标	二级指标	三级指标	测量方法	评分细则	总分	得分
19	包容性	社区幸福	医疗服务	社区人均拥有的医疗资源	高等级(评分为3):社区医疗资源充足,人均医疗服务水平较高,医疗设备先进、医疗技术水平较高,医疗机构管理规范,医护人员素质高,医疗服务体验较好; 中等级(评分为2):社区医疗资源一般,医疗服务水平一般,医疗设备较为普及,医疗技术一般,医疗机构管理一般,医护人员素质中等,医疗服务体验一般; 低等级(评分为1):社区医疗资源匮乏,人均医疗服务水平较低,医疗设备较为简陋,医疗技术水平较低,医疗机构管理不规范,医护人员素质较低,医疗服务体验较差	3	3
20	包容性	社区幸福	教育培训	是否有应急培训与宣传教育	满足(评分为2):有; 不满足(评分为0):没有	2	2

表 16-5 灾时反应力评估——以帝湖花园小区为例

序号	一级指标	二级指标	三级指标	测量方法	评分细则	总分	得分
1	有效性	组织能力	各级应急管理部门响应机制	应急值守是否展开到位	应急值守人员安排妥当,到位及时(评分为2); 应急值守人员未安排妥当,未及时到位(评分为0)	2	2
2	有效性	组织能力	各级应急管理部门响应机制	是否迅速展开会商研判	迅速展开会商研判(评分为2); 未迅速展开会商研判(评分为0)	2	0
3	有效性	组织能力	转移能力	是否具备详细的人员快速转移的应急预案	优秀(评分为5):社区具有完备的应急预案和严格的执行程序,人员转移流程清晰明确,转移速度快,转移安全有保障,同时还具备对弱势群体的特殊照顾措施,如老年人、残疾人等; 良好(评分为3):社区具备基本的应急预案和执行程序,人员转移流程相对清晰,转移速度较快,转移安全性基本有保障,但可能存在部分薄弱环节,如对弱势群体的照顾措施还需加强; 一般(评分为1):社区缺乏应急预案和执行程序,人员转移流程不清晰,转移速度慢,转移安全性不足,可能存在严重的安全隐患和对弱势群体的忽视现象	5	3
4	有效性	组织能力	各级应急管理部门响应机制	是否具有完备的应急管理部门响应机制	优秀(评分为5):具有完备、有效、及时的应急管理部门响应机制,能够在突发事件发生后快速采取行动; 一般(评分为3):应急管理部门响应机制存在不足之处,可能存在反应时间长、资源配置不足等问题; 差(评分为1):应急管理部门响应机制严重缺失或不完备,无法有效应对突发事件,存在严重安全隐患	5	3

续表

序号	一级指标	二级指标	三级指标	测量方法	评分细则	总分	得分
5	有效性	组织能力	应急资源调配	针对灾情和救援需要，可调配的应急资源，包括人员、物资、设备等	高水平(评分为 5)：应急资源调配计划详细，考虑到各种可能出现的灾情和需求，且具备灵活性和实施性。各种应急资源配备齐全，可快速调配到灾区，并能够满足救援和救助需求。 中等水平(评分为 3)：应急资源调配计划较为完善，但可能存在一些缺陷和漏洞，需要不断完善和更新。各种应急资源基本齐备，但可能存在一些缺乏或不足的情况，需要加强调配能力。 低水平(评分为 1)：应急资源调配计划不够完善，存在较大的漏洞和不足，需要大力改进和完善。各种应急资源缺乏或不足，难以满足救援和救助需求	5	3
6	有效性	组织能力	应急响应协调效果	应急响应部门之间的协作和沟通效果	优秀(评分为 3)：应急响应部门之间协作默契、沟通顺畅，能够迅速协调资源和行动，有效地应对自然灾害； 良好(评分为 2)：应急响应部门之间协作较为紧密、沟通比较顺畅，能够较快协调资源和行动，比较有效地应对自然灾害； 一般(评分为 1)：应急响应部门之间协作和沟通存在不足，调配资源和行动相对较慢，应对自然灾害效果一般	3	2
7	适应性	反应力	常备紧急能力	消防救灾点设置情况	高级别(评分为 5)：社区内设置有环形消防车道，消防车道的净宽度和净高度大于 4 m，建有多个消防救灾站点和避难场所，并且常备大量的救灾物资和装备； 中级别(评分为 3)：社区内设置的环形消防车道或消防车道的净宽度和净高度小于 4 m，建有一定数量的消防救灾站点和避难场所，并且常备一定数量的救灾物资和装备； 低级别(评分为 1)：社区内并未设置有环形消防车道或消防车道，社区内消防救灾站点和避难场所数量较少，救灾物资和装备储备不足	5	3
8	适应性	反应力	志愿者组织	参与救灾志愿工作人口数	高(评分为 3)：社区拥有大量参与救灾志愿工作的人员，组织紧密，配合度高，且志愿者的救灾能力较强； 低(评分为 1)：社区参与救灾志愿工作的人员数量较少，组织较为松散，配合度较低，且志愿者的救灾能力较弱	3	3
9	适应性	反应力	救援行动效率	救援队伍响应时间、洪涝灾害处置的效率	高效率(评分为 5)：救援队伍响应时间短，救援行动高效，能够快速救助灾区群众，减少灾害损失； 一般效率(评分为 3)：救援队伍响应时间较长，处置洪涝灾害相对缓慢，但能够最终完成任务，对灾区群众提供救援和援助； 低效率(评分为 1)：救援队伍响应时间长，处置洪涝灾害缓慢，不能快速有效地完成任务，导致灾区群众得不到及时救援和援助，增加了灾害损失	5	3

续表

序号	一级指标	二级指标	三级指标	测量方法	评分细则	总分	得分
10	适应性	反应力	疏散速度	在灾害中有计划、有序、安全地撤离社区居民的速度和效果	优秀(评分为5):社区居民在面对自然灾害时,有完善的疏散预案和高效的疏散组织。社区居民疏散有序,疏散速度快,没有发生人员伤亡事件。 良好(评分为3):社区居民在面对自然灾害时,有基本的疏散预案和疏散组织。社区居民能够有计划、有序、安全地撤离,但疏散速度较慢,可能存在一些人员伤亡事件。 较差(评分为1):社区居民在面对自然灾害时,缺乏完善的疏散预案和疏散组织。疏散时缺乏有序性和安全性,疏散速度较慢,可能导致较多的人员伤亡事件发生	5	3

表 16-6　灾后恢复力——以帝湖花园小区为例

序号	一级指标	二级指标	三级指标	测量方法	评分细则	总分	得分
1	有效性	组织能力	有效捐赠	政府、民间捐款金额数	优秀(评分为4分):政府和民间捐款金额数均非常高,足以支持救援和重建工作,且有完善的资金使用计划和监管机制,确保资金使用合理、透明、公正; 良好(评分为2分):政府和民间捐款金额数较高,能够支持救援和重建工作,但可能存在部分资金使用不透明、管理不到位等问题; 一般(评分为1分):政府和民间捐款金额数较少,难以支持救援和重建工作,或者存在严重的资金使用不透明、管理不到位等问题	4	4
2	有效性	恢复力	恢复工作进度	重建和修复工作的进度和质量	优秀(评分为4分):在受灾后,灾区内的基础设施和生产生活秩序能够快速得到恢复,受灾群众的基本生活需要能够得到保障,经济和社会发展的进程能够逐步恢复正常; 一般(评分为2分):受灾后,灾区内的基础设施和生产生活秩序恢复较慢,受灾群众的基本生活需要得不到充分保障,经济和社会发展的进程受到一定影响	4	2
3	有效性	恢复力	社区居民参与度	指社区居民参与恢复重建的程度和效果	高参与度(评分为3分):社区居民在自然灾害发生时能够积极参与或自发组织应急响应和恢复工作; 低参与度(评分为1分):社区居民在自然灾害发生时参与应急响应和恢复工作的积极性较低,缺乏自我保护意识和协助救援的意愿	3	1

续表

序号	一级指标	二级指标	三级指标	测量方法	评分细则	总分	得分
4	有效性	恢复力	恢复工作质量	恢复工作后的环境、设施和基础设施的质量和安全性	高(评分为 3 分):恢复工作有条不紊,工作进展顺利,质量得到保证,受灾地区的基础设施和生产生活条件得到有效恢复; 中(评分为 2 分):恢复工作有一定进展,但存在一些困难和问题,部分受灾地区的基础设施和生产生活条件得到改善,但整体恢复效果不够理想; 低(评分为 1 分):恢复工作进展缓慢,存在较多问题和难点,受灾地区的基础设施和生产生活条件得不到有效恢复	3	2
5	所有权	评估力	洪水风险因素	预警的准确性	对降雨量的估计偏差不超过 10 mm(评分为 3); 对降雨量的估计偏差不超过 50 mm(评分为 2); 对降雨量的估计偏差大于 50 mm(评分为 1)	3	1
6	包容性	社区幸福	教育培训	是否有定期的防灾减灾教育与培训项目	满足(评分为 1):有; 不满足(评分为 0):没有	3	3

第 17 章　总结与展望

17.1　总结

近年来极端天气事件频发，洪涝灾害越来越严重。面对突如其来的城市暴雨洪涝灾害，迫切需要新时代洪涝应急管理工作的理论和方法指导，支撑城市地区迅速开展洪涝灾害应对工作评估，服务于城市地区洪涝灾害综合应急管理。

本书上篇详细梳理了河南郑州“7 · 20”特大暴雨灾害、2019 年 6 月上中旬广西、广东、江西等 6 省（区）洪涝灾害、2020 年 7 月长江淮河流域特大暴雨洪涝灾害、2022 年 6 月珠江流域性洪水、2008 年南方低温雨雪冰冻灾害、2018 年台风“山竹”以及 2017 年台风“天鸽”灾害等重特大灾害的应对措施，包括受灾害事件基本情况、灾害应对过程、经验教训等。同时对郑州“7 · 20”特大暴雨灾害进行了舆情过程分析与亡人事件推演。同时对比分析了国内外典型洪涝灾害事件应对案例，从预防与应急准备、监测与预警、应急处置与救援、亡人事件预防、灾后恢复与重建、经验与教训七个方面提取了我国典型洪涝灾害事件应对过程，并提取了共性做法措施。

本书下篇首先从灾害调查评估工作的概念、目的、要求、内容（对象及指标体系）、机制、技术方法、工作组织与实施、报告构成与使用等方面开展综合研究，研究灾害调查评估工作的内容体系、技术方法体系、组织实施体系等。制定了灾害调查评估 67 个一级指标内容，主要包括灾害基本情况指标（3 个）、预防与应急准备指标（25 个）、监测与预警指标（8 个）、应急处置与救援指标（23 个）以及灾后恢复与重建指标（8 个）。

进一步在洪涝灾害应对案例分析报告基础上，基于灾害调查评估工作技术报告中内容，结合我国洪涝灾害应对工作现状，针对预防与应急准备、监测与预警、应急处置与救援、恢复重建等不同阶段应对工作，全面梳理了针对洪涝灾害调查评估工作的内容体系。重点梳理了洪涝灾害调查评估指标体系，包括灾害基本情况（2 个一级指标、45 个二级指标）、预防与应急（27 个一级指标、66 个二级指标）、监测与预警（8 个一级指标、23 个二级指标）、应急处置与救援（17 个一级指标、38 个二级指标）、灾后恢复重建（8 个一级指标、18 个二级指标），共计 62 项一级指标和 190 项二级指标。

最后针对洪涝灾害应对工作调查评估指标体系，开展了拓展研究，以社区为最小单元，耦合以社区为基础的灾害风险管理（CBDRM）方法以及洪涝过程中的物理与社会经济因素，针对预防与应急准备、监测与预警、应急处置与救援、恢复重建等不同阶段应对工作，全面梳理并提出了以社区为基础的洪涝灾害应对工作评估指标体系及评估技术方法。同时对章节内容中形成的可软件化的评估指标体系以河南郑州“7 · 20”特大暴雨灾害为典型案例进行了示范应用。

17.2　展望

随着全球气候变化和城市化进程的加快，自然灾害的频率和强度明显增加，导致的损失和影响也日益严重。提高灾害应对调查评估技术的准确性和时效性，提升应对能力和减少灾害带来的损失，始终是灾害管理和应急响应的重要研究方向。为了加快实现这一目标，需要在灾害应对调查评估的技术和方法上进行系统化的研究和创新，特别是在以下五个方面：完善灾害调查评估指标获取技术、利用社交媒体赋能灾害应对、推动基于社区的灾害风险管理方法、加强针对实际场景的技术验证，以及开展更多重大灾害调查评估方法的共性对比和借鉴。

(1)完善灾害调查评估指标获取技术

为完善灾害应对调查评估指标应用，遥感调查、GIS分析、数字孪生及人工智能等先进技术将在其中发挥重要作用。

遥感技术因其宏观、快速、全天候和多波段监测能力，在灾害调查评估中发挥重要作用。例如通过对比监测灾害发生前后的变化，评估灾害对建筑物、基础设施以及自然环境的影响等。高分辨率遥感卫星的应用进一步提高了对灾害监测的精度和时效性。例如，合成孔径雷达(SAR)技术在任何天气条件下均可获取地表变化信息，有助于提高洪涝、地震等灾害的快速响应能力。

GIS分析通过强大的空间数据处理能力，使得灾害评估更加精细化，在灾害数据管理、分析和可视化方面具有显著优势。未来，随着大数据和云计算技术的发展，GIS将实现灾害数据的高效处理和实时分析。通过构建三维GIS模型，可以更直观地模拟和分析灾害场景，为灾害应对提供科学依据。此外，多源数据融合技术的发展，例如遥感数据，结合地形、人口分布、交通网络等多源信息，进行灾害风险评估和制图，有助于识别高风险区域，优化灾害应急预案，提高灾害响应的针对性和有效性，促使GIS在灾害风险评估和应急决策中发挥更大作用。

数字孪生技术通过构建物理世界的数字镜像，使得我们可以在不影响现实世界的情况下，实现对复杂系统的全面监测和模拟。数字孪生技术对于理解灾害发展机理、评估潜在影响、制定应对策略具有重要意义。未来，数字孪生技术将通过创建虚拟灾害场景，实时监控灾害发展情况，并进行应急预案的模拟和演练，服务于灾害应对调查评估指标的落地应用。

人工智能(AI)技术的发展提升了数据的智能化处理和模式识别能力，在灾害数据分析、预测等中具有巨大应用潜力。机器学习和深度学习算法能够处理海量数据，自动识别灾害模式，预测灾害风险，评估灾害损失等。AI技术在图像识别、自然语言处理和智能决策支持等领域的应用，将显著提高灾害应对调查评估指标应用的速度和准确性。

这些技术的不断进步和深度融合，将显著提升灾害调查评估指标获取的精度和效率。通过融合遥感数据、GIS空间分析、数字孪生模拟和AI智能算法等，实现全面、动态、实时更新的灾害应对调查评估系统。这样的系统不仅能够提供灾害发生时的快速响应，还能在灾害发生前提供风险预警，灾害发生后提供损失评估和恢复建议，从而全面提升防灾减灾救灾的能力。未来，需要进一步加大对这些前沿技术在灾害调查评估指标获取的研究和投入，推动灾害调查评估技术的持续发展和跨学科融合，以应对日益复杂和严峻的灾害风险挑战。

(2)社交媒体赋能灾害应对调查评估

社交媒体在灾前灾后舆情的研究中发挥了重要作用，特别是在收集公众对灾害的关注、情绪变化和救援需求方面。通过分析社交媒体数据，可以及时了解公众的关注点和需求，从而调整应急响应策略。例如，在郑州“7·20”特大暴雨灾害中，研究者利用新浪微博的数据，分析了灾害期间的舆情信息。使用 Python 网络爬虫技术，收集微博文本数据并进行过滤处理，通过 LDA(Latent Dirichlet Allocation)模型提取舆情主题，识别出公众情绪、求援信息、援助信息、天气预报、官方通报和交通情况六大主题。这些主题的分析不仅揭示了公众对灾害的反应，也为制定救援和应急策略提供了参考。

在未来，社交媒体数据分析技术在灾害调查评估中的应用将更加广泛和深入。随着自然语言处理和机器学习技术的发展，数据处理和分析的效率和准确性将进一步提高。例如，使用更先进的情感分析算法可以更精准地捕捉公众情绪变化，使用图神经网络(Graph Neural Networks)分析社交网络中的信息传播路径和模式等。进一步结合地理信息系统(GIS)技术，实现灾害信息的时空分布分析，为灾害响应提供更全面的支持。

同时，涉及社交媒体数据处理分析过程中的方法，如数据收集与预处理、主题模型的应用、时空分布分析等，这些方法不仅适用于洪涝灾害，也可应用于其他类型的自然灾害。在不同灾害事件中，公众情绪和需求的变化规律、信息传播的特点是积累和共享的宝贵知识。建立统一的数据处理和分析框架，有助于不同灾害事件间的数据比较和知识共享。

(3)基于社区的灾害风险管理方法应用

基于社区的灾害风险管理方法在实践中有广泛的应用前景。通过优化指标体系和提升数据获取能力，可以更准确地评估和预测灾害风险，制定更有效的应对措施。在灾害发生前，社区可以通过风险评估和减灾规划，减少潜在的灾害损失；在灾害发生后，社区可以通过快速响应和互助合作，提升救援效率和恢复速度。基于社区的方法还可以促进社区的社会凝聚力和自我管理能力，增强社区的整体韧性。

如何扩大基于社区的灾害风险管理方法的应用尺度仍是一个重要课题。未来可从以下两方面重点实现，首先，社区间的合作与互助可以增强整体应对能力，通过建立社区网络，实现信息和资源的共享。例如，社区可以组织跨社区的减灾演练和培训，促进经验交流和能力提升。其次，政府和非政府组织应支持和推动社区级别的减灾活动，提供必要的资源和技术支持。

为了更好地评估和管理社区的灾害风险，还需要优化现有的指标体系。这些指标不仅应涵盖基础设施和经济损失等传统指标，还应包括社会资本、社区参与度、应急响应能力等社会指标。此外，还需引入动态指标，反映灾害发生后社区的恢复速度和恢复能力。通过这些优化指标，可以更全面地评估社区的减灾能力和脆弱性，为决策提供依据。

数据获取是灾害风险管理的基础。在社区灾害风险管理中，提升数据获取能力，未来可以通过以下几种途径实现：一是利用现代技术手段，如遥感、无人机等，快速获取灾害现场的实时数据；二是加强社区的监测和报告系统，鼓励居民参与灾害信息的收集和报告；三是与科研机构和数据提供商合作，共享和整合多源数据，提高数据的全面性和准确性。

(4)加强针对实际场景的调查评估技术验证

由于缺少基于大量案例实证的重大灾害调查评估指标体系，导致系统的重特大灾害调查评估工作无法有效开展。开展基于实证的重特大灾害应对调查评估指标体系验证研究，研发和验证快速灾害评估技术，形成一套高效、科学、实用的灾前、灾中、灾后评估体系，支持未来重大灾害快速调查评估工作，是提升防灾减灾能力的迫切需求。例如：可以结合重要城市周边的典型地区，结合其特定的地形条件和频发的自然灾害，选为灾害调查评估技术验证的重要试验场。通过这些地区的实地验证和技术优化，不仅可以提升该地区的防灾减灾能力，还能为其他地区提供科学和可靠的技术支撑，推动灾害应对调查评估技术的持续发展和应用。具体研究内容可以包括但不限于：研制科学、系统的灾害应急评估指标体系，涵盖灾害监测、应急响应、损失评估、恢复重建等方面；通过空-天-地-人-网等多维度多模态数据，提升多源实时灾害信息获取能力，实现评估过程的全面数字化，模拟各种复杂的灾害场景，测试和验证指标、技术、方法的实用性和有效性；构建快速灾害评估技术验证场，利用数字孪生、遥感、无人机监测、大数据分析等先进技术，精准重建三维地表信息，构建数字化的灾害模拟和评估平台。这些研究和应用不仅能够显著提升灾害调查评估的精准度和时效性，还将为灾害风险评估和应急管理提供更加科学和可靠的技术支撑。

(5)开展更多重大灾害调查评估做法的共性对比和借鉴

在开展重大灾害调查评估的共性对比和借鉴研究中，未来仍然需要对灾害应对过程、灾害应对措施的共性提取、灾害调查评估的理论和技术方法等开展更深入的分析与研究，并不断更新全球典型灾害案例研究库。例如，2023年全球多地发生严重洪水灾害，土耳其和叙利亚遭遇“双震型”地震引发洪水，造成重大人员伤亡和经济损失；利比亚因飓风“丹尼尔”引发的洪水损毁大量建筑物，并造成伤亡，突显了暴雨-洪涝和暴雨-地质灾害链的全球监测预警重要性；印度和巴基斯坦因持续暴雨引发洪水和次生灾害，造成400多人死亡，超过27万人受影响。这些案例凸显了急需借鉴全球成功经验和策略、提取有效做法的必要性与重要性。因此，未来的研究中，依然需要对不同地区的灾害应对措施进行共性提取，以提供更具有实践意义的灾害风险管理决策支持。

参考文献

安雪，杨跃，王井腾，等，2023. 珠江水旱灾害防御“四预”平台建设与应用[J]. 水利信息化(4)：14-19.

长江水文情报预报中心，2020. 2020 年长江流域重要水雨情报告第 24 期(2020071308)[EB/OL]. (2020-07-13)[2020-07-13]. http://www.cjh.com.cn/article_2313_238803.html.

陈海亮，钟谢非，劳汉琼，等，2022. 2019 年雷州半岛首场暴雨过程分析[J]. 广东气象，44(4)：11-15.

陈淑琴，李英，范悦敏，等，2021. 台风“山竹”(2018)远距离暴雨的成因分析[J]. 大气科学，45(3)：573-587.

陈学秋，杜勇，付宇鹏，2022. 2022 年珠江流域暴雨洪水特点分析[J]. 中国水利，22：28-32.

陈梓，罗年学，高涛，2016. 基于 VGI 的台风灾情评估研究[J]. 测绘与空间地理信息，39(10)：33-34，39.

程雪蓉，2020. 鄱阳湖水系“2019.06”暴雨洪水分析[J]. 江西水利科技，46(4)：276-279.

崔静思，2022. 台风“山竹”期间粤北降水水汽来源解析[J]. 农业灾害研究，12(7)：130-133.

丁一汇，王遵娅，宋亚芳，等，2008. 中国南方 2008 年 1 月罕见低温雨雪冰冻灾害发生的原因及其与气候变暖的关系[J]. 气象学报，5：808-825.

杜海信，黄式琳，李建平，等，2006. 秋末冬初的一场雨凇天气过程分析[J]. 吉林气象(1)：28-31.

鄂竟平，2020. 鄂竟平：坚持人民生命高于一切坚决打赢防汛抗洪硬仗[EB/OL]. (2020-08-21)[2020-08-21]. https://www.gov.cn/xinwen/2020-08/21/content_5536425.htm.

冯德花，牛法宝，张蕾，2021. 台风“山竹”和“天鸽”对云南降水天气影响分析[J]. 中低纬山地气象，45(2)：28-34.

甘琳，甘偲凤，潘江萍，等，2020. 台风“山竹”引起的华南地区降水过程分析[J]. 广东气象，42(6)：15-19.

高辉，陈丽娟，贾小龙，等，2008. 2008 年 1 月我国大范围低温雨雪冰冻灾害分析Ⅱ. 成因分析[J]. 气象，34(4)：101-106.

国家发展和改革委员会，2019. 关于印发《关于做好特别重大自然灾害灾后恢复重建工作的指导意见》的通知[EB/OL](2019-11-27)[2019-11-28]. https://www.gov.cn/xinwen/2019-11/28/content_5456597.htm.

国家发展和改革委员会，2022. “十四五”水安全保障规划[EB/OL]. (2022-01-11)[2022-01-11]. https://www.ndrc.gov.cn/xxgk/zcfb/ghwb/202201/t20220111_1311773.html.

国家减灾委员会，2022. “十四五”国家综合防灾减灾规划：国减发〔2022〕1 号[Z]. 北京：中华人民共和国应急管理部.

国家减灾委员会，科学技术部-抗震救灾专家组，2008. 汶川地震灾害综合分析与评估[M]. 北京：科学出版社.

国家减灾中心，2019. 南方 6 省份洪涝灾害致 179 个县(市、区)受灾[EB/OL]. (2019-07-10)[2019-07-10]. https://www.ndrcc.org.cn/zxzq/12059.jhtml.

国家卫星气象中心，2017. 台风“天鸽”气象卫星云图[EB/OL]. (2017-11-05)[2017-11-05]. https://www.cma.gov.cn/2011xzt/2018zt/20180112/2018011207/201708/t20170823_3128213.html.

国务院办公厅，2022. 国家防汛抗旱应急预案：国办函〔2022〕48 号[Z]. 北京：中华人民共和国中央人民政府.

国务院灾害调查组，2022. 河南郑州“7·20”特大暴雨灾害调查报告[R]. 国务院灾害调查组：46.

何溪澄，丁一汇，何金海，2008. 东亚冬季风对 ENSO 事件的响应特征[J]. 大气科学，32(2)：335-344.

何振锋，王川妹，2014. 社区为基础的灾害风险管理：特点、功能与步骤[J]. 中国减灾，13：42-46.

侯贵兵，王保华，黄锋，等，2022. 珠江“22·6”特大洪水水工程联合调度实践与思考[J]. 中国水利，22：36-38.

胡璐，2020. 2020 年淮河发生流域性较大洪水[EB/OL]. (2020-07-27)[2020-07-27]. http://henan.china.com.cn/tech/2020-07/27/content_41233761.htm

胡智丹,朱春子,田丹,等,2023.珠江流域2022年暴雨洪水分析[J].中国农村水利水电(8):41-45.

黄锋,侯贵兵,李媛媛,2023.珠江流域水工程联合调度方案实践与思考——以2022年大洪水为例[J].人民珠江,44(5):10-17.

黄海峰,林海玉,吕奕铭,等,2017.基于小型无人机遥感的单体地质灾害应急调查方法与实践[J].工程地质学报,25(2):447-454.

黄姝伦,2019.南方八省遭遇强降雨450万人受灾损失超百亿[EB/OL].(2019-06-12)[2019-06-12]. https://science.caixin.com/2019-06-12/101426081.html

黄晓媛,杨安华,2023.国际社区灾害风险管理研究的知识图谱与热点前沿——基于Web of Science(2001—2022)的文献计量分析[J].中国应急管理科学(9):78-94.

纪忠萍,源艳芬,徐艳虹,等,2021.2019年广东前汛期连续暴雨与大气季节内振荡的联系[J].大气科学,45(3):588-604.

蒋建莹,廖蜜,2019.风云气象卫星监测图像展示台风“山竹”的演变过程[J].卫星应用(1):46-49.

寇勇,2020.突破历史水位,江西告急!如何科学防范第二波洪水?[EB/OL].(2020-07-16)[2020-07-16]. https://baijiahao.baidu.com/s?id=1672363571008070460&wfr=spider&for=pc.

李典利,施李宁,吴雯琳,2022.古城洪灾 八方驰援——洪水灾害下的福建松溪现场目击[EB/OL].(2022-06-26)[2022-06-26]. https://mp.weixin.qq.com/s?__biz=MzI2MDQxMjMyNw==&mid=2247667017&idx=2&sn=8c5e5ec91a5d42c669de22640f7d1e34&chksm=ea660b81dd11829713afe9b0c2b2db01461a70c3607a851db4a054a8598d98b318651934a2ea&scene=27

李汉浸,王运行,张相梅,等,2009.濮阳高新区洪灾城市经济损失评估[J].气象,35(1):97-101.

李宁,唐川,卜祥航,等,2020.“5·12”地震后汶川县泥石流特征与演化分析[J].工程地质学报,28(6):1233-1245.

李晰睿,佀庆民,郭昕曜,等,2022.国家中心城市应急管理体系建设对策研究——以郑州市为例[J].郑州航空工业管理学院学报,40(5):43-49.

李选栋,申国朝 2013.郑州市京广北路隧道设计综述[J].城市道桥与防洪(7):344-347,327.

李勋琦,黄晴,尹仑,2024.在气候变化背景下以社区为基础的灾害风险管理理论研究[J].灾害学,39(3):148-152.

李争和,王保华,李媛媛,等,2022.“四预”措施在贺江流域“22·6”洪水防御中的应用与思考[J].中国水利,22:55-57,61.

林舟,张孙川,毕蔚然,等,2022.福建松溪发生有记录以来最大洪水 沿河乡镇部分区域被淹[EB/OL].(2022-06-19)[2022-06-19]. https://content-static.cctvnews.cctv.com/snow-book/index.html?item_id=1549359763163287679.

刘朝辉,2017.小型无人机遥感平台在摄影测量中的应用[J].工程技术研究(6):142-143.

刘美玉,2022.自然灾害调查评估现状与展望[J].中国减灾(5):20-23.

刘文斌,孔锋,2023.自然灾害调查评估研究的理论与实践[J].水利水电技术(中英文),54(12):51-63.

刘晓腾,2018.基于GIS的静宁县滑坡地质灾害危险性评价[D].北京:中国地质大学.

刘新,黎云,侯松松,2020.洪水不退,子弟兵誓死不退——解放军和武警部队官兵参与洪涝灾害抢险救援记事[EB/OL].(2020-07-16)[2020-07-16]. https://baijiahao.baidu.com/s?id=1672293067748582634&wfr=spider&for=pc.

刘振东,2020.广东省台风“山竹”应急管理案例研究[D].兰州:兰州大学.

龙岗区应急管理,2023.总体是“天灾”,具体有“人祸”:回顾郑州“7.20”特大暴雨灾害事件,警钟长鸣![EB/OL].(2023-08-11)[2023-08-11]. https://mp.weixin.qq.com/s?__biz=MzU5MDk0OTE3Mg==&mid=2247522867&idx=1&sn=6b1e84fd10918bb2a2d37b1c0feb0fde&chksm=fe34a468c9432d7ee8bb43d51683eebec2bbd52aaa2fb029c1d300d793cfd0a02b68e4ebb9e4&scene=27.

孟英杰，王孝慈，王继竹，等，2021. 2020 年夏季长江流域异常暴雨洪涝气象特征分析[J]. 气候变化研究快报，10(4)：325-326.

钮学新，杜惠良，滕代高，等，2010. 影响登陆台风降水量的主要因素分析[J]. 暴雨灾害，29(1)：76-80.

农财宝典，2022. 损失超亿元！特大洪水袭击广东水产养殖！北江超级洪水已超百年一遇！全国 113 条河流发生洪水[EB/OL]. (2022-06-22)[2022-06-22]. https://www.163.com/dy/article/HAGBCO9B0514D0GJ.html.

覃丽，吴启树，曾小团，等，2019. 对流非对称台风"天鸽"(1713)近海急剧增强成因分析[J]. 暴雨灾害，38(3)：212-220.

钱燕，卢康明，张尹，等，2022. 珠江"2022.6"流域性较大洪水分析[J]. 中国防汛抗旱，32(10)：53-56，61.

钱燕，卢康明，陈学秋，等，2023. 珠江流域"2022.6"暴雨洪水复盘分析[J]. 中国防汛抗旱，33(1)：22-26.

邱慧，怡洁，铭泽，2021. 绝命隧道：京广路隧道的至暗时刻[EB/OL]. (2021-07-23)[2021-07-23]. https://baijiahao.baidu.com/s? id=1706074744463202132&wfr=spider&for=pc.

人民网，2023. 发改委：四方面着手切实做好灾后恢复重建工作[EB/OL]. (2020-09-03)[2020-09-03]. http://finance.people.com.cn/n1/2020/0903/c1004-31848508.html.

任梅梅，2020. 淮河流域蒙洼蓄洪区及周边水体面积略有缩小[EB/OL]. (2020-07-22)[2020-07-22]. https://www.thecover.cn/news/4827821.

任永存，张韧，张永生，等，2023. 基于贝叶斯网络的"郑州暴雨地铁灾害事件"情景分析与仿真推演[J]. 大气科学学报，46(6)：904-916.

任智博，付小莉，李南生，2019. 城市防涝风险分析研究——以武汉光谷中心城为例[J]. 土木工程，8(2)：11.

日本气象厅，2008. Global sea surface temperature fluctuations(January 2008)[EB/OL]. (2008-02-15)[2008-02-15]. https://www.data.jma.go.jp/kaiyou/data/db/climate/archive/b_1/glb_sst/2008/01/glb_sst.html.

闪淳昌，2019. "天鸽"台风的应对与启示[J]. 劳动保护(9)：39-41，38.

闪淳昌，张云霞，等，2021. 重大灾害应对调查评估与应急管理体系建设：以澳门应对"天鸽"台风灾害实践为例[M]. 北京：应急管理出版社.

上海市国防动员办公室，2020. 回眸：2019 年我国多省洪涝灾害严重[EB/OL]. (2020-05-12)[2020-05-12]. https://gfdy.sh.gov.cn/fkfz/512fzjzrxczl/20200512/7587082ae5f54adca77eeeaa6da7b513.html.

石勇，许世远，石纯，等，2009. 洪水灾害脆弱性研究进展[J]. 地理科学进展，28(1)：41-46.

石勇，王文华，张飞，等，2020. 中国 3A 级及以上景区地震风险评估[J]. 世界地理研究，29(3)：642-649.

史培军，李宁，叶谦，等，2009. 全球环境变化与综合灾害风险防范研究[J]. 地球科学进展，24(4)：428-435.

水利部网站，2020. 长江太湖淮河流域降雨持续 水利部进一步部署洪水应对工作[EB/OL]. (2020-07-11)[2020-07-11]. https://www.tba.gov.cn/slbthlyglj/gzbs/content/10f377e3-5845-4a7d-9b84-c932a3025010.html.

宋利祥，刘培，贾文豪，等，2022a. 北江流域 2022 年 6 月洪水与 1915 年 7 月洪水对比初探[J]. 中国水利，15：21-23.

宋利祥，刘培，贾文豪，等，2022b. 与 107 年前对比，今年 6 月北江流域洪水有何不同？[EB/OL]. (2022-07-14)[2022-07-14]. https://mp.weixin.qq.com/s/u3lpvXcg-IJuEjzW8p_d-w.

苏凯，程昌秀，N. MURZINTCEV，等，2019. 主题模型在基于社交媒体的灾害分类中的应用及比较[J]. 地球信息科学学报，21(8)：1152-1160.

孙劭，王东阡，尹宜舟，等，2018. 2017 年全球重大天气气候事件及其成因[J]. 气象，44(4)：556-564.

涂金良，罗庆锋，刘海洋，2021. "天鸽"和"山竹"台风沿海部分海堤损毁调查及对策分析[J]. 广东水利水电(5)：12-16，39.

王宝恩，2022. 坚持人民至上守护珠江安澜——珠江委全力抗击珠江"22·6"特大洪水[J]. 中国水利，22：5-7.

王东海，柳崇健，刘英，等，2008. 2008年1月中国南方低温雨雪冰冻天气特征及其天气动力学成因的初步分析[J]. 气象学报，66(3)：405-422.

王健，2022. 江西玉山：全力推进灾后重建[EB/OL]. (2022-07-04)[2022-07-04]. https://baijiahao.baidu.com/s?id=1737387988342257905&wfr=spider&for=pc.

王俊，孙军胜，2021. 洪水：刻在长江记忆里的伤痕[J]. 中国三峡(3)：24-36.

王立新，2022. 防御"22·6"北江特大洪水经验启示[J]. 中国水利，22：8-10.

王凌，高歌，张强，等，2008. 2008年1月我国大范围低温雨雪冰冻灾害分析Ⅰ. 气候特征与影响评估[J]. 气象，34(3)：95-100.

王森，肖渝，黄群英，等，2018. 基于社交大数据挖掘的城市灾害分析——纽约市桑迪飓风的案例[J]. 国际城市规划，33(4)：84-92.

王珊珊，2012. 郑州市住宅区水体景观规划设计研究——以帝湖花园西王府为例[J]. 商业文化(上半月)(4)：298.

王绍武，2008. 中国冷冬的气候特征[J]. 气候变化研究进展，4(2)：68-72.

王晓雅，2021. 2021年7月20日河南暴雨事件的降雨过程及危险性评估分析[EB/OL]. (2021-07-23)[2021-07-03]. https://mp.weixin.qq.com/s/l7LmjsNg-7BfQZrokbaRcw.

王艳东，李昊，王腾，等，2016. 基于社交媒体的突发事件应急信息挖掘与分析[J]. 武汉大学学报(信息科学版)，41(3)：290-297.

王振亚，姚成，董俊玲，等，2022. 郑州"7·20"特大暴雨降水特征及其内涝影响[J]. 河海大学学报(自然科学版)，50(3)：17-22.

王政淇，2017. 解放军首次在澳门地区救灾纪实：祖国始终是坚强后盾[EB/OL]. (2017-08-29)[2017-08-29]. http://military.people.com.cn/n1/2017/0829/c1011-29500123.html.

吴坤，2021. 淮河流域近百年来五次特大洪涝灾害纪实[N/OL]. 盱眙日报，2021-04-20. http://www.xyrb-szb.com/Article/index/aid/4670991.html.

吴乐平，黄光胆，侯贵兵，等，2022. 大藤峡水利枢纽"22·6"洪水防洪调度与效果分析[J]. 中国水利，22：47-50.

吴志强，2018. 引入小型无人机遥感的地质灾害现场勘查的关键技术以及设计方法[J]. 世界有色金属(9)：223-224.

新华社，2023. 中共中央 国务院印发《国家水网建设规划纲要》[EB/OL]. (2023-05-25)[2023-05-25]. https://www.gov.cn/zhengce/202305/content_6876215.htm.

新京报，2020. 洪水为何这么大？院士王浩谈2020年长江流域防汛[EB/OL]. (2020-07-22)[2020-07-22]. https://baijiahao.baidu.com/s?id=1672892564566365947&wfr=spider&for=pc.

新浪网，2020. 卫星监测显示鄱阳湖主体及附近水域面积达近10年最大[EB/OL]. (2020-07-12)[2020-07-12]. https://k.sina.com.cn/article_5182171545_134e1a99902000u6cq.html.

旭平，2020. 人民至上，无惧洪水勇突击——解放军和武警部队官兵参与洪涝灾害抢险救援纪事[J]. 雷锋(8)：15-18.

央广网，2020. 国家防办和应急管理部紧抓"六个环节"发挥"四大优势"做好防汛抗旱[EB/OL]. (2020-08-13)[2020-08-13]. https://baijiahao.baidu.com/s?id=1674902268831922990&wfr=spider&for=pc.

央视新闻，2021. 河南多地暴雨，子弟兵紧急出动抗洪抢险！[EB/OL]. (2021-07-21)[2021-07-21]. https://baijiahao.baidu.com/s?id=1705853261600906780&wfr=spider&for=pc.

杨贵名，孔期，毛冬艳，等，2008. 2008年初"低温雨雪冰冻"灾害天气的持续性原因分析[J]. 气象学报，66(5)：836-849.

杨轶，吴怡蓉，张媛，等，2022. 防大汛保安澜[N]. 中国水利报，2022-06-29：001.

姚文广，2022. 打好"组合拳"成功防御2022年珠江流域性洪水[J]. 中国水利，22：1-4.

姚玉增，任群智，李仁峰，等，2010. 层次分析法在山地地质灾害危险性评价中的应用——以辽宁凌源地区为例[J]. 水文地质工程地质，37(2)：130-134，138.

尹占娥，许世远，殷杰，等，2010. 基于小尺度的城市暴雨内涝灾害情景模拟与风险评估[J]. 地理学报，65(5)：553-562.

应急管理部，2020. 2019 年全国十大自然灾害[EB/OL]. (2020-01-12)[2020-01-12]. https://www.ndrcc.org.cn/bwdt/22360.jhtml.

应急管理部，2022a. 防灾减灾救灾工作情况[EB/OL]. (2022-05-16)[2022-05-16]. https://www.mem.gov.cn/xw/xwfbh/2022n5y16rxwfbh/fbyd_4258/202205/t20220516_413712.shtml.

应急管理部，2022b."十四五"应急救援力量建设规划：应急〔2022〕61 号[Z]. 北京：中华人民共和国应急管理部.

应急管理部，2023. 因灾倒塌、损坏住房恢复重建救助工作规范：应急〔2023〕30 号[Z]. 北京：中华人民共和国应急管理部.

臧文斌，柴福鑫，刘昌军，等，2022. 2021 年郑州"7·20"特大暴雨五龙口停车场内涝及地铁隧洞进水分析[J]. 中国防汛抗旱，32(5)：16-22.

张俊玲，何飞，王浩，2013. 灾害风险管理与灾害保险[J]. 中国减灾(1)：38-39.

张平，2008. 国务院关于抗击低温雨雪冰冻灾害及灾后重建工作情况的报告——2008 年 4 月 22 日在第十一届全国人民代表大会常务委员会第二次会议上[J]. 中华人民共和国全国人民代表大会常务委员会公报，4：487-491.

张文，2022.「图集」清远英德北江水位超警 9.96 米，党员群众万众一心战洪水[EB/OL]. (2022-06-22)[2022-06-22]. https://news.qq.com/rain/a/20220622A05S8X00.

张岩，李英冰，郑翔，2020. 基于微博数据的台风"山竹"舆情演化时空分析[J]. 山东大学学报(工学版)，50(5)：118-126.

郑国光，2008. 我国正在经历一场历史罕见低温雨雪冰冻灾害[N]. 人民日报，2008-02-04：008.

郑婧，许爱华，许彬，2008. 2008 年江西省冻雨和暴雪过程对比分析[J]. 气象与减灾研究，31(2)：29-35.

植保科学，2021. 受灾面积 75 千公顷！暴雨洪涝后农作物应该如何紧急补救？[EB/OL]. (2021-07-26)[2021-07-26]. https://baijiahao.baidu.com/s?id=1706335819054067182.

中国日报网，2022. 夜战洪水！救援力量坚守英德抗洪一线，居民安全转移[EB/OL]. (2022-06-22)[2022-06-22]. https://baijiahao.baidu.com/s?id=1736305324681453753&wfr=spider&for=pc.

中国水利网站，2020. 长江太湖淮河流域降雨持续 水利部进一步部署洪水应对工作[EB/OL]. (2020-07-10)[2020-07-10]. https://www.tba.gov.cn/slbthlyglj/gzbs/content/10f377e3-5845-4a7d-9b84-c932a3025010.html.

中国天气，2019. 今年秋季全国平均气温为 1961 年以来第三高！[EB/OL]. (2019-12-15)[2019-12-15]. https://baijiahao.baidu.com/s?id=1652960218406732377&wfr=spider&for=pc.

中国新闻网，2019. 南方洪涝灾害已致 61 死直接经济损失 133.5 亿元[EB/OL]. (2019-06-13)[2019-06-13]. https://news.sina.com.cn/c/2019-06-13/doc-ihvhiews8676070.shtml.

中国新闻网，2022a. 广东全省已有 47.96 万人受灾，直接经济损失 17.56 亿[EB/OL]. (2022-06-21)[2022-06-21]. https://jres2023.xhby.net/index/202206/t20220621_7590583.shtml.

中国新闻网，2022b. 广西 9 市 57 县出现洪涝灾害 紧急转移安置四万多人[EB/OL]. (2022-06-23)[2022-06-23]. https://sdxw.iqilu.com/w/article/YS0yMS0xMjgwOTg5Mw.html.

中新网，2019. 应急管理部：南方 8 省份持续强降雨已致 88 人死亡[EB/OL]. (2019-06-17)[2019-06-17]. https://china.huanqiu.com/article/9CaKrnKkY41.

中央气象台，2019. 又是一轮暴力降雨 南方这些地区都要小心！[EB/OL]. (2019-06-19)[2019-06-19]. https://mp.weixin.qq.com/s/a-IqIE9kaQgfiGwHpnW-iw.

中央气象台，2020a. 强降雨回归 川渝陕鄂豫皖苏浙沪等地暴雨如注[EB/OL]. (2020-07-13)[2020-07-13]. https://baijiahao. baidu. com/s? id=1672093521337502812&wfr=spider&for=pc.

中央气象台，2020b. 强降雨屡破极值 暴雨橙色预警持续鸣响[EB/OL]. (2020-07-08)[2020-07-08]. https://www. sohu. com/a/406464609_289038.

周冠博，董林，吕心艳，等，2022. 台风“海高斯”和“天鸽”快速加强成因的对比分析[J]. 气候与环境研究，27(2)：285-298.

周洪建，张卫星，2013. 社区灾害风险管理模式的对比研究——以中国综合减灾示范社区与国外社区为例[J]. 灾害学，28(2)：120-126.

ALLAIRE M C，2016. Disaster loss and social media：Can online information increase flood resilience? [J]. Water Resources Research，52(9)：7408-7423.

APEC，2009. Guidelines and best practices for post-disaster damage and loss assessment[R]. APEC Workshop on damage assessment techniques，Tndonesia-Yohyakarta，August 03-06：49.

BLEI D M，NG A Y，JORDAN M I，2003. Latent dirichlet allocation[J]. Journal of Machine Learning Research，3(Jan)：993-1022.

DEVLIN J，CHANG M-W，LEE K，et al，2018. Bert：Pre-training of deep bidirectional transformers for language understanding[J]. arXiv preprint arXiv：1810. 04805.

FEMA，2021. FEMA Preliminary Damage Assessment Guide[R]. Federal Emergency Management Agency：127.

GOODCHILD M F，GLENNON J A，2010. Crowdsourcing geographic information for disaster response：A research frontier[J]. International Journal of Digital Earth，3(3)：231-241.

QU Z，WANG J，ZHANG M，2023. Mining and analysis of public sentiment during disaster events：The extreme rainstorm disaster in megacities of China in 2021[J]. Heliyon，9：e18272.

SAKURAI M，THAPA D，2017. Building resilience through effective disaster management：An information ecology perspective[J]. International Journal of Information Systems for Crisis Response Management，9(1)：11-26.

SILLITOE P，1998. The development of indigenous knowledge：A new applied anthropology[J]. Current Anthropology，39(2)：223-252.

SLAMET C，RAHMAN A，SUTEDI A，et al，2018. Social media-based identifier for natural disaster[J]. IOP conference series：Materials science and engineering，288(2017)：012039.

WANG Z，YE X，2018. Social media analytics for natural disaster management[J]. International Journal of Geographical Information Science，32(1)：49-72.

XING Z，ZHANG X，ZAN X，et al，2021. Crowdsourced social media and mobile phone signaling data for disaster impact assessment：A case study of the 8. 8 Jiuzhaigou earthquake[J]. International Journal of Disaster Risk Reduction，58：102200.

YIN J，LAMPERT A，CAMERON M，et al，2012. Using social media to enhance emergency situation awareness [J]. Ieee Intelligent Systems，27(6)：52-59.

ZHENG F，CHEN L，ZHONG J，2011. Analysis of a tornado-like severe storm in the outer region of the 2007 super typhoon sepat[J]. Journal of Tropical Meteorology，17(2)：175-180.

附件A　应急管理部《重特大自然灾害调查评估暂行办法》

（应急〔2023〕87号）

第一章　总　则

第一条　为规范特别重大、重大（以下简称重特大）自然灾害调查评估工作，总结自然灾害防范应对活动经验教训，提升防灾减灾救灾能力，推进自然灾害防治体系和能力现代化，根据《中华人民共和国突发事件应对法》等要求，制定本办法。

第二条　本办法适用于重特大崩塌、滑坡、泥石流、森林火灾、草原火灾、地震、洪涝、台风、干旱、堰塞湖、低温冷冻、雪灾等自然灾害的调查评估。其他重特大自然灾害需要开展调查评估的，可以依照本办法组织开展。

第三条　重特大自然灾害调查评估应当坚持人民至上、生命至上，按照科学严谨、依法依规、实事求是、注重实效的原则，遵循自然灾害规律，全面查明灾害发生经过、灾情和灾害应对过程，准确查清问题原因和性质，评估应对能力和不足，总结经验教训，提出防范和整改措施建议。

第四条　重特大自然灾害调查评估分级组织实施。原则上，国家层面负责特别重大自然灾害的调查评估，省级层面负责重大自然灾害的调查评估。国家层面认为必要时，可以提级调查评估重大自然灾害。

重特大自然灾害分级参照《地质灾害防治条例》《森林防火条例》《草原防火条例》《国家森林草原火灾应急预案》《国家地震应急预案》《国家防汛抗旱应急预案》《国家自然灾害救助应急预案》等有关法规规定及省级以上应急预案执行。

第二章　调查评估组织

第五条　国家层面的调查评估由国务院应急管理部门按照职责组织开展。省级层面的调查评估由省级应急管理部门按照职责组织开展。法律法规另有规定的从其规定。

第六条　灾害发生后，应急管理部门应当及时对灾害情况和影响进行研判，对造成重大社会影响且符合分级实施标准的重特大自然灾害，适时启动调查评估。

第七条　重特大自然灾害调查评估应当成立调查评估组，负责调查评估具体实施工作。调查评估组应当邀请灾害防治主管部门、应急处置相关部门以及受灾地区人民政府有关人员参加，可以聘请有关专家参与调查评估工作。

调查评估组组长由灾害调查评估组织单位指定，主持调查评估工作。

调查评估组可以根据实际情况分为若干工作组开展调查评估工作。

第八条　调查评估组应当制定调查评估工作方案和工作制度，明确目标任务、职责分工、重点事项、方法步骤等内容，以及协调配合、会商研判、调查回避、保密工作、档案管理等要求，注重加强调查评估各项工作的统筹协调和过程管理。

第九条　调查评估组可以委托技术服务机构提供调查评估技术支撑。技术服务机构应当对所提供的技术服务负责。

第十条　调查评估组成员应当公正严谨、恪尽职守，服从调查评估组安排，遵守调查评估组工作制度和纪律。

调查评估涉及的部门和人员应当如实说明情况，提供相关文件、资料、数据、记录等，不得隐瞒、提供虚假信息。

第十一条　受灾地区应急管理部门在灾害发生后，应当及时收集、汇总和报告相关灾情、应急处置与救援等信息数据，配合调查评估组开展调查评估工作。

第三章　调查评估实施

第十二条　重特大自然灾害调查评估按照资料收集、现场调查、分析评估、形成报告等程序开展。

（一）资料收集。主要汇总受灾地区损失及灾害影响相关监测和统计调查数据；受灾地区人民政府及有关部门和单位的灾害防治和应对处置相关文件资料、工作记录、统计台账、工作总结等。

（二）现场调查。主要了解重点受灾地区现场情况，掌握灾害发生经过，核实相关信息，收集现场证据，发现问题线索，查明重点情况。

（三）分析评估。主要开展定量、定性等分析，研究灾害发生的机理及影响，评估灾害防治和应急处置工作情况，针对存在的问题分析深层次原因，研究提出措施建议等。

（四）形成报告。主要包括汇总相关调查评估成果，撰写、研讨、审核调查评估报告等工作。必要时应当组织专家对调查评估报告进行技术审核。

第十三条　重特大自然灾害调查评估工作方法包括调阅资料、现场勘查、数据分析、走访座谈、征集线索、问询谈话、专家论证等。应当运用遥感监测、多元信息融合等现代化技术，结合相关部门和机构的分析资料及评估成果，深入开展统计、对比、模拟、推演等综合分析。

第十四条　对重特大自然灾害过程中发生的造成重大社会影响的具体事件，应当开展专项调查。通过组织调查取证、问询谈话、模拟分析等，查明有关问题，查清有关部门及人员责任。

法律、行政法规对有关具体事件调查另有规定的，从其规定。

第十五条　对重特大自然灾害调查评估中发现的党组织和党员涉嫌违纪，或者公职人员和有关人员涉嫌职务违法、职务犯罪等问题，应当将相关问题线索移送纪检监察机关。

第四章　调查评估报告

第十六条　重特大自然灾害调查评估报告包含下列内容：

（一）灾害情况。主要包括灾害经过与致灾成灾原因、人员伤亡情况、财产损失及灾害影响等。

（二）预防与应急准备。主要包括灾害风险识别与评估、城乡规划与工程措施、防灾减灾救灾责任制、应急管理制度、应急指挥体系、应急预案与演练、应急救援队伍建设、应急联动机制建设、救灾物资储备保障、应急通信保障、预警响应、应急培训与宣传教育以及灾前应急工作部署、措施落实、社会动员等情况。

（三）监测与预警。主要包括灾害及其灾害链相关信息的监测、统计、分析评估、灾害预警、信息发布、科技信息化应用等情况。

（四）应急处置与救援。主要包括信息报告、应急响应与指挥、应急联动、应急避险、抢险救援、转移安置与救助、资金物资及装备调拨、通信保障、交通保障、基本生活保障、医疗救治、次生衍生灾害处置等情况。

（五）调查评估结论。全面分析灾害原因和经过，综合分析防灾减灾救灾能力，系统评估灾害防治和应急处置情况和效果，总结经验和做法，剖析存在问题和深层次原因，形成调查评估结论。

（六）措施建议。针对存在问题，举一反三，提出改进灾害防治和应急处置工作，提升防灾减灾救灾能力的措施建议。可以根据需要，提出灾害防治建设或灾后恢复重建实施计划的建议。

第十七条 调查评估组应当自成立之日起 90 日内形成调查评估报告。特殊情况确需延期的，延长的期限不得超过 60 日。调查评估过程中组织开展技术鉴定的，技术鉴定所需时间不计入调查评估期限。

第十八条 特别重大自然灾害调查评估报告应当依法报送国务院，同时抄送有关部门；重大自然灾害调查评估报告应当依法报送省级人民政府，同时抄送有关部门。省级层面负责组织形成的调查评估报告应当报送国务院应急管理部门。

调查评估报告经本级人民政府同意，提出的整改措施和灾后建设建议等应当及时落实整改，必要时对落实整改情况开展督促检查。

第五章 调查评估保障

第十九条 省级以上应急管理部门应当加强自然灾害调查评估技术服务的政策引导，做好技术服务机构的培育发展和规范工作，发挥技术服务机构在调查评估工作中的技术支撑作用。

第二十条 应急管理部负责的重特大自然灾害调查评估工作经费由中央财政保障，通过应急管理部部门预算统筹安排。省级应急管理部门负责的重大自然灾害调查评估工作经费由省级财政保障。

第二十一条 省级以上应急管理部门应当建立灾害调查评估信息共享机制，明确信息共享目录和责任单位，畅通信息共享渠道，确保调查评估信息的准确性和全面性，提高调查评估工作效率和质量。

第二十二条 省级以上应急管理部门应当加强灾害调查评估信息化建设，构建调查评估指标体系，建立调查评估分析模型，加强灾害调查评估综合数据归集，实现调查评估信息资料数据化管理，并运用互联网＋、大数据等信息化手段，提高调查评估科学化、信息化水平。

第六章 附 则

第二十三条 本办法自发布之日起施行。

第二十四条 本办法由应急管理部负责解释。

附件 B　自然灾害调查评估指标体系(征求意见稿)

北京市地方标准《自然灾害调查评估规范(征求意见稿)》附录 A(自然灾害调查综合评估指标体系)如下。

附录 A

(资料性)

自然灾害调查评估指标体系

表 B.1　自然灾害调查评估主要内容及指标体系

调查评估任务	调查评估子任务	调查评估指标编码	调查评估指标	调查评估指标说明
灾害基本情况	灾害及灾情	A001	灾害致灾因子	灾害致灾强度和致灾原因
		A002	灾害灾情	灾害对人员、农作物、房屋、基础设施等造成的损害情况
		A003	灾害影响	灾害对灾区生产生活和社会环境造成的影响情况
		A004	次生衍生灾害	原生灾害引发的次生、衍生灾害情况
预防与应急准备	减灾能力	B001	基础设施防洪减灾能力	减轻堤防设施、排水管网系统等基础设施与建筑物对洪涝灾害的脆弱性
		B002	供水系统防灾减灾能力	减轻供水设施与系统对各类灾害的脆弱性
		B003	供电系统防灾减灾能力	减轻供电设施与系统对各类灾害的脆弱性
		B004	通信系统防灾减灾能力	减轻通信设施与系统对各类灾害的脆弱性
		B005	其他设施防灾减灾能力(交通桥梁等)	减轻交通、桥梁等其他基础设施与建筑物对各类灾害的脆弱性
		B006	社区减灾能力	减轻社区的公共设施、公共服务脆弱性,和提高家庭与个人的自救互救能力
	预防能力	B007	风险识别能力	采用科学方法辨识存在的危险源与威胁、以及事故隐患等的能力
		B008	风险评估能力	通过开发或选用适当的方法,对危险源或威胁可能引发的突发事件的可能性和后果的严重性进行量化或质化的评估的能力
		B009	风险防范能力	对已识别出的各种危险源、威胁和隐患采取必要的技术与工程控制措施,以尽量避免其引发可能造成严重影响的突发事件的能力
		B010	政府监管监察能力	制定有关法律法规和标准,建立监管执法队伍,开展行政性审批、预防性检查、行政性执法、宣传教育和受理社会化监督等活动的能力

续表

调查评估任务	调查评估子任务	调查评估指标编码	调查评估指标	调查评估指标说明
预防与应急准备	预防能力	B011	安全规划与设计能力	规划、设计、建设等环节采取的安全管理措施，隐患排查治理体系建设，系统性安全防范制度措施落实的能力
		B012	公共安全素质提升能力	提高社会公众的公共安全素质，培育全社会的公共安全文化，从而提高预防各类突发事件的主动性、自觉性的能力
	应急准备能力	B013	应急科技支撑能力	为应急管理提供标准、规程、技术、装备、系统等方面的研究、开发、维护，以及应急行动决策支持等方面的能力
		B014	应急管理规划能力	制定应急管理政策、规程、应急预案（计划）等的能力
		B015	应急物资保障能力	通过规划建设应急物资储备库，开展应急物资储备，为应急处置和救援提供物资保障的能力
		B016	应急救援队伍保障能力	通过规划建设应急救援力量、组织指挥协调机制、经费装备保障，为应急处置和救援提供队伍保障的能力
		B017	应急培训能力	通过开展规范化的培训和教育，提升相关人员的应急意识、知识和技能的能力
		B018	应急演练能力	通过组织开展演练活动，以测试和验证应急预案的有效性及应急人员的应急能力
监测与预警	监测能力	C001	监测站网布局建设能力	通过规划建设风、雨、水、潮、浪、流等气象和海洋水文环境信息监测站网布局，以及交通干线和航道、重要输电线路、重要输油（气）设施、重要供水设施、滑坡泥石流危险区域、堤岸垮塌危险区、重点保护区和旅游区等的气象和海洋监测设施，形成灾害的快速感知能力和精细化监测能力
		C002	监测资料处理能力	通过规划建设海量数据快速处理系统，形成对主要灾害全天候、快速、准确监测分析能力
		C003	监测资料共享能力	通过规划建设网络传输、数据交换与存储等系统，形成监测预警资料信息的快速共享能力
		C004	灾情统计报送能力	通过规划建设灾害信息员队伍、灾情统计报送工作机制、经费装备保障，形成及时、准确、规范统计报送灾情信息的能力
	预警能力	C005	信息融合与预警发布能力	通过情报和信息的融合与共享，实现大范围、多灾种的综合预警，以及快速制作发布预警信息的能力
		C006	预警业务规范建设能力	通过规划建设灾害预警（信号）标准、流程和业务规范，形成具有可操作性的灾害监测预警信息发布能力
应急处置与救援	应急响应能力	D001	事件态势及损失评估能力	快速获取事件相关信息，并对事件性质和后果进行评估、分析、预测、管理的能力
		D002	应急指挥控制能力	通过使用统一、协调的事件现场组织结构和工作机制，有效指挥和控制事件现场的应急响应活动的能力
		D003	应急支援协调能力	在场外为事件响应提供及时有效的信息、物资、资金、技术等方面的支撑服务的能力

续表

调查评估任务	调查评估子任务	调查评估指标编码	调查评估指标	调查评估指标说明
应急处置与救援	应急响应能力	D004	应急资源保障能力	识别、配置、库存、调度、动员、运输、恢复和遣返并准确地跟踪和记录可使用的人力或物资等资源的能力
		D005	应急通信保障能力	为应急行动期间在各级政府、相关辖区、受灾社区、应急响应设施,以及应急响应人员和社会公众之间提供可靠通信的能力
		D006	应急信息保障能力	及时接收或向有关机构及社会公众发布及时、可靠的信息,有效地传递有关威胁或风险的信息,以及必要时关于正在采取的行动和可提供的帮助等信息
		D007	紧急交通运输保障能力	为应急响应提供运输保障,包括疏散人员、向受灾地区运送应急响应人员、设备和服务所需的航空、公路、铁路和水上运输的能力
	抢救与保护生命能力	D008	先期处置(第一响应)能力	在突发事件发生初期,由第一响应人对事件进行先期处置,以控制事件影响范围,对受害者进行抢救,尽量减少事件损失的能力
		D009	搜索与救护能力	开展陆地、水上和空中搜索与救护行动,以找到和救出因各种灾难而被困的人员的能力
		D010	紧急医疗救护能力	提供抢救生命的紧急医学救援,以及向灾区的有需要的人群提供公共卫生和医疗支持的能力
		D011	公众疏散和紧急避难能力	将处于危险之中的人群立即实施安全和有效的紧急避难,或将处于危险中的人群疏散到安全的避难场所的能力
	满足受众群众基本需要能力	D012	受灾人员生活救助能力	向受灾人口提供临时住所、饮食、饮水、保暖及相关服务,使其生活逐渐恢复基本正常状态的能力
	保护财产和环境能力	D013	现场安全保卫与控制能力	为受灾地区和响应行动提供安全保卫,以避免进一步的财产和环境损失的能力
		D014	环境应急监测与污染防控能力	对事发区域环境进行应急监测,并采取措施对扩散到周边环境中的污染物进行紧急处置的能力
	消除现场危害因素能力	D015	伤亡人员及其亲属的善后工作能力	提供伤亡人员及其亲属的善后工作服务,包括遗体恢复和遇难者识别、寻找遇难者家属、提供丧葬服务和其他咨询服务的能力
		D016	森林草原火灾应急处置能力	对火灾现场进行评估,营救被困人员,实施火灾抑制、控制、扑灭、支援和调查行动的能力
		D017	防汛抗旱应急处置能力	在发生洪涝或干旱灾害时,通过防洪排涝、抽水运水浇灌等,减轻或消除灾情的能力
		D018	地震地质灾害应急处置能力	在发生地震或地质灾害时,通过划定危险区、实施抢险救灾措施等,减轻或消除灾情的能力

附件 C　自然灾害调查评估指标体系

《自然灾害调查评估指南》(北京市地方标准(DB11/T 1906—2021)附录 A:自然灾害调查综合评估指标体系)自然灾害调查评估指标体系表见表 C.1。

表 C.1　自然灾害调查评估的指标体系

调查评估任务	调查评估子任务	指标	指标说明
灾害事件基本情况	灾害及灾情	灾害致灾因子	灾害致灾强度和致灾原因
		灾害灾情	灾害对人员伤亡和农作物、房屋、基础设施等造成的损害情况
		灾害影响	灾害对灾区生产生活和社会环境造成的影响情况
		次生衍生灾害	原生灾害引发的次生、衍生灾害情况,要关注重点区域的重点事件
预防与应急准备	减灾能力	防洪防涝设施减灾能力	减轻堤防设施、排水管网系统等对洪涝灾害的脆弱性
		建筑工程减灾能力	减轻各类房屋建筑及其附属设施对各类灾害的脆弱性
		生命线工程减灾能力	减轻交通、通信、供水、排水、供电、供气、输油等工程系统对各类灾害的脆弱性
		应急保障设施减灾能力	减轻避难场所、救灾储备机构库房、医疗卫生机构对各类灾害的脆弱性
		社区减灾能力	减轻社区的公共设施、公共服务系统对各类灾害的脆弱性,和提高家庭与个人的自救互救能力
	预防能力	风险识别能力	采用科学方法辨识存在的危险源与威胁等的能力
		风险评估能力	通过开发或选用适当的方法,对危险源或威胁可能引发的突发事件的可能性和后果的严重性进行定量或定性评估的能力
		风险防范能力	对已识别出的各种危险源、威胁采取必要的技术与工程控制措施,以尽量避免其引发可能造成严重影响的突发事件的能力
		政府监管监察能力	制定有关法律法规和标准,建立监管执法队伍,开展行政性审批、预防性检查、行政性执法、宣传教育和受理社会化监督等活动的能力
		安全规划与设计能力	规划、设计、建设等环节采取的安全管理措施,隐患排查治理体系建设,系统性安全防范制度措施落实的能力
		公共安全素质提升能力	提高社会公众的公共安全素质,培育全社会的公共安全文化,从而提高预防各类突发事件的主动性、自觉性的能力
	应急准备能力	应急管理规划能力	制定应急管理政策、规程、应急预案(计划)等的能力
		应急科技支撑能力	为应急管理提供标准、规程、技术、装备、系统等方面的研究、开发、维护,以及应急行动决策支持等方面的能力

续表

调查评估任务	调查评估子任务	指标	指标说明
预防与应急准备	应急准备能力	应急物资保障能力	通过规划建设应急物资储备库，开展应急物资储备，为应急处置和救援提供物资保障的能力
		应急救援队伍保障能力	通过规划建设应急救援力量、组织指挥协调机制、经费装备保障，为应急处置和救援提供队伍保障的能力
		应急培训演练能力	通过开展规范化的培训教育和演练活动，提升相关人员的应急意识、知识和技能的能力
监测与预警	监测能力	监测站网布局建设能力	通过规划建设气象、地震、地质等灾害信息监测站网布局，以及交通干线和航道、重要输电线路、重要输油（气）设施、重要供水设施、滑坡泥石流危险区域、堤岸垮塌危险区、重点保护区和旅游区等的气象和海洋监测设施，形成灾害的快速感知能力和精细化监测能力
		监测资料处理能力	通过规划建设海量数据快速处理系统，形成对主要灾害全天候监测分析能力
		监测资料共享能力	通过规划建设网络传输、数据交换与存储等系统，形成监测预警资料信息的快速共享能力
		灾情统计报送能力	通过规划建设灾害信息员队伍、灾情统计报送工作机制和信息系统等，形成统计报送灾情信息的能力
	预警能力	信息融合与预警发布能力	通过情报和信息的融合与共享，实现大范围、多灾种的综合预警，以及快速制作发布预警信息的能力
		预警业务规范建设能力	通过规划建设灾害预警（信号）标准、流程和业务规范，形成具有可操作性的灾害监测预警信息发布能力
应急处置与救援	应急响应能力	事件态势及损失评估能力	快速获取事件相关信息，并对事件性质和后果进行评估、分析、预测、管理的能力
		应急指挥控制能力	通过使用统一、协调的事件现场组织结构和工作机制，有效指挥和控制事件现场的应急响应活动的能力
		应急支援协调能力	为事件响应提供信息、物资、资金、技术等方面的支撑服务的能力
		应急资源保障能力	识别、配置、库存、调度、动员、运输、恢复和遣返并跟踪和记录可使用的人力或物资等资源的能力
		应急通信保障能力	为应急行动期间在各级政府、相关辖区、受灾社区、应急响应设施，以及应急响应人员和社会公众之间提供可靠通信的能力
		应急信息保障能力	接收或向有关机构及社会公众发布信息，传递有关威胁或风险的信息的能力
		紧急交通运输保障能力	为应急响应提供运输保障，包括疏散人员、向受灾地区运送应急响应人员、设备和服务所需的航空、公路、铁路和水上运输的能力

续表

调查评估任务	调查评估子任务	指标	指标说明
应急处置与救援	抢救与保护生命能力	先期处置（第一响应）能力	在突发事件发生初期，由第一响应人对事件进行先期处置，以控制事件影响范围，通过受灾人员的自救与互救，尽量减少事件损失的能力
		搜索与救护能力	开展陆地、水上和空中搜索与救护行动，以找到和救出因各种灾难而被困的人员的能力
		紧急医疗救护能力	提供抢救生命的紧急医学救援，以及向灾区的有需要的人群提供公共卫生和医疗支持的能力
		公众疏散和紧急避难能力	将处于危险之中的人群立即实施紧急安置，或将处于危险中的人群疏散到安全的避难场所的能力
	满足受众群众基本需要能力	受灾人员生活救助能力	向受灾人口提供临时住所、饮食、饮水、保暖及相关服务，使其生活逐渐恢复基本正常状态的能力
		伤亡人员及其亲属的善后工作能力	提供伤亡人员及其亲属的善后工作服务，包括遗体恢复和遇难者识别、寻找遇难者家属、提供丧葬服务和其他咨询服务的能力
	保护财产和环境能力	现场安全保卫与控制能力	为受灾地区和响应行动提供安全保卫，以避免进一步的财产和环境损失的能力
		环境应急监测与污染防控能力	对事发区域环境进行应急监测，并采取措施对扩散到周边环境中的污染物进行紧急处置的能力
	消除现场危害因素能力	爆炸装置应急处置能力	在得到初期警报和通知后协调、指挥和实施爆炸装置应急处置的能力
		危险品泄漏处置和清除能力	对由于各种灾害事件所导致的危险物质的泄漏进行处置和清除的能力
		疫情防控处置能力	对灾后重大传染病疫情做出反应，开展监测、报告和处理的能力
		森林草原火灾应急处置能力	对火灾现场进行评估，营救被困人员，实施火灾抑制、控制、扑灭、支援和调查行动的能力
		防汛抗旱应急处置能力	在发生洪涝或干旱灾害时，通过防洪排涝、抽水运水浇灌等，减轻或消除灾情的能力
		地震地质灾害应急处置能力	在发生地震或地质灾害时，通过划定危险区、实施抢险救灾措施等，减轻或消除灾情的能力

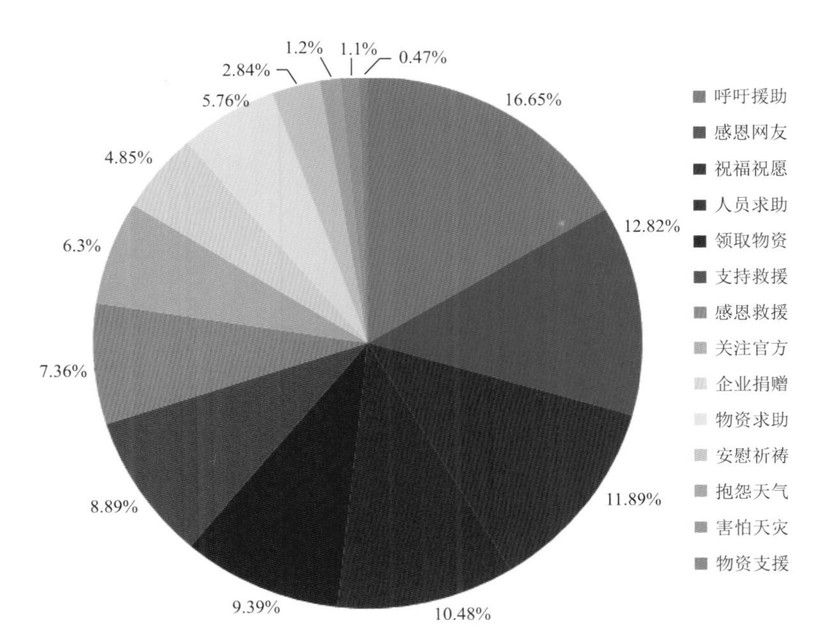

16.65%
12.82%
11.89%
10.48%
9.39%
8.89%
7.36%
6.3%
4.85%
5.76%
2.84%
1.2%
1.1%
0.47%
呼吁援助
感恩网友
祝福祝愿
人员求助
领取物资
支持救援
感恩救援
关注官方
企业捐赠
物资求助
安慰祈祷
抱怨天气
害怕天灾
物资支援

图 2-5　二级话题统计

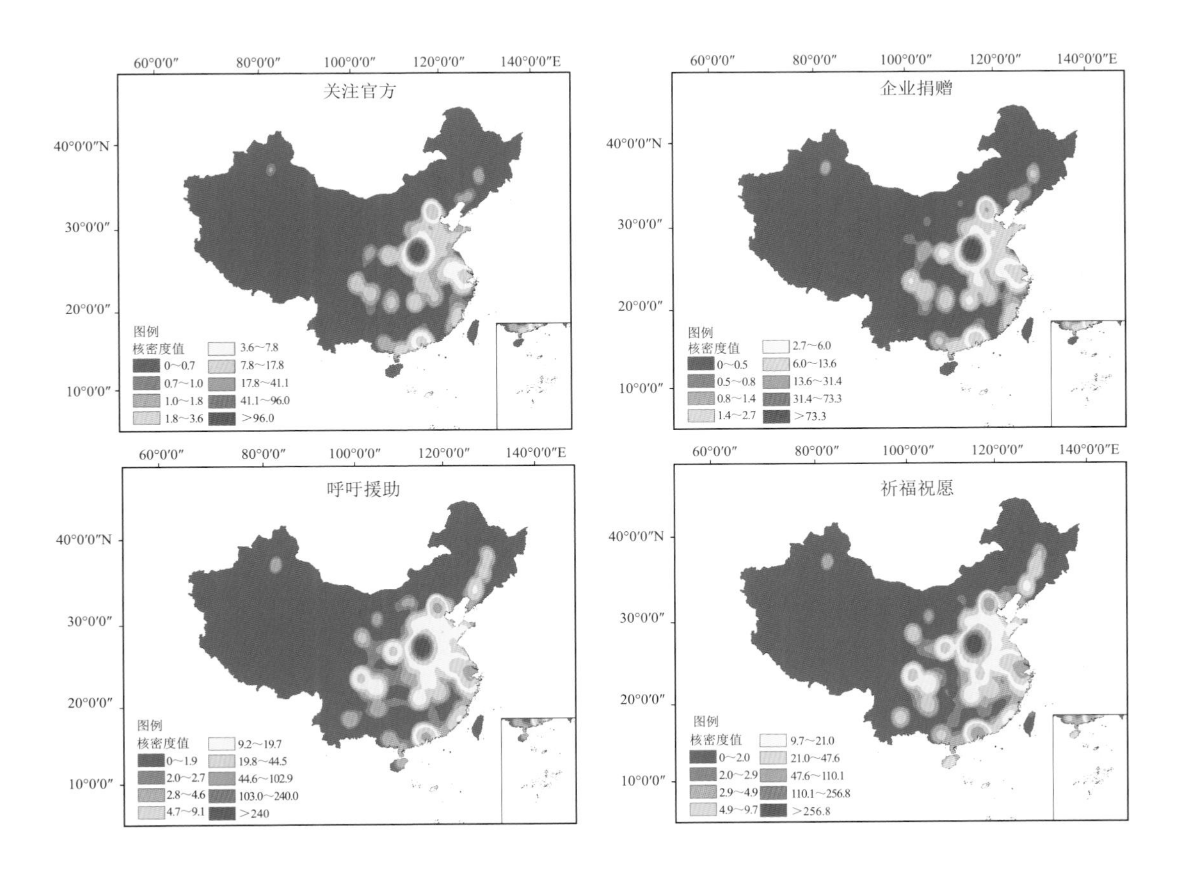

关注官方
企业捐赠
呼吁援助
祈福祝愿
60°0′0″
80°0′0″
100°0′0″
120°0′0″
140°0′0″E
40°0′0″N
30°0′0″
20°0′0″
10°0′0″
图例
核密度值
0~0.7
0.7~1.0
1.0~1.8
1.8~3.6
3.6~7.8
7.8~17.8
17.8~41.1
41.1~96.0
>96.0
0~0.5
0.5~0.8
0.8~1.4
1.4~2.7
2.7~6.0
6.0~13.6
13.6~31.4
31.4~73.3
>73.3
0~1.9
2.0~2.7
2.8~4.6
4.7~9.1
9.2~19.7
19.8~44.5
44.6~102.9
103.0~240.0
>240
0~2.0
2.0~2.9
2.9~4.9
4.9~9.7
9.7~21.0
21.0~47.6
47.6~110.1
110.1~256.8
>256.8

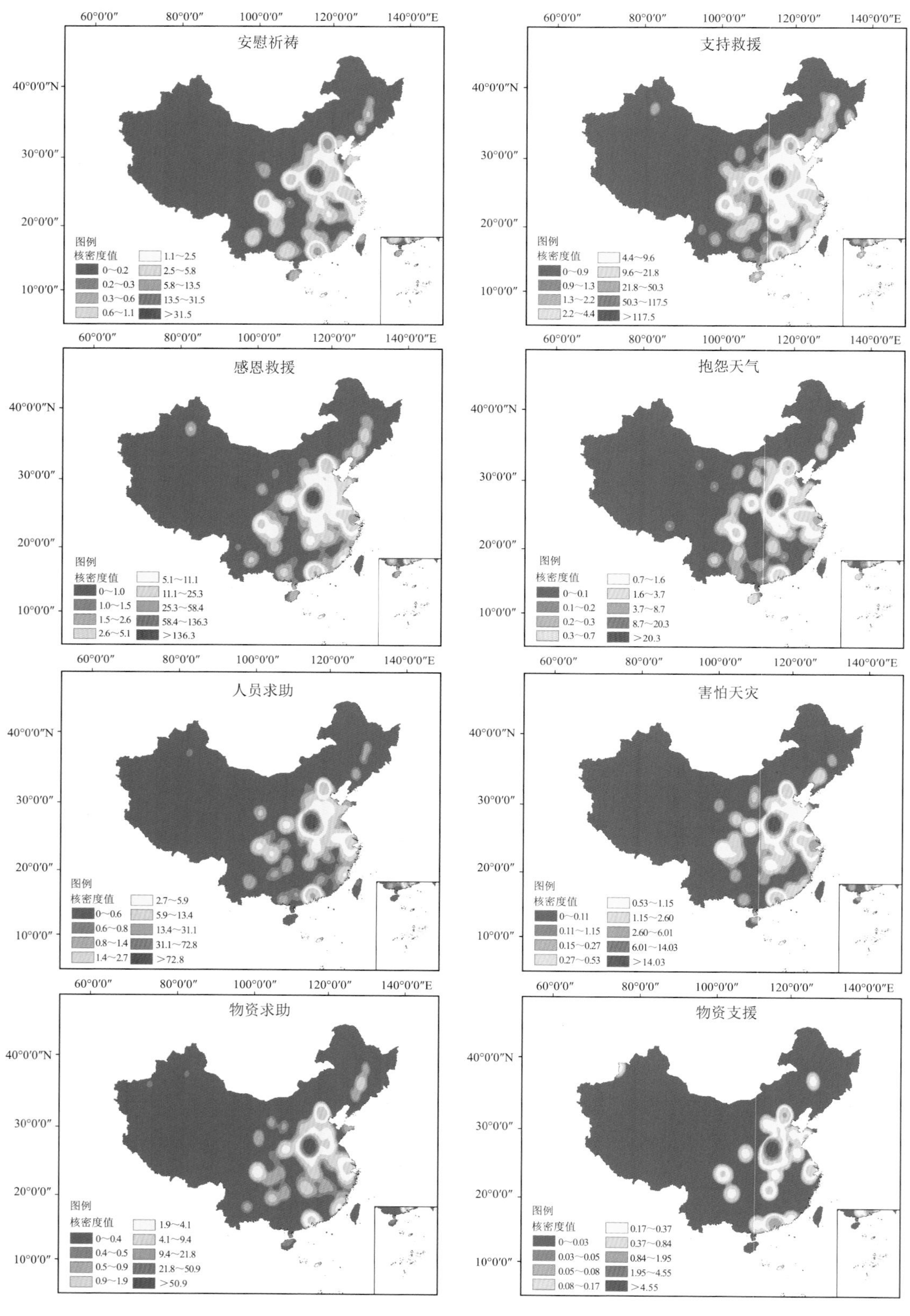
安慰祈祷
图例
核密度值
0~0.2
0.2~0.3
0.3~0.6
0.6~1.1
1.1~2.5
2.5~5.8
5.8~13.5
13.5~31.5
>31.5
支持救援
图例
核密度值
0~0.9
0.9~1.3
1.3~2.2
2.2~4.4
4.4~9.6
9.6~21.8
21.8~50.3
50.3~117.5
>117.5
感恩救援
图例
核密度值
0~1.0
1.0~1.5
1.5~2.6
2.6~5.1
5.1~11.1
11.1~25.3
25.3~58.4
58.4~136.3
>136.3
抱怨天气
图例
核密度值
0~0.1
0.1~0.2
0.2~0.3
0.3~0.7
0.7~1.6
1.6~3.7
3.7~8.7
8.7~20.3
>20.3
人员求助
图例
核密度值
0~0.6
0.6~0.8
0.8~1.4
1.4~2.7
2.7~5.9
5.9~13.4
13.4~31.1
31.1~72.8
>72.8
害怕天灾
图例
核密度值
0~0.11
0.11~1.15
0.15~0.27
0.27~0.53
0.53~1.15
1.15~2.60
2.60~6.01
6.01~14.03
>14.03
物资求助
图例
核密度值
0~0.4
0.4~0.5
0.5~0.9
0.9~1.9
1.9~4.1
4.1~9.4
9.4~21.8
21.8~50.9
>50.9
物资支援
图例
核密度值
0~0.03
0.03~0.05
0.05~0.08
0.08~0.17
0.17~0.37
0.37~0.84
0.84~1.95
1.95~4.55
>4.55
60°0′0″
80°0′0″
100°0′0″
120°0′0″
140°0′0″E
40°0′0″N
30°0′0″
20°0′0″
10°0′0″

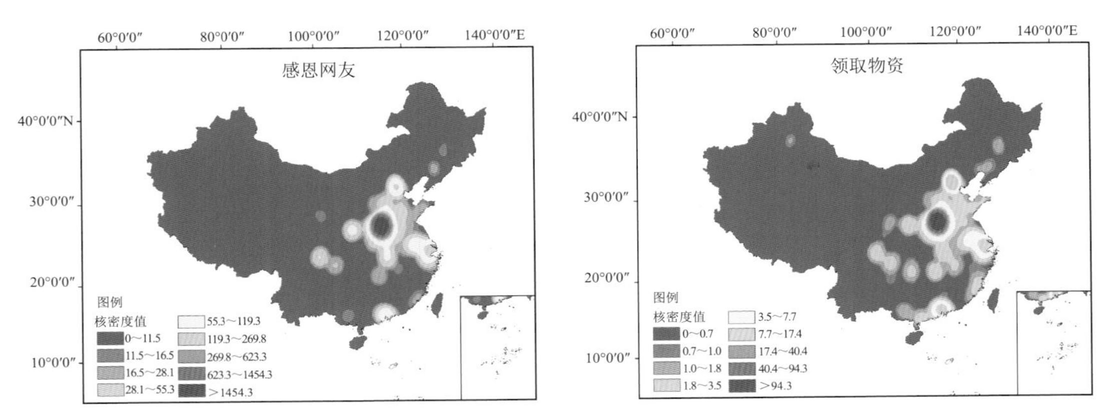

图 2-6　二级话题的时间序列(注:基于自然资源部标准地图服务网站审图号为GS(2019)1831 号的标准地图制作,底图无修改。全文中出现的中国地图均采用该底图)

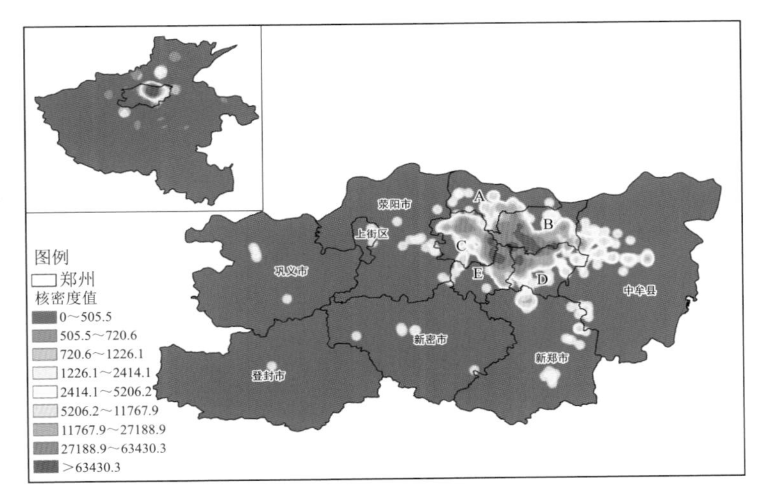

图 2-7　灾情信息的空间分布(搜索半径 2 km)

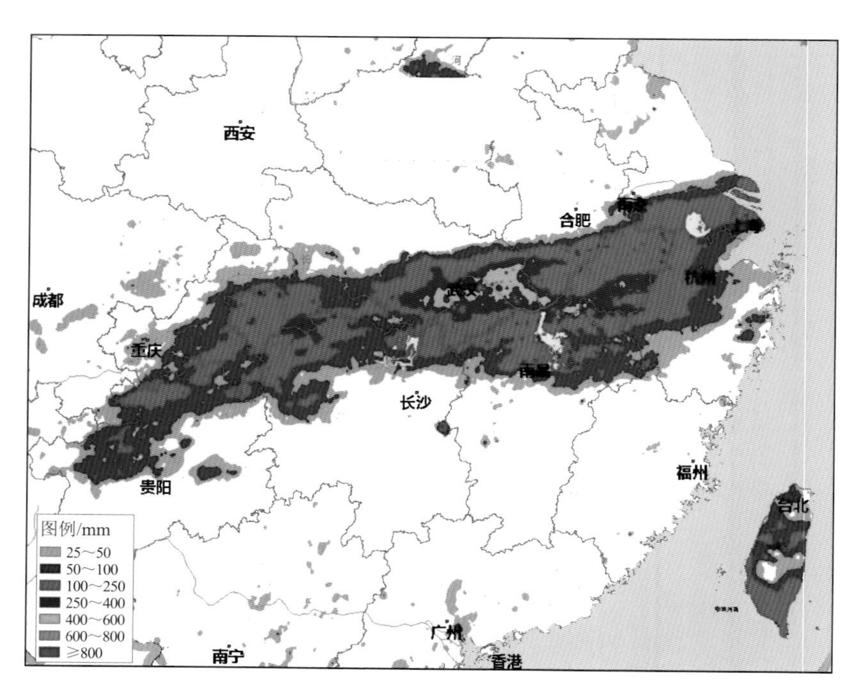

图 4-7　2020 年 7 月长江流域过程总降雨量实况图(中央气象台,2020b)

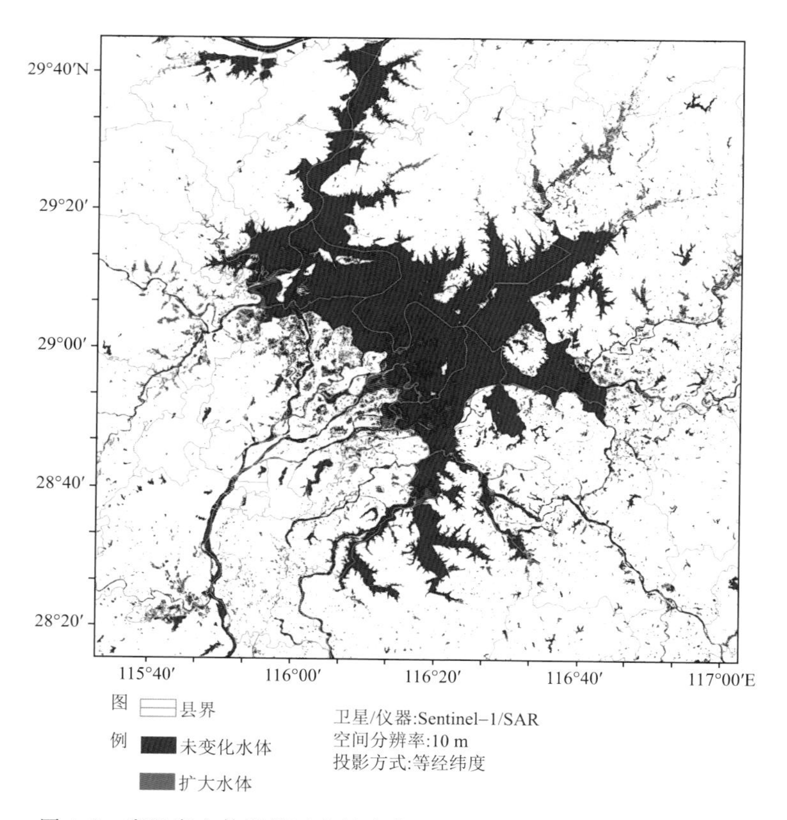

图 4-8　鄱阳湖主体及附近水域变化卫星遥感监测图(新浪网,2020)

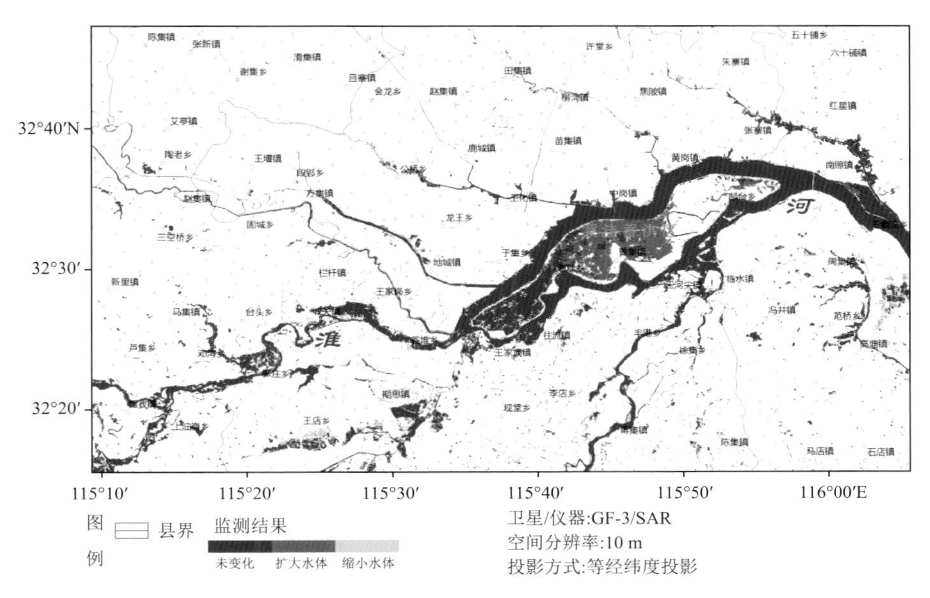

图 4-9 高分卫星淮河濛洼蓄洪区周边水体变化监测图(任梅侮,2020)

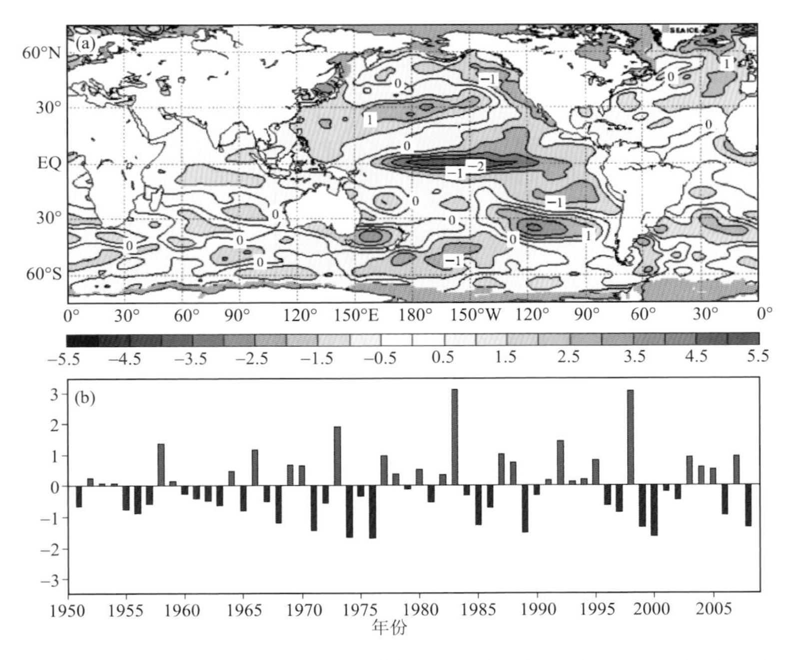

图 6-1 (a)2008 年 1 月全球海表温度距平分布(蓝色地区为冷海温,红色地区为暖海温(日本气象厅,2008));(b)1951—2008 年 1 月赤道东太平洋(Nino3 区)海温距平演变

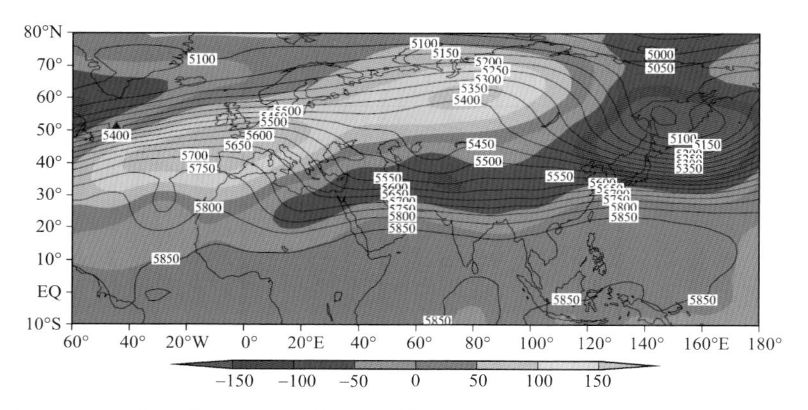

图 6-2　2008 年 1 月 11 日—2 月 3 日平均 500 hPa 环流形势(丁一汇 等,2008)

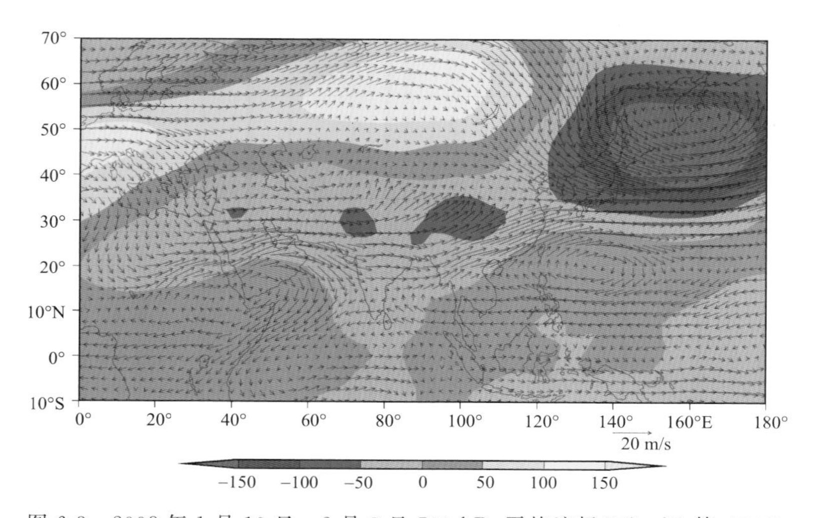

图 6-3　2008 年 1 月 10 日—2 月 3 日 700 hPa 平均流场(丁一汇 等,2008)

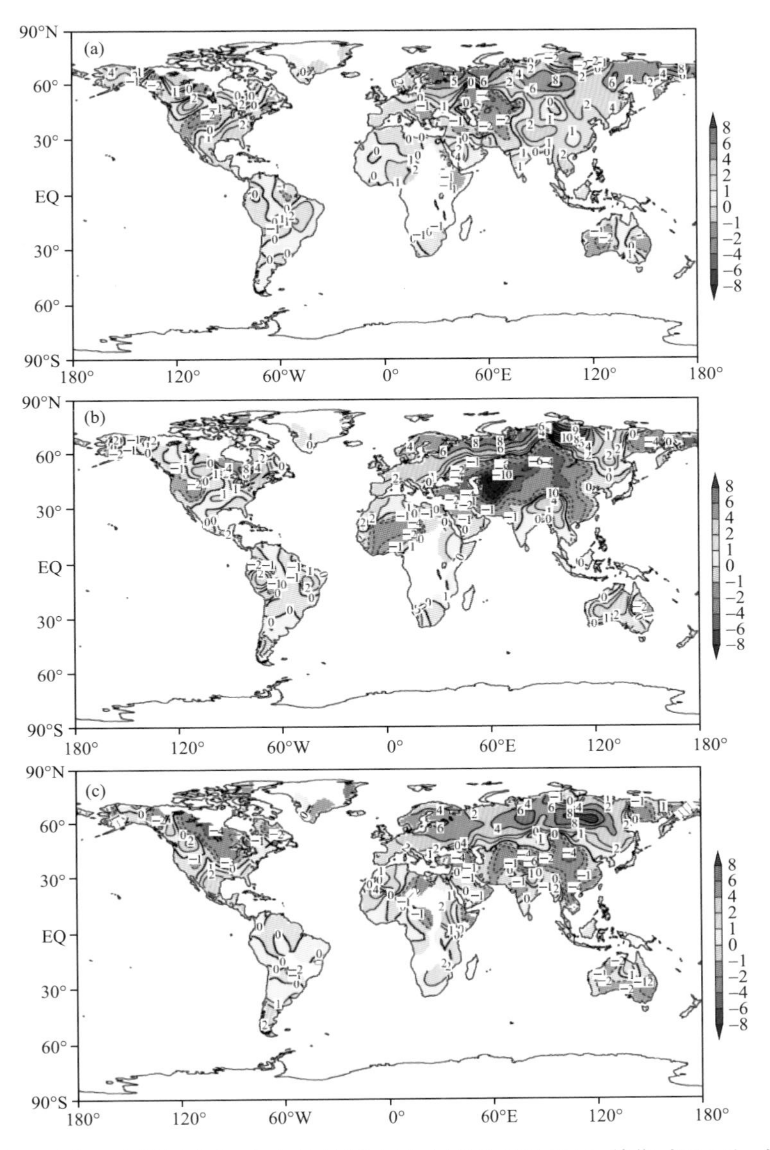

图 6-6　全球月平均温度距平分布(蓝色为负距平区,红色为正距平区;单位:℃)(丁一汇 等,2008)
(a)2007 年 12 月;(b)2008 年 1 月;(c)2008 年 2 月

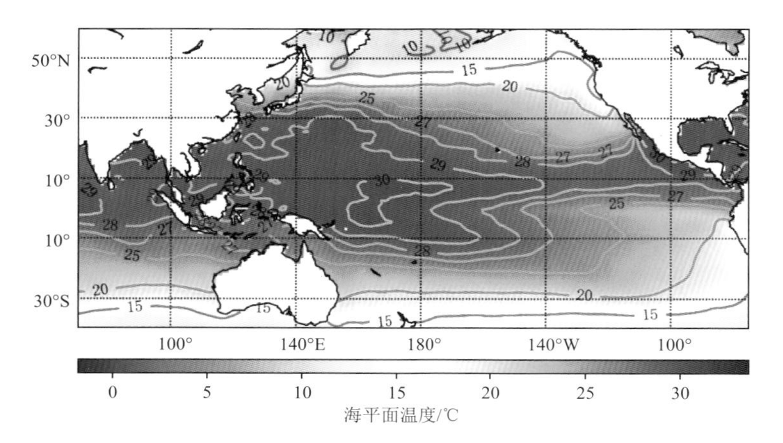

图 7-1　2018 年 9 月海平面温度分布情况

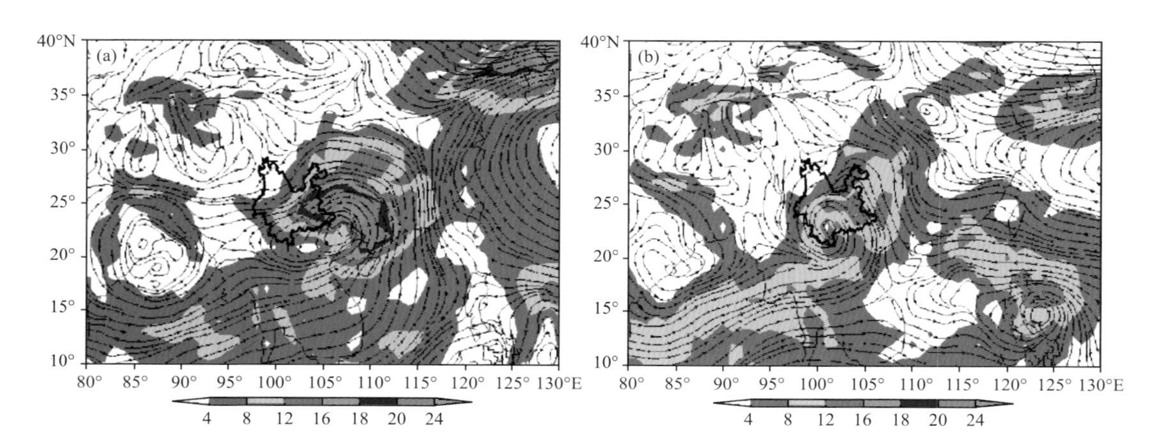

图 8-1　台风"天鸽"水汽通量和流场合成图

(a)2017 年 8 月 24 日 08 时;(b)2017 年 8 月 25 日 08 时